全国高等院校新工科数据科学与大数据系列规划教材

数据科学通识导论

臧劲松　刘丽霞◎主　编

黄小瑜◎副主编

SHUJU KEXUE
TONGSHI DAOLUN

中国铁道出版社有限公司
CHINA RAILWAY PUBLISHING HOUSE CO., LTD.

内 容 简 介

本书根据高等院校数据科学通识课程的教学需求编写，着重培养学生的数据意识、数据思维和数据能力，深入阐述了数据科学的核心理论与实践应用。全书共分 9 章，包括数据科学概论、Python 与数据科学、数组的统计分析、数据清洗与统计、可视化数据挖掘、Web 应用框架、文本数据处理、机器学习以及大数据技术。

为确保读者能够轻松掌握数据分析技能，本书采用当前流行的 Python 语言，通过实际案例演示各个数据分析过程，力求内容深入浅出，既方便读者快速上手，还能帮助他们在实践中不断巩固和加深所学知识。

本书适合作为高等院校理工科各专业平台课教材，也可作为各专业的数据科学通识课程教材，对于对数据科学有浓厚兴趣的读者，也是一本不可多得的参考书。

图书在版编目（CIP）数据

数据科学通识导论 / 臧劲松， 刘丽霞主编． -- 北京 ：中国铁道出版社有限公司， 2025． 3． --（普通高等院校新工科数据科学与大数据专业系列教材）． -- ISBN 978-7-113-31854-3

Ⅰ． TP274

中国国家版本馆 CIP 数据核字第 202575EN41 号

书　　名：数据科学通识导论

作　　者：臧劲松　刘丽霞

策　　划：曹莉群　　**编辑部电话：**（010）63549501

责任编辑：贾　星　王占清

封面设计：郑春鹏

责任校对：苗　丹

责任印制：赵星辰

出版发行：中国铁道出版社有限公司（100054，北京市西城区右安门西街 8 号）

网　　址：https://www.tdpress.com/51eds

印　　刷：河北京平诚乾印刷有限公司

版　　次：2025 年 3 月第 1 版　2025 年 3 月第 1 次印刷

开　　本：787 mm×1 092 mm　1/16　**印张：**13.25　**字数：**331 千

书　　号：ISBN 978-7-113-31854-3

定　　价：48.00 元

前言

党的二十大报告强调要加快建设数字中国，明确提出要促进数字经济和实体经济深度融合，打造具有国际竞争力的数字产业集群。数据科学在这一过程中扮演着关键角色，通过数据分析、机器学习等技术推动经济的数字化转型。

随着信息技术的快速发展，特别是大数据时代的到来，社会对数据科学人才的需求急剧增长。教育部已将“大数据”确立为高等学校教学改革和教学建设的重点。数据科学，作为一门新兴的交叉学科，融合了计算机科学、统计学、数学等多个学科的知识，在有效处理和应用日益庞大的数据量方面具有举足轻重的地位。

在此背景下，多所高校积极响应，陆续开设了数据科学相关专业和课程，以满足社会对数据科学人才的迫切需求。而《数据科学通识导论》的编写，正是为了给学生提供一个系统、全面的入门和导论性质的学习资源。本教材旨在帮助高校学生构建完整的知识体系，掌握数据科学的基本原理，学会初级的实践技能，并了解前沿的技术动态，从而为他们的未来发展奠定的基础。值得一提的是，本教材已获批成为上海理工大学一流本科教材建设项目，进一步体现了其在教学中的重要性和价值。

本书内容主要包括以下几个方面：

（1）数据科学概论：包括数据科学的定位、工具软件和数据处理流程。

（2）Python 与数据科学：包括 Python 的基础语法、内置数据类型和函数。

（3）数据分析工具的应用：包括统计分析中数组对象的创建和函数应用、数据清洗与统计，可视化数据挖掘、Web 应用框架和文本数据处理。

（4）机器学习：包括 scikit-learn 库的基本使用、回归、分类、聚类和强化学习等模型。

（5）大数据技术：包括大数据概述、Hadoop 生态系统和 Spark 生态系统的介绍及应用。

本书主要特色如下：

（1）兼顾理论与实践：本书不仅论述数据科学的基本概念、原则和方法，还介绍了具体的平台和工具，以及数据科学的丰富案例和具体领域的实践。这种设计使得学习者不仅易于理解理论，还有助于将理论应用于实践。

（2）案例式、形象化论述：为避免陷入数学公式的复杂推导过程，本书采用直观的案例、形象化的图形等手段，通过浅显易懂的语言，深入浅出地进行论述，使得内容不枯燥，以方便学习者迅速掌握概念和技术的要领。

（3）实践与案例驱动：通过大量案例和项目，使学习者能够采用数据科学的方法解决实际问题，强调动手实践的重要性。

本书由臧劲松、刘丽霞任主编，黄小瑜任副主编，黄义萍、黄春梅参与编写。各章编写分工如下：第1、3、6章由刘丽霞编写，第2章由黄义萍编写，第4、7章由黄小瑜编写，第5章由黄春梅编写，第8章由臧劲松和刘丽霞共同编写，第9章由臧劲松编写，臧劲松和刘丽霞负责本书的架构设计及统稿。

由于时间仓促，加之学识所限，书中难免存在不妥和疏漏之处，恳请各位读者批评指正。

编　者

2024年10月

目 录

第1章 数据科学概论

数据虽然看不见、摸不着，但我们每个人却早已身处数据的海洋之中，日常生活的点点滴滴都汇聚成了社会运行中的宝贵数据资源。2024年全国数据工作会议上的信息显示，经初步测算，2023年我国数据生产总量超过32 ZB。这表明我国已是全球数据大国。然而，如何有效地挖掘并利用数据的价值，成为亟待解决的关键问题，数据科学因此应运而生。

随着物联网技术和传感器等技术在生活中的普及与发展，人们进入万物互联时代，数据采集发生在生活中的每个角落，每天都会产生和积累大量数据，例如，电商订单数据、金融管理数据、医疗病历数据、交通安全数据等不同领域或不同行业都会发生数据的快速累积。对这些短时间内积累的大量数据进行高效处理，是对数据科学提出的更高要求和挑战。

本章主要介绍数据科学的专业理论基础及定位，以及数据科学的工具语言及软件，重点对数据科学分析问题的工作流程做详细阐述。

知识结构图

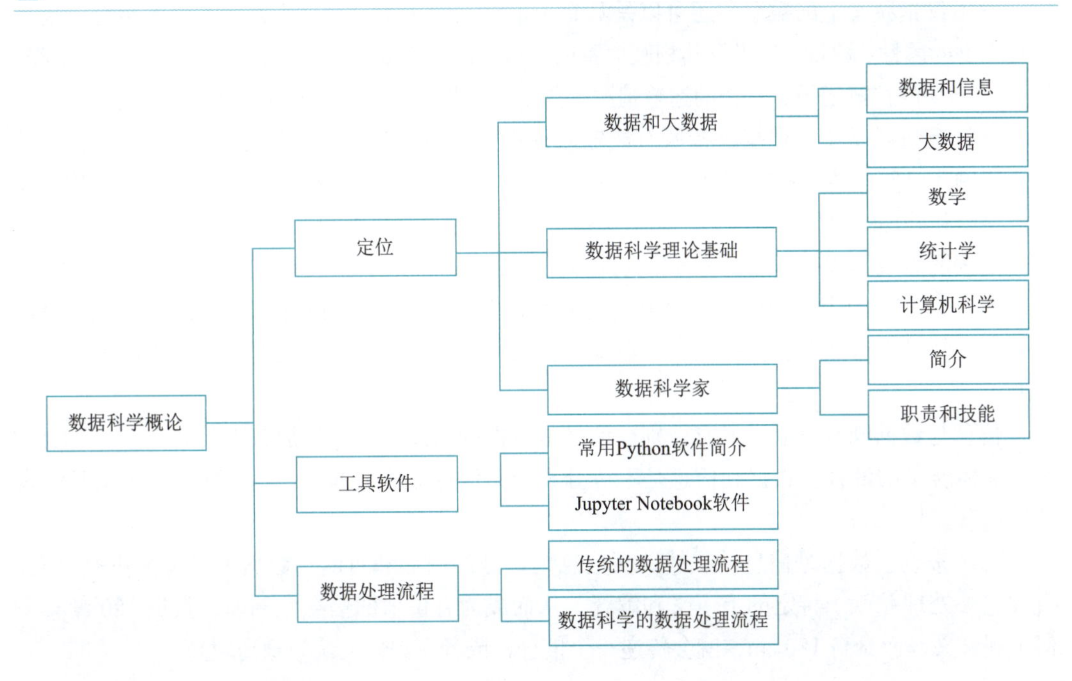

学习目标

◎了解数据和大数据的概念和特点。

◎掌握常见工具软件的安装和使用。

◎熟悉数据处理的基本流程。

1.1 数据科学的定位

从国内外学术网站上关于数据科学的描述来看，数据科学一般是指应用科学的方法、流程、算法和系统，从多种形式的结构化或非结构化数据中提取知识和洞见的交叉学科。

数据科学是对数据的统计分析和科学研究，用来获取有价值的预测分析或展望。该领域结合了多个学科，可从大规模数据集中提取知识，旨在帮助人们做出明智的决策和预测。数据科学家、数据分析师、数据架构师、数据工程师、统计信息员、数据库管理员和业务分析师等职位的工作领域都属于数据科学范畴。

无论是大数据，还是数据科学、数据挖掘等概念都是在不同视角下提出的同类概念，最终目的都在于使用强大的计算机硬件、先进的编程系统和有效的算法来帮助人们解决各种实际问题。

1.1.1 数据和大数据

1. 数据和信息

数据是指对客观事件进行记录并可以识别的符号，是对客观事物的性质、状态以及相互关系等进行记载的物理符号或物理符号的组合，它是可识别的、抽象的符号。

它不仅指狭义上的数字，还可以是具有一定意义的文字、字母、数字符号的组合，也是客观事物的属性、数量、位置及其相互关系的抽象表示。例如，“0，1，2，…”“阴、雨、下降、气温”“学生的档案记录、货物的运输情况”等都是数据。数据经过加工后就成为信息。

在计算机科学中，数据是指所有能输入计算机并被计算机程序处理的符号介质的总称，是用于输入计算机内存进行处理，具有一定意义的数字、字母、符号和模拟量等的统称。计算机存储和处理的对象十分广泛，表示这些对象的数据也随之变得越来越复杂。

数据的表现形式还不能完全表达其内容，更需要经过解释和编译。例如，93是一个数据，可以是一个学生某门课的成绩，也可以是某个人的体重，还可以是计算机系2023级的学生人数。数据的解释是指对数据含义的说明，数据的含义称为数据的语义，数据与其语义信息是不可分的。

信息与数据既有联系，又有区别。信息是数据的内涵，信息是加载于数据之上，对数据作出具体含义的解释。数据和信息是不可分离的，信息依赖数据来表达，数据则生动具体表达出信息。

总结来说，数据是信息的载体，而信息是数据的内涵和目的。数据本身可能没有意义，直到它被处理并赋予特定的上下文和解释，从而成为有价值的信息。例如，数据180没有任何主观含义，而身高180 cm，就会传递一个信息，或者主观性上认为身高较高。

2. 大数据

近年来，人们常提到的大数据（big data）概念，从专业术语层面解释，是指在一定时间范围内无法用常规工具进行捕捉、管理和处理的数据集合，需要有更强的决策力和流程优化能力的新型数据处理模式来解决。

大数据具有海量的数据规模、快速的数据流转、多样的数据类型、真实性和价值密度低等特点。集中体现在以下几个方面：

① 数据量大。大数据的首要特征是数据量的巨大。随着信息技术的发展，数据的产生速度和处理需求呈指数级增长。

② 高速性。大数据的高速性主要体现在数据增长和处理的速度上。与传统数据处理技术相比，大数据的处理速度更快，能够达到实时响应。

③ 多样性。大数据可能来源于各种不同的渠道和平台，如社交媒体、电商平台、传感器等，这些数据具有不同的结构和意义，格式各异。

④ 真实性。大数据的真实性体现在全面和准确地反映事物的客观状态、发展轨迹和内在联系。尽管大数据来源多样，可能包含干扰和错误，但避免了片面抽样带来的偏差，所以它的真实性并不因此而降低。

⑤ 价值密度低。大数据的潜在价值巨大，在大量数据中，有价值的信息往往只占很小的一部分。例如，在连续不间断的监控视频中，有用的数据时长可能只有一两分钟。

大数据技术的意义不在于掌握庞大的数据信息，而在于对这些含有意义的数据进行专业化处理，或者可以说，大数据技术核心的价值在于对海量数据进行存储和分析，通过对数据的高效的“加工能力”，实现数据的“增值”。

大数据的应用主要包含两个方向：一个是精准化定制，另一个是预测。比如，通过对消费者购物行为的分析，发现男性顾客在购买婴儿尿片时常常会搭配几瓶啤酒，于是推出了将啤酒和尿布摆在一起的促销手段，结果尿布和啤酒的销量都大幅增加，完成精准化定制服务。再比如，气象局通过整理近期的气象情况和卫星云图，利用大数据技术更加精确地预测未来的天气状况。

大数据分析的数据类型主要包含如下四大类：

① 交易数据（transaction data）。大数据平台能够获取时间跨度更大、更海量的结构化交易数据，这样就可以对更广泛的交易数据类型进行分析，不仅仅包括电子商务购物数据，还包括行为交易数据，例如，Web 服务器记录的互联网点击数据日志。

② 人为数据（human data）。人为数据广泛存在于电子邮件、文档、图片、音频、视频，以及通过博客等社交媒体产生的数据流。这些人为数据为使用文本分析提供了丰富的数据源。

③ 移动数据（mobile data）。人们能够上网的智能终端设备越来越普遍，这些设备上的 App 能够追踪和记录无数事件，从 App 内的交易数据（如搜索产品的记录事件）到个人信息资料或状态报告事件（如地点变更，即报告一个新的地理编码）。

④ 机器和传感器数据（machine and sensor data）。这一部分数据主要包括功能设备创建或生成的数据，例如，智能电表、智能温度控制器、工厂机器和连接互联网的家用电器。这些设备可以配置为与互联网络中的其他节点通信，还可以自动向中央服务器传输数据，这样就可以对数据进行分析。机器和传感器数据是物联网（IoT）大力发展所带来的主要数据源。此数据源可被用于构建分析模型、连续监测和预测行为（如当传感器值表示有问题时进行识别），

提供规定的指令（如警示技术人员在真正出问题之前检查设备）。

下面看几个大数据的应用案例。

【案例 1】智慧农业管理大数据。

智慧感知赋能农业生产，为农业生产创造财富。智慧农业管理平台主要以各类物联网传感器为核心部件采集数据，通过农业物联网云平台存储数据，开辟各类农业管理解决方案。例如，智慧温室大棚解决方案，可以实时采集和监控大棚内的温度、湿度和光照强度等数据参数，及时调节和启动温湿度控制器，以方便农作物更快更好地生长。例如，水肥料一体化灌溉解决方案，借助水路压力系统，将可溶性固体或肥料加入肥料罐体，通过施肥机自动配比，通过云平台的数据实时分析，分时段对农田进行施肥灌溉，结合农业滴灌和喷灌等技术均匀、定时定量随水施肥，节水节肥。

如图 1-1 所示，将数据采集设备常用的温湿度传感器、土壤干湿度传感器传输的累积数据存储到云平台上，构建智能分析模型，进行实时监测和预测，当数值或预测超出异常值时，机器启动干预或人工进行干预等。

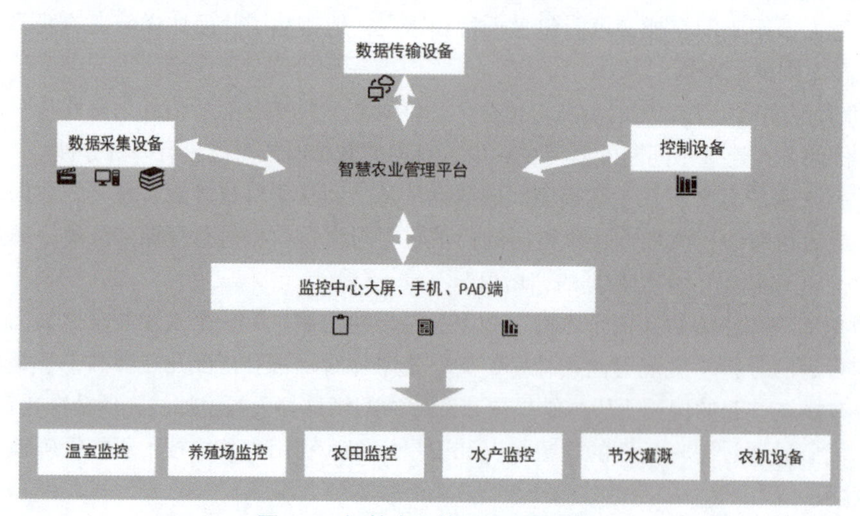

图 1-1　智慧农业管理平台示例图

【案例 2】森林火灾推演和分析系统。

森林火灾是一种突发性强、破坏性大、处置救助较为困难的自然灾害。森林火灾不仅烧毁林木，直接减少森林面积，而且严重破坏森林结构和森林环境，导致森林生态系统失去平衡，森林生物量下降，生产力减弱，益兽益鸟减少，甚至造成人畜伤亡。通过全国大数据平台，分析人为记录的非结构化数据集，结合机器获取的历年森林火灾特征性数据集，进行探索性大数据分析和机器学习模型的推演，进一步构建线性回归模型，预测森林火灾的面积，并分析什么特征是发生森林火灾的重要因素。

【案例 3】基于决策树模型的心血管疾病诊断。

本案例基于患者的生理指标（性别、年龄、体重、身高等）、医疗检测指标（血压、血糖、胆固醇水平等）和患者提供的主观信息（吸烟、饮酒、运动等）共计 12 个特征，对患病情况进行分析。首先可以对数据集进行预处理和简单的可视化分析，并通过机器学习决策树分类模型对患者心血管疾病进行诊断。

其中，通过计算患有心血管疾病人群的平均年龄和未患病人群的平均年龄，简单探究年龄与心血管疾病相关性。用柱状图分析心血管疾病与人群平均年龄的关系，还可以用柱状图可视化呈现运动与是否患心血管疾病之间的关系。

使用分类决策树模型对样本数据进行训练和预测，同时对特征重要性进行排序。并通过对决策树模型可视化展示模型构建过程。通过工具包中的方法类输出分类决策树的分类报告，同时计算并展示模型的混淆矩阵和 ROC（receiver operating characteristic）曲线。

通过对数据的分析和挖掘，我们达到了预期的目标，发现肥胖是影响心血管疾病患病概率的重要因素，虽然人体胆固醇和血糖含量高也是影响心血管疾病患病概率的因素，但是这些都是肥胖的体现。所以要想免于心血管疾病的折磨，就要控制好自己的饮食和体重。建议经常运动，在数据分析的过程中可以看出运动能在一定程度上降低心血管疾病患病概率。特别是老年人更应该注重锻炼，因为在数据分析的过程中可以看出老年人患心血管疾病的概率偏大。

【案例 4】大数据助力智慧出行。

数据采集是大数据技术的第一步，而在车联网中，可以通过多种传感器进行数据采集，例如，GPS、车载娱乐系统、车载诊断系统等。通过这些传感器采集到的数据，可以对车辆信息进行实时、准确地监测，可以获得车速、油耗、里程、车辆状态等实时数据。

数据存储可以采用云存储、分布式存储等技术，数据清洗和数据分析的应用也是重要的一环，最后，通过大数据技术在车联网中的应用，可以实现车辆自动驾驶等高级功能的开发，可以促进该领域提供更多精准、高效的服务。

以网约车的视角，实时监控车辆数据，以预测需求高峰和司机可用性的变化。这些信息使网约车公司能够制定适当的乘车价格，并向司机提供激励措施，以便提供必要数量的车辆以满足需求。数据分析也构成了估计到达时间预测的基础，这对提高客户满意度有很大帮助。

1.1.2　数据科学理论基础

如图 1-2 所示，数据科学是多学科基础理论相互融合形成的新兴学科，包括数学、统计学、计算机科学、特定领域专业知识在内的交叉学科。

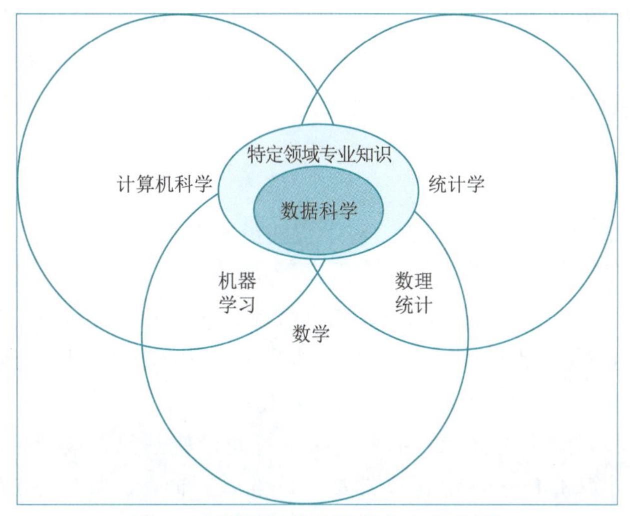

图 1-2　数据科学理论基础（韦恩图）

1. 数学

数学是数据科学的基石，学习者需要具备扎实的数学基础，其中，线性代数涉及的向量、矩阵和线性方程组等概念，在处理大规模数据时是重要的理论基础。微积分则是分析和优化函数的工具，对于机器学习算法和优化至关重要。数学中的概率分析和统计也是重要的理论基础。这里仅简要介绍基础的矩阵和向量的概念，建议初学者通过自主学习，逐步积累和深入了解数据科学不同学科的理论基础。

1）矩阵

矩阵作为线性代数的基础，用途广泛。数学中的矩阵是指按照行和列排列的阵列，其中每一个元素都可以通过其行号和列号进行唯一确定。简单描述，矩阵就是数字的有序排列，通过行和列的方式进行组织，每行和每列的数字数量保持一致。以人才招聘为例，一个招聘单位需要招聘的人才能力各种需求指标总和为 N 个维度，每个岗位的能力要求便形成一个 N 维的向量。不同部门、不同岗位的向量聚集，形成了一个 M 行 N 列的矩阵。

矩阵具有许多独特的数学性质。首先，矩阵的运算规则简单明了，能够进行加减乘除等基本运算，为数学推理提供了便利。其次，矩阵的特征值与特征向量的概念，使得人们能够深入理解线性变换的本质，从而在各个领域中发现更多的规律和现象。此外，矩阵的特殊矩阵形式（如对角矩阵、三角矩阵等）以及矩阵的逆、转置等运算，为数学计算提供了高效的方法。

很多工程问题的解决都离不开矩阵。在机器学习和数据科学领域，矩阵可以用于表示和处理数据集，支持如线性回归、逻辑回归、神经网络等算法的实现。矩阵运算优化了算法的计算过程，使得处理大规模数据集成为可能。例如，利用机器人的机械手臂搬运药品并放入药盒的过程中，需要知道被搬运药品的空间位置和角度，软件代码实现过程中就转换为位置矩阵和姿态旋转矩阵；在游戏开发过程中，一个人物角色的姿态和位置，同样也要通过矩阵来表示。

矩阵可以将多维数据组织为一个结构化的表格，可以更加容易地查看数据，还可以快速计算和分析数据，更快地得出结论。通过矩阵，可以更容易将数据可视化，用图表形式展示，更加清晰地理解数据的内涵，发现其中的规律。

例如，矩阵可以用来研究和分析人类流行病学原理，更好地为人类的身心发展提供决策，矩阵还可以收集气候数据，进行数据分析，更好地帮助人类预测未来极端气候的变化；在金融领域中，通过矩阵的因子分解、回归分析等方法，可以对市场走势进行预测以及风险评估。此外，矩阵在通信领域中的应用也不可忽视，从信号处理到编码译码，矩阵为我们提供了高效的通信方式。

2）向量

向量的数学定义是指一个数字列表，对于程序员来说，一个向量可以是一个数组。向量的维度就是向量包含的“数”的数目。

向量在几何意义上，是有大小和方向的有向线段，向量的方向描述了空间中向量的指向。线性代数的向量用的就是“坐标表示法”。以二维平面为例，有时我们看到的向量是（x_1，y_1）形式的，结合向量的位移及二维坐标空间中理解向量的方向。

向量有行向量和列向量之分，简单来理解，行向量就是元素按行排列，列向量就是元素按照列排列。在计算机 Python 语言里常常默认的是行向量。如表 1-1 所示，全国新能源汽车在不同年份的产量和销量。产量和年份、销量和年份对应两组因素关系。列因素就是同一年份下的汽车的产量和销量。行因素就是不同年份下的汽车产量，或者不同年份的汽车销量。

表 1-1　全国新能源汽车不同年份的产量和销量表

年　份	2015 年	2016 年	2017 年	2018 年
产量 / 万辆	37.9	51.7	79.4	127
销量 / 万辆	33.1	50.7	77.7	125.6

以计算机中的“颜色”的存储为例，在计算机中常用十六进制来表示某一个颜色，十六进制写为“0123456789ABCDEF”依次代表了“0～15”，比如 FF0000，这里把这六位按两位拆开，分别对应的是 FF、00 和 00。将 FF 换算为十进制是 255，00 代表十进制是 0，那这个颜色的数值就是写为“255,0,0”，代表 RGB 模式存储的红色，正是用向量的表示方法描述了颜色。

再以时序数据为例，在时间因素上，想要知道某一声调语音持续时长的作用，可以利用向量的内积计算出不同语音波形特征和其对应时长的总体影响。

最后以文本分析为例，文本统计关键词的词频统计，就以向量的形式呈现，最终生成词云图画像。

综上，向量可以描述生活各种场景下的数据特征。

2. 统计学

统计学是数据科学的主要理论基础之一。如图 1-3 所示，从行为目的和思维方式来看，统计方法可以分为两大类：描述统计和推断统计。

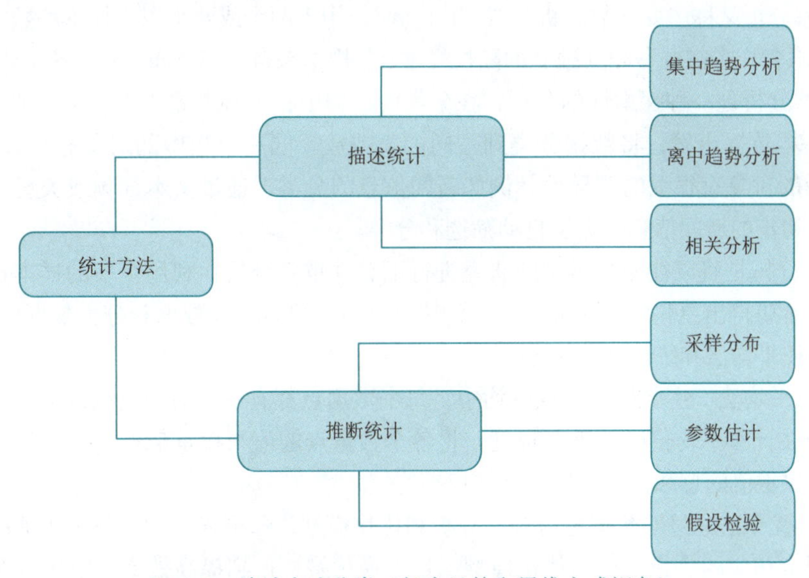

图 1-3　统计方法分类（行为目的和思维方式视角）

描述统计主要是采用图表或数学方法描述数据的统计特征，如分布状态、数值特征等。描述统计的常用方法如下：

（1）集中趋势分析：数值平均数、位置平均数等。

（2）离中趋势分析：极差、分位差、平均差、方差、标准差、离散系数等。

（3）相关性分析：正相关、负相关、线性相关、线性无关等。

推断统计的常用方法有采样分布、参数估计和假设检验。

（1）采样分布，又称为抽样分布，主要是指从总体中随机抽取样本，计算得到的统计量（如样本均值、样本方差等）的概率分布，其主要作用在于帮助人们理解样本统计量与总体参数之间的关系，为进一步进行参数估计和假设检验做准备。

（2）参数估计是根据样本的统计量来估计总体的参数，例如，利用样本的均值估计总体均值，由点带面地推断估计方法。

（3）假设检验是先对总体的某个参数进行假设，然后利用样本统计量去检验这个假设是否成立，可以分为参数假设检验和非参数假设检验两类。假设检验可分为正态分布检验、正态总体分布检验、非参数检验三类。

从方法论角度来看，基于统计的数据分析方法又分为基本分析法和元分析法。

（1）基本分析法常见的回归分析、方差分析和聚类分析。

① 回归分析是确定两种或两种以上变量之间的定量关系的一种统计分析方法。按照变量的多少和变量之间的关系类型，可分为多种回归：

• 一元线性回归分析是分析一个因变量和一个自变量之间的线性关系，常用统计指标包括：平均数、增减量、平均增减量。

• 多元线性回归分析是指分析多个自变量与一个因变量之间的线性关系，在实际统计分析中，一般是对多远回归模型进行估计。

• 非线性回归分析是指自变量与因变量之间因果关系的函数表达式是非线性的，包含对数曲线方程、反函数曲线方程、二次曲线方程、幂函数曲线方程等均为非线性回归方程。

② 方差分析又称“变异数分析”或“F 检验”，用于两个或两个以上样本均数差别的显著性检验，要求各样本需要是相互独立的随机样本，各样本来自状态分布总体，各总体方差相等。

③ 聚类分析是一种探索性的分析，在分类的过程中，不必事先给出一个分类的标准，聚类分析从样本数据出发，将数据分类到不同的类或簇。同一个簇中的对象有很大的相似性，而不同簇间的对象有很大的差异性。例如新闻信息的分类，通过文本词频或关键文本的巨大差异，进行初步的新闻信息的类别自动筛选和分类。

（2）元分析是将以往相同类型的研究进行汇总并重新分析，利用更多的样本量和更高的统计功效，希望得出更科学的研究结论。传统元分析主要有连续数据和分类数据这两种类型，主要采用加权平均法和统计优化法等。

① 加权平均法，主要是在加权平均中，每个数据点都有一个对应的权重值，该权重值决定了数据点在计算平均值时的重要程度。将各个数据点的值与权重值相乘，并将结果求和后再除以所有权重值的总和，就可以得到加权平均值。

② 统计优化法通过对数据进行统计分析和优化模型，预测未来的趋势和可能的结果，在此基础上制定相应的决策，得到优化模型，找到最优解，达到提高效率、节约资源和降低成本的目的。

3. 计算机科学

数据科学的发展离不开计算机科学基础理论的支撑，数据结构和算法是计算机科学的基础理论之一。数据结构用于描述数据在计算机内存中的存储方式和组织形式，常用的数据结构包括数组、链表、堆栈、队列、树和图等，不同的数据结构有不同的特点和用途，选择合适的数据结构可以提高程序的效率和可读性。

编程语言是用于描述计算机能够理解和执行的操作。编程语言可以分为低级语言和高级语言。低级语言，如汇编语言和机器语言，用于直接控制计算机硬件的操作；高级语言，如 Python、C++、Java 等，用于描述复杂的任务和算法，帮助机器编译和解释。Python 语言和 R 语言是数据科学分析较常用的编程语言。

数据库是计算机科学中的关键一环，用于存储和管理大量数据，并提供高效的数据检索和查询功能。数据库可以分为关系型数据库和非关系型数据库，关系型数据库如 MySQL、Oracle 等，非关系型数据库如 MongoDB、Redis 等。

传统的数据处理方法已经无法满足海量数据的处理需求，信息网络和计算机技术的日新月异，为数据科学的发展插上助力的翅膀，计算机技术可以从大数据的存储和计算、数据的挖掘和数据的管理技术等方面革新数据处理方法。以下从七个方面阐述计算机技术与数据科学的紧密相关性。

1）云计算

云计算技术是基于最新的云计算平台的计算模型，研究海量数据的分布、查询和挖掘方法，借助数据挖掘和机器学习算法，着重解决大数据时代面临的数据规模及相关分析问题。例如，利用分布式计算框架 Hadoop，通过并行计算、分布式存储等手段，可以将大数据分割成多个任务进行并行处理，高效处理大规模数据，提高数据处理的效率和准确性。

2）复杂结构数据的管理技术

复杂结构数据的管理技术主要包括当前在各种应用领域中常见的图、序列（流数据）等复杂结构数据的管理和挖掘技术，着重解决大数据由于数据之间广泛存在的关联性带来的数据管理和挖掘方面的新挑战。

3）非结构数据的管理技术

非结构数据的管理技术主要包括图像 / 视频的语义标注与检索技术及其在相关领域的应用技术，着重解决非结构数据语义抽取与利用问题。

4）大规模知识图谱技术

大规模知识图谱技术主要基于人们已经开发的包含千万级节点的中文知识图谱系统，重点研究多源数据实体级的信息融合技术、不确定性信息网络的应用方法、大数据管理与访问技术等，以提高数据处理过程中的语义理解问题。

5）区块链安全技术

区块链安全技术是研究数据合规性分析与量化安全评估方法，其特点是面向隐私数据融合的分布式学习框架、数据驱动的用户口令安全分析方法、区块链访问控制机制与数据分析平台。

6）传感器技术

传感器技术是实现物联网的基础和关键，通过温度传感器、湿度传感器、光学传感器、加速度传感器等获取环境和物体数据，并将这些信息转换成电信号传输给物联网系统。物联网系统对这些数据进行实时分析，从而实现远程监控、故障诊断、实时调度和预测性维护。从数据科学的角度来看，传感器和物联网技术的发展给大数据分析提供了更多实时有效的数据，拓宽了数据分析的应用范围。

7）机器学习

机器学习是人工智能的一个重要分支，它利用计算机算法和模型，使机器能够从数据分析中学习并自动改进性能，机器学习包括监督学习、无监督学习和强化学习等不同类型，数据科学和机器学习在数据处理和模型构建等方面可以互为补充，二者结合可以更好地借助数据进行分析，提供更高性能的预测模型。例如，机器学习可以利用医疗图形和生物信号转换的数据辅助医生进行疾病的早期筛查和诊断。机器学习还可以利用线上用户购买的偏好和行为的学习实时进行智能推荐和个性化广告推送，提高市场营销效果。

4. 特定领域专业知识

不同的应用领域如生物学、医学、金融、社会学等都有其特定的领域知识和问题背景。数据科学在解决实际问题时，需要结合具体领域的专业知识，才能更好地理解数据、提出有意义的问题、建立合适的模型，并对结果进行合理的解释和应用。

1.1.3 数据科学家

随着数据量的指数增长，众多领域愈发依赖真实数据的分析来提升效率和推动创新，社会对这类岗位人才需求也在迅速增长，于是数据科学家的概念应运而生。

1. 数据科学家简介

数据科学家是一种新型的数据分析专业人员，他们采用科学方法、运用数据挖掘工具对复杂多量的数字、符号、文字、网址、音频或视频等信息进行数字化重现与认识，并寻找新的数据洞察。数据科学家需要具备多种技能，包括数据采集、数学算法、数学软件、数据分析、预测分析、市场应用和决策分析等。此外，数据科学家还应具备数据清洗、数据可视化、统计学、编程和商业洞察力等素质。清华大学大数据研究中心的研究表明，数据分析和机器学习是数据科学家工作的核心内容。

数据科学是一个跨学科领域，结合了统计学、信息科学和计算机科学的科学方法、系统和过程，通过结构化或非结构化数据提供对现象的洞察。数据科学家通过分析从网络、智能手机、客户、传感器和其他来源收集的原始数据，对数据进行清洗和预处理，以去除噪声、填补缺失值和处理异常值，确保数据的准确性和完整性，方便进一步使用统计方法和图表工具来发现趋势、检测模式和识别异常值，从而获得对数据的全面了解；数据科学家使用机器学习算法和统计模型来构建预测模型和分类器，利用历史数据进行模型的开发和训练，并使用交叉验证和评估指标来评估模型的性能，揭示趋势并产生见解，企业可以利用这些见解做出更好的决策并推出更多创新产品和服务。

数据科学家的职业发展前景非常广阔。随着大数据时代的到来，数据科学家在各行各业的需求不断增加。他们不仅在技术领域发挥着重要作用，还在商业决策中扮演着关键角色。优秀的数据科学家需要不断学习和更新自己的技能，以适应不断变化的数据环境和业务需求。

2. 数据科学家的职责和技能

1）职责

数据科学家主要负责收集、分析和解释大数据，进而从数据中发现模式并进行预测，最后创建切实可行的计划。他们的数据对象主要包括结构化数据和非结构化数据两种类型。

（1）结构化数据通常以行和列为排列形式。例如，公共事业的数据科学家可以通过分析发电量和使用量（结构化数据），帮助降低成本。

（2）非结构化数据包括文档文件、社交媒体和移动数据、网站内容和视频中的文本。例如，零售行业的数据科学家可以通过分析呼叫中心笔记、电子邮件、调查表和社交媒体等信息论坛（非结构化数据）改善客户体验。

2）技能

若要从所有数据中获取有价值信息，数据科学家必须具备以下技能（见图 1-4）：

（1）计算机编程技能。数据科学家使用 R 或 Python 之类的语言编写代码，通过程序完成数据的采集、清洗、规整化和统计等功能。Python 是许多数据科学家的首选语言，因为它易于学习和使用，并且它还提供预生成的数据处理模块以进行数据分析。

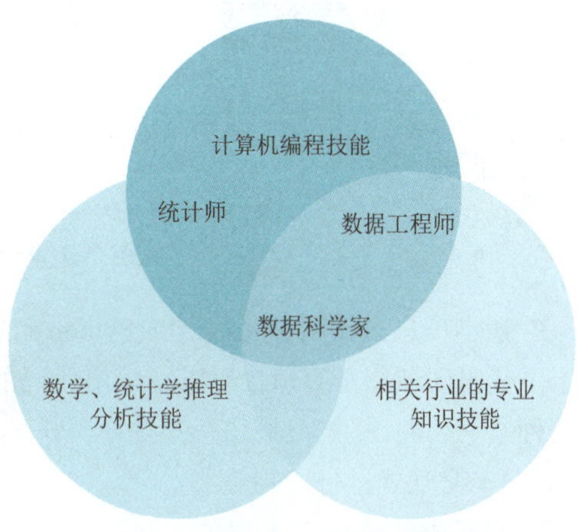

图 1-4　数据科学家具备的技能

（2）数学、统计学推理分析技能。数据科学家利用数学基础、统计学和推理技能来分析数据、测试假设以及生成机器学习模型，数据科学家使用经过训练的机器学习模型来发现数据中的关系，对数据进行预测，并找出问题的解决方案。

（3）相关行业的专业知识技能。为了将数据分析结果转换为特定行业内有价值的信息，数据科学家还需要掌握特定领域知识，熟知行业术语和行业标准，他们在商业、技术、数学和统计等方面具备高熟练度，通过数据分析解决复杂问题。

1.2　工 具 软 件

基于 Python 语言的大数据分析通常包括数据收集、清洗、整理、分析、可视化和机器学习建模等流程。Python 提供了众多第三方库来帮助完成这些任务，比如 Pandas 用于数据分析，Matplotlib 用于可视化，NumPy 用于高性能数学计算，Scikit-learn 用于机器学习等。

Python 可在多平台开发运行，本书以基于 Windows 64 位操作系统开发平台的 Python 3.0 以上版本为开发环境进行讲解，常用的开发软件有 Python IDLE、Spyder、Pycharm 和 Jupyter Notebook 等。

其中，Jupyter Notebook 是一个基于 Web 的交互式开发环境（IDE），特别受数据科学家和机器学习从业者的欢迎。它允许用户运行和测试一小段代码并查看结果，而不是必须运行整个文件。对于大数据分析的学习者来讲，具有易学易用和友好性等特点。

本书所有代码均是在 Anaconda 3 的 2024-02 版本以及 Jupyter Notebook 软件中运行演示。Anaconda 不仅集成了 Jupyter Notebook、Spyder 等软件，同时还包含 conda、Python 等在内的上百个第三方工具包及其依赖项。

1.2.1　常用 Python 软件简介

1. Python 自带的 IDLE

很多初学者接触 Python，代码都是在 IDLE（integrated development and learning environment，集成开发环境）下编写的。IDLE 是 Python 自带的集成开发和学习环境，包括代码编辑器、编译器、调试器和图形用户界面等工具，集成了代码编写功能、分析功能、编译功能、调试功能等一体化的开发软件服务，可以帮助开发人员高效且便捷地编写、调试与运行代码等。

如图 1-5 所示，IDLE 的工作界面包括菜单栏、版本信息、代码区域。

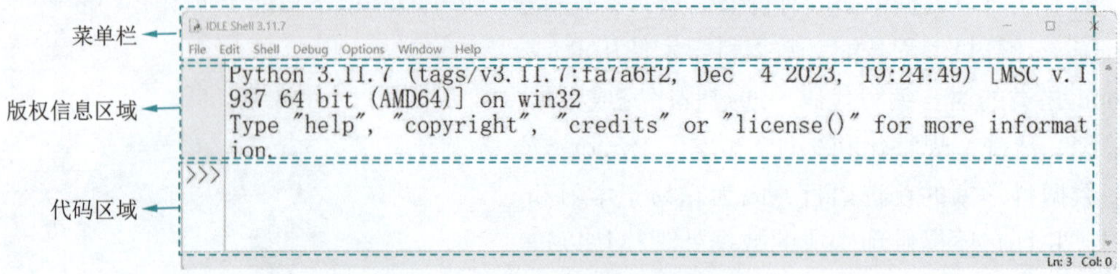

图 1-5　Python IDLE 初始界面

版本信息区域用于展示当前 Python 解释器的版本，建议学习者安装 Python 3.11 以上的版本。代码区域用于编写代码以及输出代码的运行结果。IDLE 运行代码方式有交互式和文件式两种：

1）交互式运行代码

交互式是指 Python 解释器即时响应用户输入的代码，输出运行结果。如图 1- 6 所示，特别需要强调的是，代码编写过程中，特殊标记“>>>”是软件在编写代码过程中自带的代码行的标记，目的是更好地与运行结果代码进行区分。

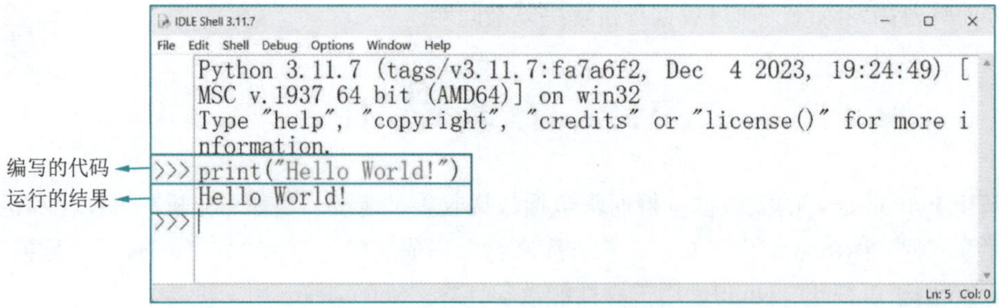

图 1-6　Python IDLE 的交互运行界面

2）文件式运行代码

文件式是指用户将 Python 代码全部写在一个或多个文件中之后启动 Python 解释器批量执行文件中的代码。通过 File → New File 菜单命令新建文件，编写代码后，单击 File → Save 菜单命令保存文件，生成扩展名为 .py 的文件。单击 Run → Run Module 菜单命令运行 .py 文件。

2. Spyder 软件

Spyder 软件是一款功能较强大的集成开发环境，具有许多方便实用的特性，如自动完成、错误检查、代码分析和调试工具等，它还支持很多插件，可以让开发更加便捷。而 IDLE 的功能比较简单，只提供了基本的语法高亮和运行 Python 脚本的功能。

安装 Anaconda 软件后，打开“开始”菜单，找到 Anaconda 3，单击 Spyder 即可进入；也可将 Spyder 发送到桌面快捷方式，在桌面双击 Spyder 图标即可进入，图 1-7 所示是 Spyder 的初始启动界面。

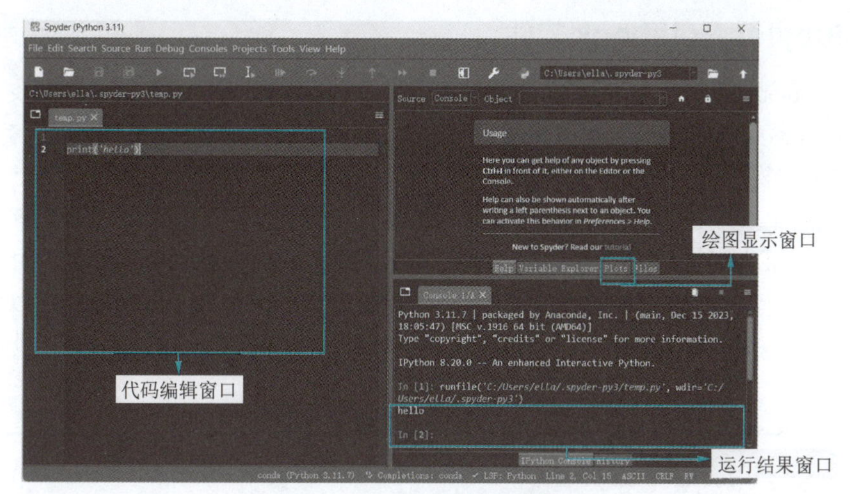

图 1-7　Spyder 初始启动界面

3. Pycharm 软件

PyCharm 类似于 Spyder 软件，也是一种 Python IDE，带有一整套可以帮助用户提高 Python 语言开发效率的工具，比如调试、语法高亮、项目管理、代码跳转、智能提示、自动完成、单元测试、版本控制。此外，该 IDE 提供了很多高级功能，以用于支持 Django 框架下的专业 Web 开发。

PyCharm 的历史可以追溯到 2010 年，它最初是作为 Python 语言的 IDE 推出的。随着时间的推移，PyCharm 不断发展和改进，逐渐成为 Python 开发领域中备受欢迎的开发工具之一。PyCharm 提供了与数据科学和机器学习相关的工具和库的集成，如 NumPy、Pandas、Matplotlib、TensorFlow 等。开发者可以在 PyCharm 中进行数据分析和模型训练，快速实现各种算法和模型。

PyCharm 软件主要分社区版和专业版两个版本，社区版版本免费，可以从软件的官方网站自行下载安装。如图 1-8 所示，Pycharm 的主窗口界面主要包含文件管理窗口、代码编辑窗口和运行结果窗口三大部分。

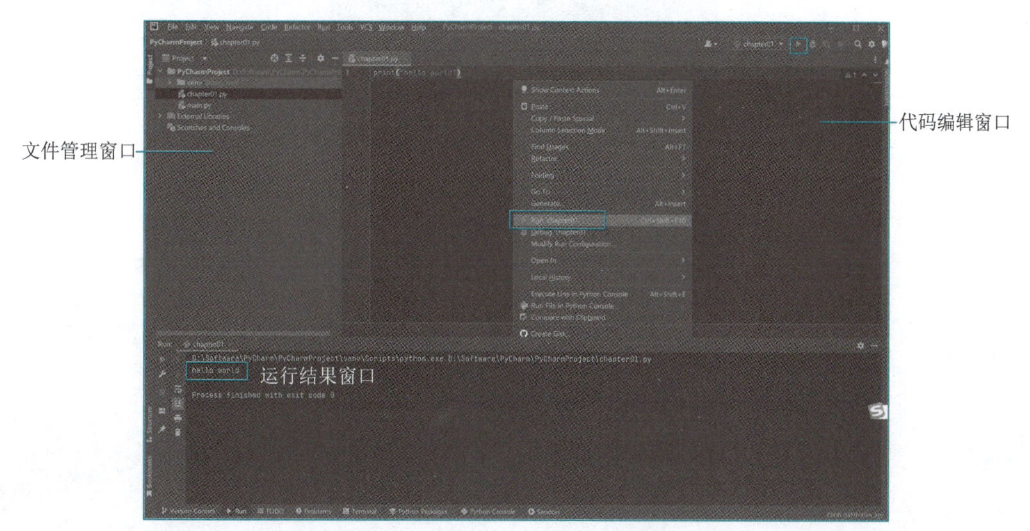

图 1-8　Pycharm 软件的主窗口

1.2.2 Jupyter Notebook 软件

Jupyter Notebook 软件有多种安装方法，例如使用 pip install 命令可以直接安装。本书建议使用 Anaconda 的集成安装包完成 Jupyter Notebook 的安装，后续即将使用的第三方工具包也一并完成了安装。

1. 基于 Anaconda 的 Jupyter Notebook 的安装

从 Anaconda 官网可以下载免费安装包，双击安装软件，即可打开安装向导（见图 1-9）。按照向导一步步操作即可。安装成功后，打开“开始”菜单，如图 1-10 所示，可以发现已经自动将集成的 Navigator、Prompt、Jupyter Notebook 和 Spyder 及常用的第三方工具包全部安装完成。

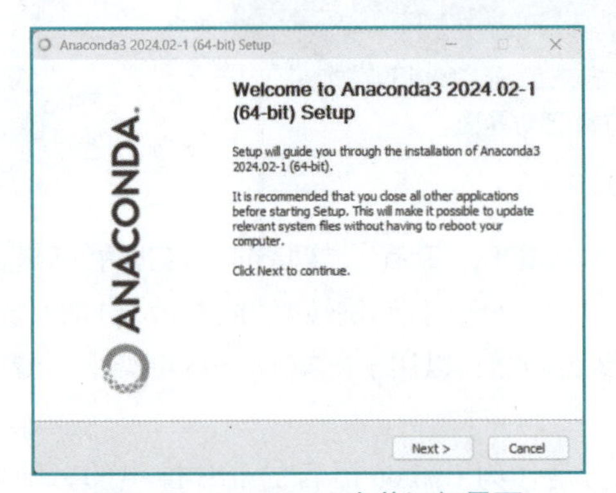

图 1-9 Anaconda 安装运行界面

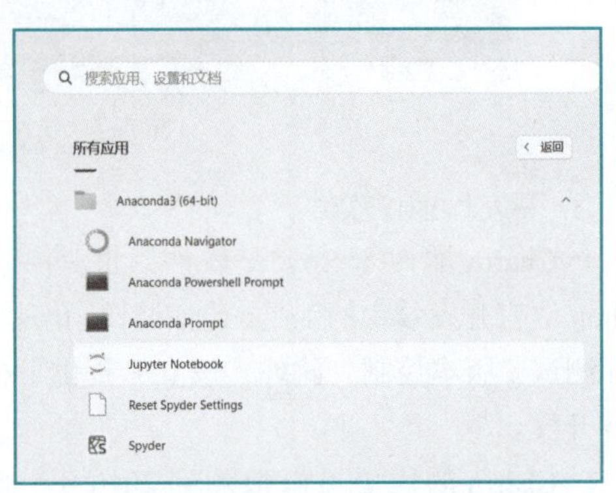

图 1-10 Anaconda 安装完成后“开始”菜单中的软件列表

通过图 1-11 可以发现，Anaconda Prompt 已经安装成功，它是 Anaconda 自带的命令窗口，可以在里面运行 pip list 命令查看已经安装的第三方工具包列表。

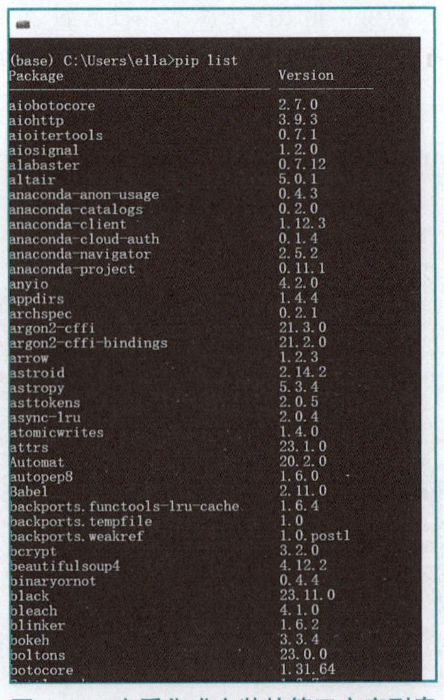

图 1-11 查看集成安装的第三方库列表

2. Jupyter Notebook 的使用

在“开始”菜单的“所有应用”中找到 Anaconda 3 文件夹中的 Jupyter Notebook 图标，直接单击该图标即可启动软件。

当启动 Jupyter Notebook 时，会弹出图 1-12 所示的窗口，此窗口不可以关闭，之后 Jupyter Notebook 软件 Web 界面的代码创建与运行都依赖于此窗口提供的服务。

这个窗口实际上是用来启动 Jupyter Notebook 的 Web 服务。这个服务会在后台运行，并监听特定的端口（通常是 8888 端口），等待浏览器或其他客户端的连接。

```
[I 2024-05-06 11:20:12.908 LabApp] JupyterLab extension loaded from C:\ProgramData\anaconda3\Lib\site-packages\jupyterla
b
[I 2024-05-06 11:20:12.908 LabApp] JupyterLab application directory is C:\ProgramData\anaconda3\share\jupyter\lab
[I 2024-05-06 11:20:12.923 LabApp] Extension Manager is 'pypi'.
[I 2024-05-06 11:20:12.923 ServerApp] jupyterlab | extension was successfully loaded.
[I 2024-05-06 11:20:12.923 ServerApp] notebook | extension was successfully loaded.
[I 2024-05-06 11:20:12.923 ServerApp] panel.io.jupyter_server_extension | extension was successfully loaded.
[I 2024-05-06 11:20:12.923 ServerApp] Serving notebooks from local directory: C:\Users\ella
[I 2024-05-06 11:20:12.923 ServerApp] Jupyter Server 2.10.0 is running at:
[I 2024-05-06 11:20:12.923 ServerApp] http://localhost:8888/tree?token=f0a430051dea9c19f9fc31b76fdafb144a8a6b0672640670
[I 2024-05-06 11:20:12.923 ServerApp]     http://127.0.0.1:8888/tree?token=f0a430051dea9c19f9fc31b76fdafb144a8a6b0672640
670
[I 2024-05-06 11:20:12.923 ServerApp] Use Control-C to stop this server and shut down all kernels (twice to skip confirm
ation).
[C 2024-05-06 11:20:13.017 ServerApp]

    To access the server, open this file in a browser:
        file:///C:/Users/ella/AppData/Roaming/jupyter/runtime/jpserver-2472-open.html
    Or copy and paste one of these URLs:
        http://localhost:8888/tree?token=f0a430051dea9c19f9fc31b76fdafb144a8a6b0672640670
        http://127.0.0.1:8888/tree?token=f0a430051dea9c19f9fc31b76fdafb144a8a6b0672640670
[I 2024-05-06 11:20:13.611 ServerApp] Skipped non-installed server(s): bash-language-server, dockerfile-language-server-
nodejs, javascript-typescript-langserver, jedi-language-server, julia-language-server, pyright, python-language-server,
r-languageserver, sql-language-server, texlab, typescript-language-server, unified-language-server, vscode-css-languages
erver-bin, vscode-html-languageserver-bin, vscode-json-languageserver-bin, yaml-language-server
0.00s - Debugger warning: It seems that frozen modules are being used, which may
0.00s - make the debugger miss breakpoints. Please pass -Xfrozen_modules=off
0.00s - to python to disable frozen modules.
0.00s - Note: Debugging will proceed. Set PYDEVD_DISABLE_FILE_VALIDATION=1 to disable this validation.
```

图 1-12　JupyterNotebook 启动时的窗口（本地服务）

当图 1-12 显示完毕后会弹出浏览器页面，进入软件的使用。如果无法跳转至浏览器页面，可以复制图 1-12 中以 http:// 开头的网址，粘贴到浏览器中手动完成页面的跳转。Jupyter Notebook 软件启动后，可通过 Help 菜单里的 About Jupyter Notebook 命令查看软件的版本，如图 1-13 和图 1-14 所示。

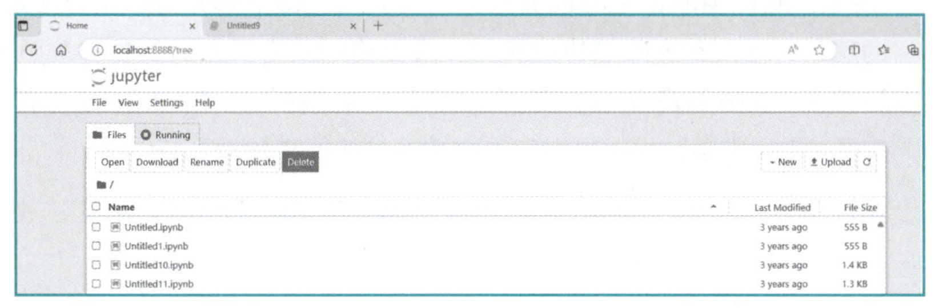

图 1-13　Jupyter Notebook 软件启动后的界面

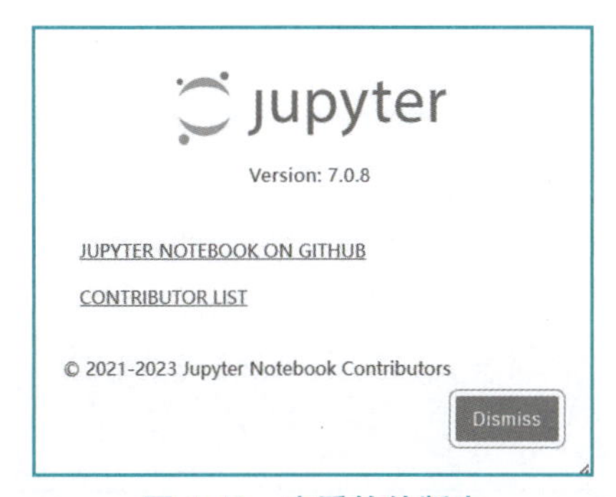

图 1-14　查看软件版本

打开软件后，软件会自动设置默认访问地址为本机中的 http://localhost:8888，为了避免新建文件找不到的情况，建议先将路径切换到指定目录中，如图 1-15 所示，在桌面 Desktop 路径状态下，选择 New → Notebook 命令新建文件，在弹出的窗口中选择 Python 3（ipykernel），它是 Jupyter 环境下的 Python 3 版本。新建成功后进入代码编辑界面，如图 1-16 所示，其中右上角的 Python 3（ipykernel）状态显示为小圆圈形状，即表示服务连接状态正常。如果是闪电形状说明服务正在连接或连接失败，需要通过重启软件再次启动图 1-12 的本地服务器 Web 连接服务。

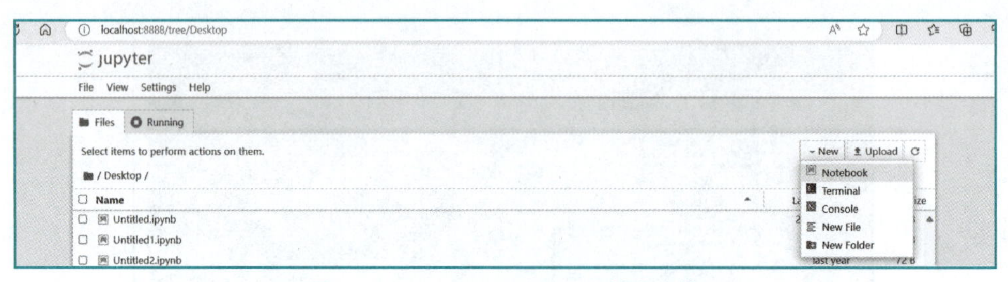

图 1-15　Jupyter Notebook 新建文件

图 1-16　Jupyter Notebook 代码编写窗口

Jupyter Notebook 创建的文件扩展名为 .ipynb。可单击界面左上角的文件名 Untitled 重命名。

如图 1-17 所示，软件中的每个方框通常称为单元格，每个单元格左侧会出现数字编号，右侧是单元格的移动、插入和删除等快捷按钮。单元格中的变量和对象具有按照单元格从上到下顺序继承的特点，如图 1-17 所示，变量 a、b 和 c 分别在不同单元格中定义和输出，单元格按由上到下顺序向下正常运行后，可以向下继承变量的值进行运算和输出。

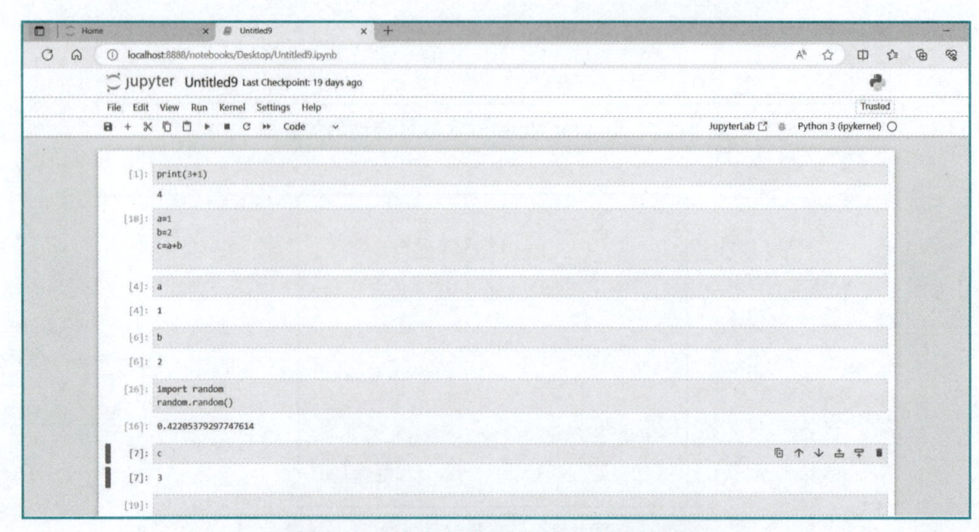

图 1-17　软件中的单元格及变量的继承

文件保存是代码编写的重要一环。可以通过选择 File → Save Notebook As 菜单命令保存文件，在弹出的图 1-18 所示的对话框中会显示当前文件所在的路径，单击 Save 按钮即可。

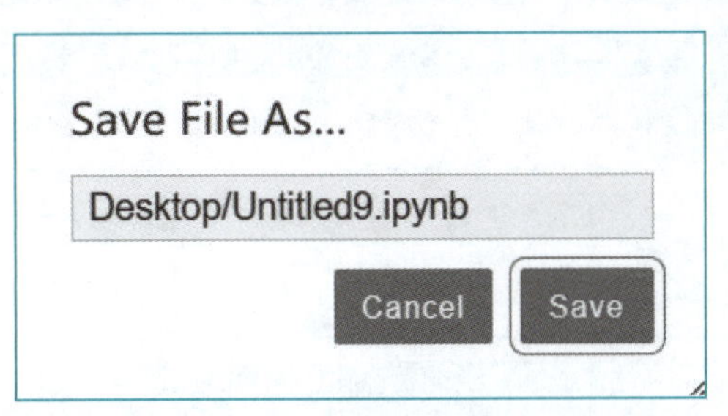

图 1-18　.ipynb 文件保存对话框

1.3　数据处理流程

数据处理是指对采集到的实时或历史数据进行整理、清洗、分析和转化的过程，它将原始数据转化为有意义的信息，用于模型构建、仿真和决策支持。

1.3.1　传统的数据处理流程

数据处理是为了提高数据质量、整合数据、转换数据、分析数据、展示数据和支持决策等而进行的重要步骤。通过数据处理，可以使原始数据具有可用性，为后续的数据分析和应用提供可靠的基础。

数据应用的实施过程中，数据处理是关键步骤之一。如图 1-19 所示，数据处理包含六个基本步骤：

（1）数据采集：通过传感器、监测设备、物联网等手段，采集来自实际物体或系统的数据。这些数据可以是温度、压力、振动、电流等物理量的测量值，也可以是图像、视频等感知数据。

（2）数据传输：将采集到的数据传输到中心服务器或云平台进行存储和处理。传输可以通过有线网络、无线网络或蜂窝通信等方式实现。

（3）数据清洗：对采集到的原始数据进行清洗和处理，去除噪声、异常值和重复数据，确保数据的准确性和一致性。数据清洗可使用数据清洗算法和规则进行自动化处理。

（4）数据存储：将清洗后的数据存储到数据库、数据池或其他存储系统中。选择合适的数据存储技术和架构可以确保数据的可靠性、可扩展性和安全性。

（5）数据分析：对存储的数据进行分析和处理，提取有价值的信息和模式。数据分析可以包括统计分析、机器学习、深度学习等技术，以实现数据的理解、预测和优化。

（6）数据可视化：将分析结果以可视化的形式展示，通常使用图表、图像、仪表盘等方式展示数据和分析的结果。数据可视化有助于用户理解和解释数据，支持决策和行动。

在数据处理的过程中，还需要考虑数据安全性和隐私保护。保证数据的保密性、完整性和可用性是大数据分析系统的关键技术之一。

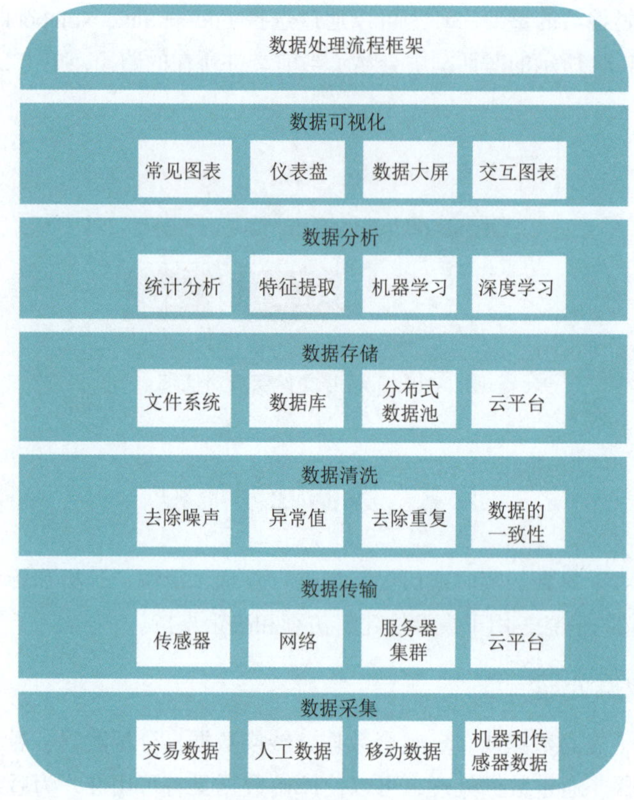

图 1-19　数据处理流程框架

在数据处理的过程中，可以使用各种技术和软件来完成不同的任务。以下是一些常用的技术和软件：

（1）数据清洗和预处理：在数据清洗和预处理阶段，可以使用 Python 编程语言中的库和工具，如 Pandas、NumPy 和 Scikit-learn。这些第三方库提供了各种功能，如数据清洗、缺失值处理和异常值检测等。

（2）数据集成：数据集成涉及将来自不同数据源的数据整合在一起。在这个过程中，可以使用 ETL（extract transform load）工具，如 Talend、Informatica 和 Pentaho。这些工具提供了数据抽取、转换和加载的功能，使得数据集成更加高效和方便。

（3）数据存储和管理：数据存储和管理可以使用各种数据库管理系统（DBMS），如 MySQL、Oracle、SQL Server 和 MongoDB 等。这些 DBMS 提供了数据的存储、查询和管理功能，可以根据数据的特点和需求选择合适的数据库。

（4）数据分析和挖掘：在数据分析和挖掘阶段，可以使用各种统计分析和机器学习的工具和库。例如，Python 中的 SciPy、Scikit-learn 和 TensorFlow 等提供了各种统计分析、机器学习和深度学习的功能。

（5）数据可视化：数据可视化可以使用各种工具和软件来实现。常用的可视化工具包括 Python 中的 Matplotlib、Seaborn 和 Plotly 库，以及商业化软件如 Tableau 和 Power BI 等。这些工具可以生成各种图表、图形和地图，以便更好地展示和解释数据。

除了上述技术和软件，还有许多其他的工具和平台可以用于数据处理，具体选择取决于数据的特点、需求和预算。同时，随着技术的不断发展，新的工具和软件也在不断涌现，为数据处理提供更多的选择和可能性。

1.3.2　数据科学的数据处理流程

传统的数据处理的目标是抽取和推导有价值的数据,处理步骤包括统计分析、数据可视化、形成可行性报告等。数据科学的数据处理目标则更广泛，不仅限于提取信息，还包括预测和模型构建。数据科学概念下的数据处理流程如图 1-20 所示。

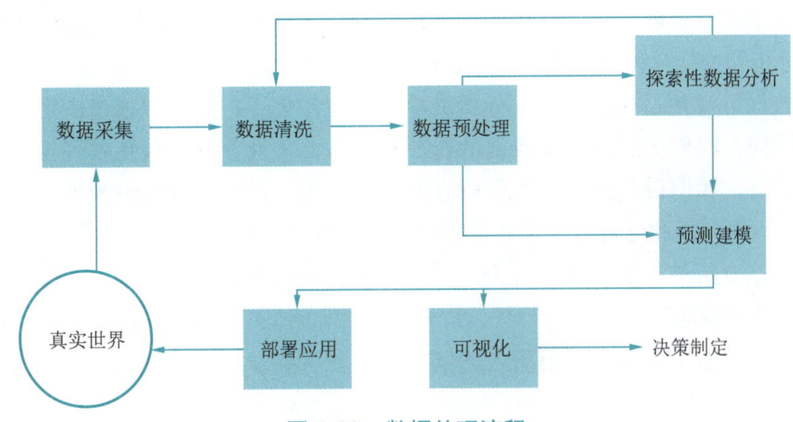

图 1-20　数据处理流程

下面对流程中的关键步骤及容易混淆的概念进行分析和说明。

1. 用户层面的问题定义和目标要明确

从真实世界的用户角度提出问题，根据问题展开背景调查，进而才能够有针对性地收集数据、分析数据、确定目标，最终给出解决问题的行动方案。例如，某个民宿机构对于入住率和入住评价不满意，认为在前期宣传和服务的意识不够高（问题定义明确），希望能通过数据分析提前估算入住率和满意度（目标明确），这是通过描述统计、探索性数据分析和预测性问题分析等各类统计分析技术解决面临的真实问题的例子。数据分析是为了解决现实世界的问题，而不是纯粹地为了分析而分析。

2. 注意数据清洗和数据预处理的区别

数据清洗主要是对原始数据进行初步处理，以确保数据的质量和可信度。数据清洗的目的是确保数据集的质量，去除数据中的噪声、异常值、重复值、缺失值和错误值等不合法或不符合要求的数据，最终使数据集更加准确、完整和一致，为后续的数据分析和建模提供高质量的数据。

数据预处理的目的在于改善数据的适用性，使其适合于特定的数据分析方法或建模算法。主要作用是通过数据变换、缩放、归整化等操作提高算法的准确性和性能，减少计算时间和成本，以构建更适合分析和建模的数据集。主要方法包括特征选择、特征提取、数据变化、数据规约等。

数据预处理是在数据清洗的基础上进行的进一步的处理，这两个步骤都是数据分析过程中不可或缺的关键环节。

3. 探索性数据分析

探索性数据分析是指在没有明确的假设和限制下，通过图形和统计方法对数据进行探索和挖掘，以发现数据的潜在结构和特征。探索性数据分析强调数据的可视化和简化，以便更好地理解数据和发现规律。它还强调对数据的灵活性和创造性，以便对数据进行多种形式的探索和发现。

探索性数据分析的主要目的是发现数据的潜在特征、关系和模式。它可以帮助人们更好地了解数据的分布和结构，以便为进一步的数据分析奠定更好的基础。通过探索性数据分析，人们可以更加准确地了解数据的性质和特征，识别出潜在的数据类别、集群和关联关系，为后续的数据分析和挖掘提供更加准确和可靠的结果。

其中，数据可视化是探索性数据分析最重要的方法之一，它可以通过图形化手段展示数据的分布和结构，以便更好地展示数据的特征和关系。统计分析则包括各种描述性统计方法和推理统计方法，如假设检验、方差分析和回归分析等。借助计算机编程技术，人们能够更加快速地进行数据分析和处理，以及完成数据可视化等任务。

探索性数据分析被广泛应用于各个领域。例如，在市场营销领域中，探索性数据分析可以帮助企业了解消费者行为和市场趋势，以便制定更加精准的营销策略。在医疗保健领域中，探索性数据分析可以帮助医生了解病人的健康状况和疾病发展趋势，以便制定更加科学的治疗方案。

数据科学与探索性数据分析二者之间既有包含关系，也有相辅相成的关系。在数据科学的分析过程中包括进行探索性数据价值的挖掘；反之，根据有价值信息的提取可以继续深入可视化判断和机器学习模型的建模。

4. 数据可视化

数据可视化技术起源于20世纪60年代的计算机图形学，随着计算机硬件的发展，人们能够创建更复杂规模更大的数字模型，同时，发展了数据采集设备和数据保存设备。同样，也需要更高级的计算机图形学技术及方法来创建这些规模庞大的数据集。

数据可视化是一种将数据转换成图或表等视觉表现形式的技术，旨在以直观的方式展现和呈现数据。通过图形化的手段，能够有效地表达复杂和抽象的数据，从而准确又高效地传递信息。此外，数据可视化还能帮助发现数据中的规律和特征，挖掘数据背后的价值。

数据可视化技术凭借计算机的巨大处理能力和可视化算法，把海量的数据转换为静态或动态图像或图形呈现在人们的面前，同时可以通过交互方式控制数据的抽取和动态画面的展示，使隐含于数据之中不可见的价值信息凸显出来。

5. 预测建模

数据科学概念下的数据处理流程中预测模型是最重要的步骤。预测模型是一种用于分析数据、挖掘数据规律和预测未来趋势的方法和工具。它通过收集、整理、清洗和预处理数据，运用统计学、机器学习、深度学习等算法，构建出可以预测未来数据变化的模型。

预测建模在行业领域的应用场景非常广泛。例如，预测模型在金融行业可以用于预测股票价格、汇率波动、市场趋势等场景。在医疗行业可以用于预测疾病的风险、发病率、药物效果等，医生可以利用预测模型更好地制定治疗方案和预防措施，提高治疗效果。

常见的预测类数据分析方法主要包括回归类预测方法、时间序列类预测方法、机器学习类预测方法。

回归分析是一种常用的统计方法，用于建立变量间的关系模型，并通过该模型对未知数据进行预测，包括线性回归、logistic 回归、非线性回归等，它们通过建立数学模型来预测数值结果。

时间序列数据是按照时间顺序排列的数据集合，如每天的销售量、每月的股票价格等。预测时间序列数据可以帮助我们了解未来的趋势和模式，从而做出更准确的决策。时间序列类预测方法主要包括指数平滑法和灰色预测模型。

机器学习预测方法主要是通过训练算法来自动发现数据中的模式，并根据这些模式进行未知样本的预测，如决策树、随机森林和神经网络等。

拓展与练习

1. 查阅资料了解集成软件 Anaconda 3 并到官网自行完成下载和安装。
2. 查阅资料了解 Jupyter Noterbook 的用法。
3. 查阅资料了解 Python 关于数据分析和可视化的第三方工具包。

第2章 Python与数据科学

1989 年，荷兰人 Guido van Rossum 开发了 Python 编程语言，它是一种结合了解释型、编译性和交互式的面向对象编程语言。1991 年，Python 的第一个公开版本发行。Python 语法简洁清晰，具有丰富和强大的库，能帮助开发者快速进行数据分析，在数据科学和数据处理领域非常强大和高效。与 C、C++ 和 Java 相比，Python 很容易学习，处理数据的过程也简单明了。时至今日，Python 应用广泛，已经成为世界上最受欢迎的编程语言之一。

本章介绍 Python 内置的常用数据类型、运算符、内置函数和模块的基本操作，重点对数据科学分析中将要用到的序列数据类型进行讲解和举例说明。对于已经学习过 Python 基础编程的同学，可以跳过本章的内容，直接进入第 3 章学习。

知识结构图

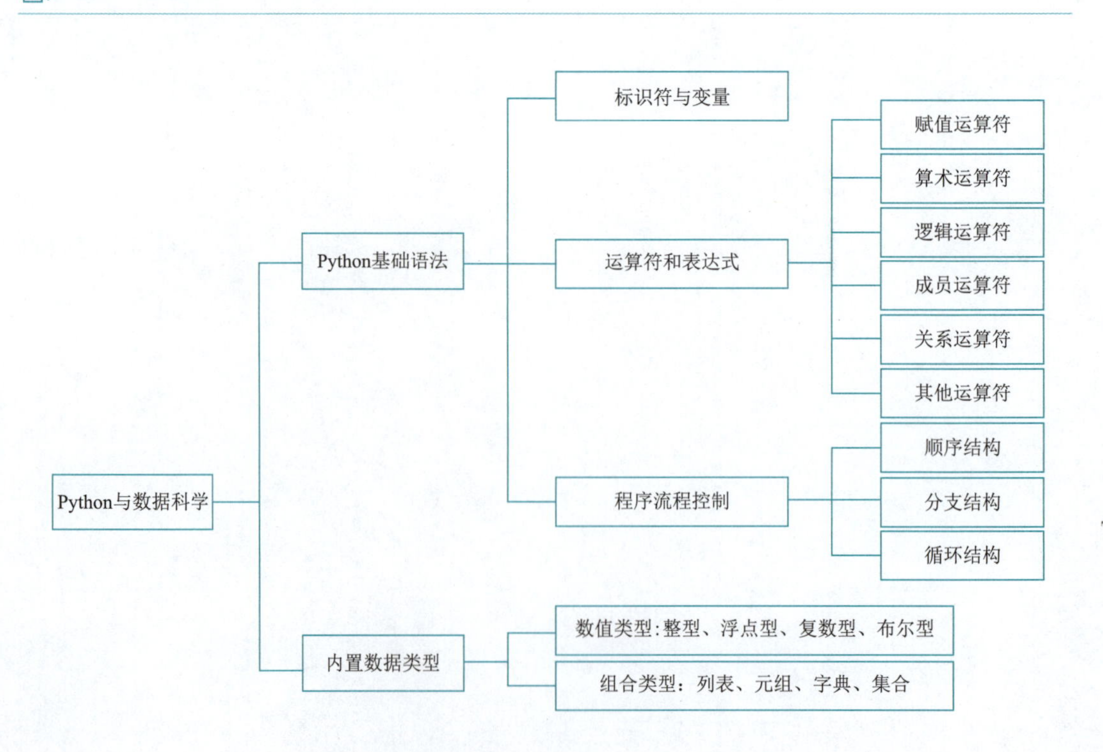

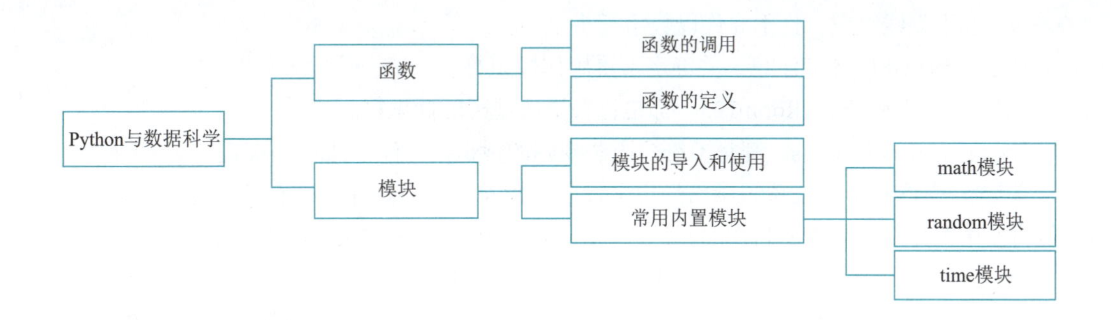

学习目标

◎掌握 Python 语言基础语法，以及程序的基本流程控制。

◎掌握 Python 语言的内置数据类型和常用的内置模块。

2.1　Python 基础语法

上一章中介绍了常用的 Python 开发环境，为了更好地面向初学者，本章使用 Python 安装包自带的 IDLE 作为 Python 语法讲解的交互式编辑器。

在 Python 官网（见图 2-1）下载最新的 Python 安装包并安装，即可使用安装包自带的交互式开发环境 IDLE。

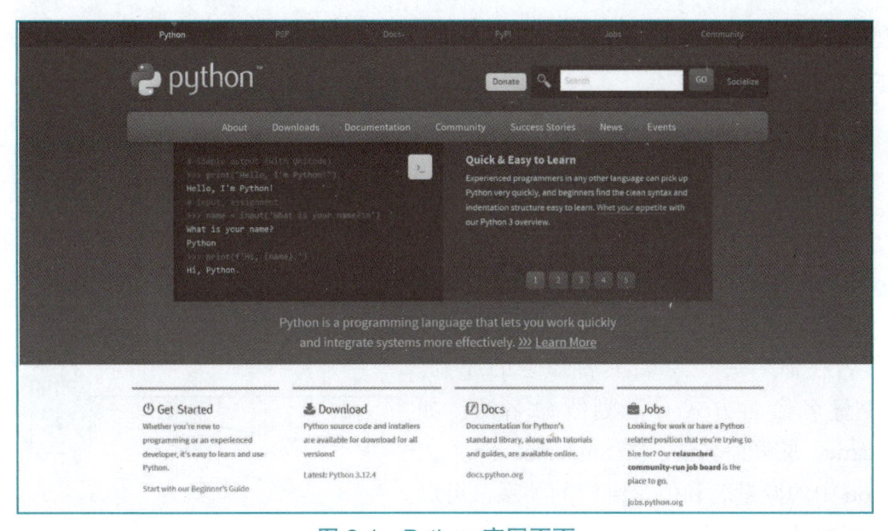

图 2-1　Python 官网页面

2.1.1　标识符与变量

1. Python 标识符

在编程时，需要给变量、函数、类等不同的元素进行命名，这和代数中的方法是一样的。所有的名称都被称为标识符（identifier），它需要遵循一定的命名规则。

Python 3.X 语法规定，标识符由英文字母（大小写敏感）、中文字符（不建议用）、数字

（0～9）和下划线组成，且不允许以数字开头。

在定义标识符时还应注意，关键字不得用作标识符。

例如：xyz、张三、_Room123、都是符合语法规则的标识符。

7boy、student#、class，都是不符合语法规则的标识符（注：class 是关键字）。

关键字是 Python 语法系统中已经定义过的标识符，它在程序中已有了特定的含义，因此不能再使用关键字作为其他名称的标识符。Python 3.10 中所有的关键字如下：

False	None	True	and	as	assert
async	await	break	class	continue	def
del	elif	else	except	finally	for
from	global	if	import	in	is
lambda	nonlocal	not	or	pass	raise
return	try	while	with	return	yield

在 IDLE 中，引入 keyword 模块，通过打印 keyword.kwlist 可以列出所有关键字，代码如下：

```
>>> import keyword
>>> print(keyword.kwlist)
['False', 'None', 'True', 'and', 'as', 'assert', 'async', 'await', 'break',
'class', 'continue', 'def', 'del', 'elif', 'else', 'except', 'finally', 'for',
'from', 'global', 'if', 'import', 'in', 'is', 'lambda', 'nonlocal', 'not',
'or', 'pass', 'raise', 'return', 'try', 'while', 'with', 'yield']
```

2. 变量与名称绑定

如前文所述，程序中变量的思想与代数中变量的思想一致。在 Python 中，用等号将变量的名字和值进行绑定，在后续的代码中，变量的值允许修改。语法格式如下：

```
变量名 = 值
```

例 2-1 创建变量并绑定对应的值。

```
>>> name='张三'
>>> age=20
>>> weight=50.8
>>> sex='男'
>>> age=19
```

变量名在命名时应遵循见名知意的原则。常见的变量名命名方式有下划线命名法，如 Student_name，驼峰命名法，如 StudentName。

Python 中的变量名和值是绑定的关系，可以通过一个简单的 id() 函数获得变量所指向的内存地址，如图 2-2 所示。

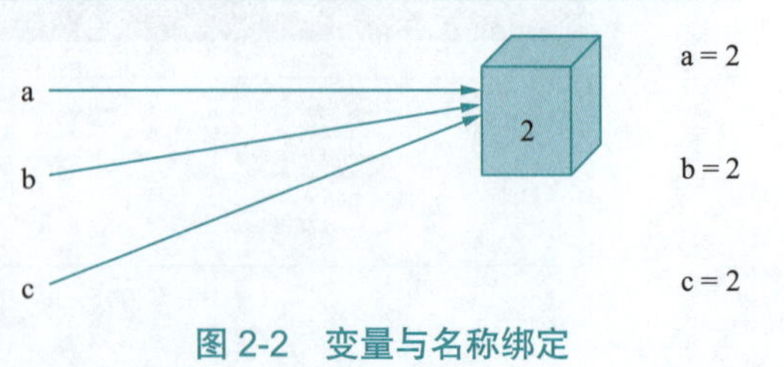

图 2-2 变量与名称绑定

例 2-2 定义整型对象并绑定值，查看绑定值的内存存储地址。

```
>>> a=2
>>> id(a)
140714959230656
>>> b=2
>>> id(b)
```

```
140714959230656
>>> c=2
>>> id(c)
140714959230656
>>> a=788
>>> id(a)
1994153233360
>>> b=788
>>> id(b)
1994154109968
>>> a=-5
>>> b=-5
>>> a is b
True
>>> a=-6
>>> b=-6
>>> a is b
False
>>> a=256
>>> b=256
>>> a is b
True
>>> a=257
>>> b=257
>>> a is b
False
```

在【例 2-2】中，is 是运算符，用于判断两个对象（变量也是对象）是否为同一个实例，即是否有相同的 id。

2.1.2　运算符和表达式

在程序设计语言中，运算符（operator）是描述运算的特殊符号。表达式则是由计算对象（如常量和变量）与运算符按一定规则连接起来的计算式子。

Python 中的运算符包括赋值运算符（:=，Python 3.8 以后引入，俗称海象运算符）、算术运算符（+、-、*、**、/、//、%）、逻辑运算符（and、or、not）、成员运算符（in、not in）、关系运算符（<、>、<=、>=、==、!=）、位运算符（<<、>>、&、|、^、~）和对象标识运算符（is、is not）等。

在 Python 官方文档中，前面例子里用到的等号"="不属于运算符，而是被称为分隔符（delimiter）。当执行 print((a=2)) 时，系统会报告 SyntaxError: invalid syntax。因为"="不是运算符，所以 a=2 不是表达式，a=2 没有值。当打印 a=2 的值时，系统报告语法错误。

但由于":="和"="在大部分场合作用相同，因此大家还是习惯将"="称为赋值运算符。

1. Python 的运算符

常用的 Python 运算符见表 2-1。

表 2-1　常用的 Python 运算符

运 算 符	功能说明
+	算术加法，列表、元组、字符串合并与连接，正号
-	算术减法，集合差集，相反数

续表

运 算 符	功能说明
*	算术乘法，序列重复
/	真除法
//	求整商，但如果操作数中有实数的话，结果为实数形式的整数
%	求余数，字符串格式化
**	幂运算
<、>、<=、>=、==、!=	（值）大小比较，集合的包含关系比较
or	逻辑或
and	逻辑与
not	逻辑非
in	成员测试
is	对象同一性测试，即测试是否为同一个对象或内存地址是否相同
|、^、&、<<、>>、~	位或、位异或、位与、左移位、右移位、位求反
&、|、^	集合交集、并集、对称差集
@	矩阵相乘运算符

1）算术运算符

算术运算符可以完成各种算术运算，构成算术表达式。某些算术运算符不仅有算术运算功能，还有字符串运算、列表运算、集合运算等序列运算功能，算术运算符和表达式见表 2-2。

表 2-2 算术运算符和表达式

运 算 符	功能说明	表达式示例	表达式运算结果
+	算术运算：加法 序列运算：连接	3.14+2 'abc'+'xyz'	5.140000000000001 'abcxyz'
−	算术运算：取负、减法 集合运算：差集	3.14-2 {1, 2, 3} − {3, 4}	1.1400000000000001 {1, 2}
*	算术运算：乘法 序列运算：倍增	3.14*2 'abc'*3	6.28 'abcabcabc'
**	算术运算：乘方	4**3	64
/	算术运算：除	5/2	2.5
//	算术运算：整除，得到商的整数部分	5//2 3.14//2	2 1.0
%	算术运算：求余（取模）	7%2	1

还有 @ 矩阵运算符，导入 NumPy 扩展库后，执行数学中的矩阵乘法。

2）逻辑运算符

逻辑运算符与数学中的布尔运算相对应。在 Python 中逻辑类型是从整数类型继承来的，所以布尔值（True、False）本质上也属于整数。非 0、非空（后面会学到空列表、空字典等）被视作 True；0 和空视作 False。逻辑运算符和表达式见表 2-3。

表 2-3　逻辑运算符和表达式

运 算 符	功能说明	表达式示例	表达式运算结果
and	逻辑与计算 x and y 时，如果 x 为 False，返回 x，否则返回 y	3 and True 0 and 5	True 0
or	逻辑或计算 x or y 时，如果 x 为 True，返回 x，否则返回 y	3 or False 0 or 5	3 5
not	逻辑非	not 3 not False	False True

3）关系运算符

关系运算符是比较两个值的大小的运算符，表达式的计算结果只有真（True）和假（False）两种结果。关系运算符和表达式见表 2-4。

表 2-4　关系运算符和表达式

运 算 符	功能说明	表达式示例	表达式运算结果
<	小于	10 < 20	True
>	大于	10 > 20	False
<=	小于等于	10 <= 20	True
>=	大于等于	10 >= 20	False
==	等于（相等比较）	10 == 20	False
!=	不等于（不相等比较）	10 != 20	True

利用关系运算符和逻辑运算符可以构造复杂的逻辑表达式。

例 2-3　判断 2024 年是否为闰年。

```
>>> year=2024
>>> (year%4==0 and year%100!=0) or year%400==0
True
```

Python 的关系运算符是可以连用的，如 1 < 3 < 5 的运算结果为 True。

4）标识运算符（is 和 is not）

标识运算符也称为同一性测试运算符。is 用来测试两个变量名称是否是引用相同的对象，即它们是否有相同的内存地址，如果是则返回 True，否则返回 False。表达式 a is b 等价于 id(a) == id(b)，表达式 a is not b 等价于 id(a) != id(b)。

例 2-4　定义字符串对象并绑定对应的值，查看对应值的内存存储地址。

```
>>> a='usst'
>>> b='usst'
>>> id(a)
1994154039664
>>> id(b)
1994154039664
>>> a is b
True
>>> b='USST'
>>> id(b)
```

```
1994154029744
>>> a is b
False
>>> a=b
>>> id(a)
1994154029744
>>> a
'USST'
```

5）成员运算符（in 和 not in）

成员运算符 in 用于检测一个对象是否包含于另一个对象中。a in B 如果为 True，表示 a 在 B 中。a not in B 如果为 True，表示 a 不在 B 中。

例 2-5 定义字符串对象 a 和 B，并绑定对应的值，判断 a 是否为 B 的子串。

```
>>> a='ss'
>>> B='usst'
>>> a in B
True
>>> a='uu'
>>> a in B
False
```

6）其他运算符

Python 还有位运算符（<<、>>、&、|、^、~）、集合运算符（&、|、^）、复合赋值运算符等，因篇幅有限，此处不再一一介绍，可自己查阅相关资料学习。

2. 运算符优先级

对于运算符优先级的先后次序，需要大致记住：算术运算符的优先级比关系运算符高，关系运算符的优先级比逻辑运算符高。例如，前面用过的判断某年是否为闰年的表达式 (year%4==0 and year%100!=0) or year%400==0，内含了 %、==、!=、and、or 的运算次序。Python 运算符优先级见表 2-5。

表 2-5　Python 运算符优先级

优先级	运算符	含义
1	**	指数（最高优先级）
2	~、+、-	按位取反、一元运算正号和负号
3	*、/、%、//	乘、除、取模和取整除
4	+、-	加法减法
5	>>、<<	位运算右移、左移
6	&	位运算与
7	^	位运算异或
8	|	位运算或
9	<=、<、>、>=、==、!= in, not in, is, is not	关系运算符、成员运算符、标识运算符
10	not	逻辑非
11	and	逻辑与
12	or	逻辑或
13	:=	赋值

2.1.3 程序流程控制

任何一个计算机程序设计算法，都离不开流程控制语句。程序流程的结构可以分为顺序结构、分支结构和循环结构三种，其中顺序结构即指语句按从上到下的顺序一行一行执行，执行期间没有任何的跳转，因此不需特别讲解说明。本节讲解分支结构和循环结构的实现。

1. 条件分支

对于条件分支，可以按需求实现单分支、双分支、多分支等操作。

1）单分支

单分支语句语法格式：

```
if 表达式:
    语句块
```

例 2-6 判断输入的年龄是否符合要求。在 IDLE 交互方式下输入代码：

```
>>> age=int(input('请输入年龄:    '))
请输入年龄:    27
>>> if age>24:
        print('年龄不得大于 24 岁，输入错误。')
```

运行结果：

```
年龄不得大于 24 岁，输入错误。
```

也可以将代码写在 Python 源程序文件中，然后再解释执行代码，如图 2-3 所示。

```
File Edit Format Run Options Window Help
age=int(input('请输入年龄:    '))
if age>24:
    print('年龄不得大于24岁，输入错误。')
```

图 2-3 【例 2-6】判断输入的年龄是否符合要求

运行结果：

```
请输入年龄:    27
年龄不得大于 24 岁，输入错误。
```

2）双分支

双分支语句语法格式：

```
if 表达式:
    语句块 1
else:
    语句块 2
```

例 2-7 判断一个整数是奇数还是偶数。

```
n = int(input("请输入一个整数:     "))
if n%2:
    print("n 是奇数")
else:
```

```
    print("n 是偶数 ")
```

运行结果：

```
请输入一个整数:   2024
n 是偶数
```

3）多分支

多分支语句语法格式：

```
if 表达式 1:
    语句块 1
elif 表达式 2:
    语句块 2
else:
    语句块 3
```

例 2-8 判断百分制成绩的等级。

```
n = int(input(" 请输入学生成绩:      "))
if n >= 90:
    print("A")
elif n >= 80:
    print("B")
elif n >= 70:
    print("C")
elif n >= 60:
    print("D")
else:
    print("E")
```

运行结果：

```
请输入学生成绩:     73
C
```

4）条件表达式

在 Python 程序设计中，我们经常使用条件表达式替代简单的双分支语句。

条件表达式语法格式：

```
value1  if  表达式  else  value2
```

含义：如果表达式的值为 True，则以 value1 作为整个条件表达式的值，否则，以 value2 作为整个条件表达式的值。

回顾【例 2-7】的代码：

```
n = int(input(" 请输入一个整数:      "))
if n%2:
    print("n 是奇数")
else:
    print("n 是偶数")
```

其中的 if 语句可以改写为以下形式：

```
print("n 是偶数" if n%2==0 else "n 是奇数")
```

2. 循环

循环结构是指程序中的某个语句块可以被重复执行多次。Python 中，可以用 while 语句或 for 语句实现循环控制。

1）while 循环

while 循环的基本语法格式：

```
while 表达式:
    语句块
```

例 2-9　判断输入的年龄是否符合要求。

```
age=int(input('请输入年龄:  '))
while age>24:
    print('年龄不得大于 24 岁，输入错误，请重新输入')
    age=int(input('请输入年龄:  '))
```

运行结果：

```
请输入年龄:  27
年龄不得大于 24 岁，输入错误，请重新输入
请输入年龄:  21
```

2）for 循环

for 循环的基本语法格式：

```
for 变量 in 多元素数据:
    语句块
```

这里的“多元素数据”，又指可迭代对象，可以是字符串、列表、字典等多元素数据对象，还可以是 range()、enumerate() 等函数产生的迭代器（详细内容在 2.2 节中介绍）。

例 2-10　遍历一个字符串，依次输出字符串中的每个字符。

```
>>> for i in 'USST':
   print(i)

U
S
S
T
```

例 2-11　将代码写在 Python 源程序文件中，再解释执行代码。

```
s = 0
for i in range(1, 101):
    s += i
print(s)
```

运行结果：

```
5050
```

2.2 Python 内置数据类型

数据类型在数据结构中被定义为一组性质相同值的集合以及定义在这个值集上的一组操作的总称。Python 语言常用的数据类型有数值类型、组合类型和扩充类型，内置数据类型主要有整数类型（int）、浮点数类型（float）、复数类型（complex）、布尔类型（bool）、字符串类型（str）、列表类型（list）、元组类型（tuple）、字典类型（dict）、集合类型（set）、空类型（NoneType）等。本章介绍的都是内置数据类型，在数据科学分析中还会用到 NumPy、Pandas 等扩展模块，这些模块中包括的数据类型在后续章节中介绍。

2.2.1 数值类型

1. 整型（int）

整型数据可以是正整数或负整数，按照进制划分可以分为二进制、八进制、十进制和十六进制，默认采用十进制。当用二进制表示整数时，数值前面加上“0b”或“0B”；当用八进制表示整数时，数值前面加上“0o”或“0O”；当用十六进制表示整数时，数值前面加上“0x”或“0X”。

Python 的整数类型理论上支持任意大的整数。

2. 浮点型（float）

浮点型数据是由整数、小数点和小数构成的数字，用来表示实数。在 Python 中，浮点数必须有小数部分，小数部分可以为 0。浮点数默认有两种书写格式，分别为十进制和科学计数格式。

在科学计数格式中，E 或 e 代表基数是 10，其后的数字代表指数。

例如，3.14e-3 等价于 0.00314。

Python 中的浮点型数据的取值范围大约为 -1.8e308 ~ 1.8e308，超出这个范围，Python 将其视为无穷大（inf）或无穷小（-inf）。

3. 复数型（complex）

复数由实数部分和虚数部分组成，表示格式为：a+bj 或 a+bJ，复数的实部 a 和虚部 b 都是浮点型。可以通过内置函数 complex(real,imag) 传入复数的实部和虚部。

例2-12 定义复数型对象，并绑定对应的值。

```
>>> a = complex(1.2,0.3)
>>> print(a)
(1.2+0.3j)
>>> b = complex(8.0)   #没有传入虚部，则虚部默认为 0j
>>> print(b)
(8+0j)
```

4. 布尔型（bool）

布尔型可以看作一种特殊的整数，它只有两个取值：True 和 False，用来表示真和假，分别对应整数 1 和 0。在 Python 中，任何对象都具有布尔属性。值为零的数字、空集的布尔值都是 False，其他一般元素的布尔值都是 True。

例如，以下对象的布尔值都是 False：

0（整型）　0.0（浮点型）　0.0+0.0j（复数型）　""（空字符串）

[]（空列表）　()（空元组）　{}（空字典）

Python 中还有一个特殊的值：None，它表示空值，含义是“没有任何值”，与其他任何值的比较结果都是 False，它属于空类型（NoneType）。

2.2.2 组合类型

Python 组合类型能把一系列数据元素组合在一起，可以完成针对整个数据对象的元素遍历、查找、转换等操作。按照元素是否能被索引编号来划分，组合类型可分为序列类型（元素有索引编号）和无序类型（元素无索引编号），如图 2-4 所示。

序列	元素1	元素2	元素3	···	元素n-1	元素n
正索引	0	1	2	···	n-2	n-1
负索引	-n	-(n-1)	-(n-2)	···	-2	-1

图 2-4　Python 序列索引编号

有序或无序的判别标准，即是否支持用数字下标来定位元素的位置。字符串、列表、元组是有序序列，字典和集合是无序序列。有序序列支持双向下标来定位元素位置：

（1）第一个元素下标为 0，第二个元素下标为 1，以此类推；

（2）倒数第一个元素下标为 -1，倒数第二个元素下标为 -2，以此类推。

1. 字符串类型（str）

字符串是一组由字符构成的序列，是文本序列类型。它是用两个双引号 "" 或两个单引号 '' 括起来的零个或多个字符构成，不同的界定符之间可以相互嵌套。

例2-13　定义字符串对象，并绑定对应的值。

```
>>> b = "I'm fine."
>>> b
"I'm fine."
```

字符串的每个字符都有索引编号，用 [ ] 加索引获取编号对应的字符或切片。

例2-14　定义字符串对象并绑定对应的值，用 [ ] 选取其中的一个或多个字符。

```
>>> str1='大漠孤烟直，黄河落日圆。'
>>> str1[8]
'落'
>>> str1[6:8]
'黄河'
```

字符串支持有序序列对象的通用操作，包括运算符“+”和“*”、比较大小、计算长度、成员测试，以及使用 sorted()、reversed()、zip()、enumerate()、map() 等内置函数进行操作。字符串操作和列表操作类似，可参考列表中的示例学习，此处不再赘述。

2. 列表类型（list）

在 Python 中，列表是包含若干元素的有序连续内存空间，一个列表中的各个元素的数据类型可以相同，也可以不相同。在书写形式上，列表的所有元素放在一对 [ ] 中，相邻元素之间使用逗号分隔。列表是允许修改数据元素的序列类型，列表中的数据元素可以是列表。

例2-15 定义列表对象并绑定对应的值，用 [ ] 选取列表中的一个或多个数据元素。

```
>>> list1 = [1,3.14,"Python","黄河"]
>>> list2=[list1,'王维']
>>> list2
[[1, 3.14, 'Python', '黄河'], '王维']
>>> list2[1]='李白'
>>> list2
[[1, 3.14, 'Python', '黄河'],'李白']
>>> list2[0][2]
'Python'
```

列表支持有序序列对象的通用操作，包括运算符“+”和“*”、比较大小、计算长度、成员测试，以及使用 sort() 方法以及 sorted()、reversed()、zip()、enumerate()、map() 等内置函数进行操作。

例2-16 常用的列表运算符、方法以及函数。

```
>>> list1=[1,2,3]+[4,5,6]
>>> list1
[1, 2, 3, 4, 5, 6]
>>> list2=list1*3
>>> list2
[1, 2, 3, 4, 5, 6, 1, 2, 3, 4, 5, 6, 1, 2, 3, 4, 5, 6]
>>> list1>list2
False
>>> list1 in list2
False
>>> list3=[list1,7,8,9]
>>> list1 in list3
True
>>> list3
[[1, 2, 3, 4, 5, 6], 7, 8, 9]
>>> len(list3)
4
>>> list1.sort(reverse=True)            #sort 为原地永久排序，reverse=True 降序排列
>>> list1
[6, 5, 4, 3, 2, 1]
>>> list4=[[1, 2], [2, 5], [1, 2, 3]]
>>> list4.sort()
>>> list4
[[1, 2], [1, 2, 3], [2, 5]]
>>> sorted(list2)                       #sorted 为临时排序
[1, 1, 1, 2, 2, 2, 3, 3, 3, 4, 4, 4, 5, 5, 5, 6, 6, 6]
>>> list2 # 因 sorted 为临时排序，所以 list2 内容没有改变
[1, 2, 3, 4, 5, 6, 1, 2, 3, 4, 5, 6, 1, 2, 3, 4, 5, 6]
>>> c_list1=['a','b','c','d','e','f']
>>> list(zip(list1,c_list1))            #zip 对象是迭代器，用 list 函数转换为列表
[(6, 'a'), (5, 'b'), (4, 'c'), (3, 'd'), (2, 'e'), (1, 'f')]
>>> list(enumerate('大漠孤烟直'))        #enumerate 对象也是迭代器
[(0, '大'), (1, '漠'), (2, '孤'), (3, '烟'), (4, '直')]
```

```
>>> list(map(str, list1))                    #map 对象也是迭代器
['6', '5', '4', '3', '2', '1']
>>> range(8)                                 # 等价于 range(0, 8)
range(0, 8)
>>> list(range(8))                           # 用 list 函数将 range 对象转换为列表
[0, 1, 2, 3, 4, 5, 6, 7]
>>> list(range(1,8,2))                       # 此处 2 表示跳跃步长
[1, 3, 5, 7]
>>> list(map(str, range(8)))
['0', '1', '2', '3', '4', '5', '6', '7']
```

zip、enumerate、map、range 对象都是迭代器，可以进行遍历等操作。

使用列表推导式可以用非常简洁的方式快速生成满足特定需求的列表，代码具有非常强的可读性。

列表推导式语法格式：

```
[expression for expr in sequence if condition] #if 语句可以没有
```

例2-17　列表推导式示例。

```
>>> list1=list(range(8))
>>> list2=[e**2 for e in list1]
>>> list2
[0, 1, 4, 9, 16, 25, 36, 49]
>>> list3=[e for e in list2 if e%2==0]
>>> list3
[0, 4, 16, 36]
>>> p = [i for i in range(2,101)
    if 0 not in [i%d for d in range(2,int(i**0.5)+1)]]
>>> list(p)
[2, 3, 5, 7, 11, 13, 17, 19, 23, 29, 31, 37, 41, 43, 47, 53, 59, 61,
67, 71, 73, 79, 83, 89, 97]
```

列表是可变序列，允许在原地址对列表数据进行添加、删除、修改以及排序。

列表对象的常用方法见表 2-6。

表 2-6　Python 列表对象的常用方法

方法类别	方　法	说　明
添加元素	lst.append(x)	将元素 x 添加至列表 lst 的表尾
	lst.extend(L)	将列表 L 中所有元素添加至列表 lst 的表尾
	lst.insert(index, x)	在列表 lst 指定位置 index 处添加元素 x，该位置后面的所有元素后移一个位置
删除元素	lst.remove(x)	在列表 lst 中删除首次出现的指定元素，该元素之后的所有元素前移一个位置
	lst.pop([index])	删除并返回列表 lst 中下标为 index（默认为 -1）的元素
	lst.clear()	删除列表 lst 中所有元素，但保留列表对象
查找元素	lst.index(x)	返回列表 lst 中第一个值为 x 的元素的下标，若不存在值为 x 的元素则抛出异常
统计元素个数	lst.count(x)	返回指定元素 x 在列表 lst 中的出现次数

续表

方法类别	方　法	说　明
排序	lst.reverse()	对列表 lst 所有元素进行逆序
	lst.sort(key=None, reverse=False)	对列表 lst 中的元素进行排序，key 用来指定排序依据，reverse 决定升序（False）还是降序（True）

3. 元组类型（tuple）

元组与列表类似，也是由一系列按照特定顺序排列的元素组成的，但是它是不可变序列，不能增加、修改和删除元素。在书写形式上，元组的所有元素放在一对 () 中，相邻元素之间使用逗号分隔。注意：只有一个元素的元组也要加逗号，例如，(1,)。

元组和列表最大的区别是元组数据的不可变性。 如果试图修改元组的某个顶层元素，将会触发 TypeError 异常。如果元组的某个元素是列表，Python 允许修改其内容。

例2-18 定义元组对象，并绑定对应的值，理解可变对象与不可变对象的含义。

```
>>> tup1=('0001','Lihong',21,'F')
>>> tup1[2]=20
Traceback (most recent call last):
  File "<pyshell#8>", line 1, in <module>
    tup1[2]=20
TypeError: 'tuple' object does not support item assignment
>>> tup=(['0001','Lihong',21,'F'],['0002','Sunyang',22,'M'])
>>> tup[0][2]=20
>>> tup
(['0001', 'Lihong', 20, 'F'], ['0002', 'Sunyang', 22, 'M'])
```

只要不对元组顶层数据进行修改，列表中的其他操作，几乎都可以同样作用在元组上。

4. 字典类型（dict）

字典的每个元素都是键值对的形式，键和值之间用一个冒号隔开，表示映射关系，因此字典是映射类型。键（key）表示一个属性，值（value）表示属性的内容，键值对整体而言表示一个属性和它对应的值。字典的键必须由不可变对象（如整数、实数、复数、字符串、元组等）充当，不能由可变对象（如列表、集合、字典）充当，而值可以是任意对象来充当。在书写形式上，字典的所有元素放在一对 { } 中，相邻元素之间使用逗号分隔。字典允许增加、修改和删除元素。字典的键是不允许重复的。

例2-19 定义字典对象，并绑定对应的值。

```
>>> dict1={'id':'0001','name':'Lihong','age':21}
>>> dict1['name']
'Lihong'
>>> dict1['name']='Sunyang'
>>> dict1['name']
'Sunyang'
>>> dict1['sex']='F'
>>> dict1
{'id': '0001', 'name': 'Sunyang', 'age': 21, 'sex': 'F'}
>>> dict1.pop('age')
21
```

```
>>> dict1
{'id': '0001', 'name': 'Sunyang', 'sex': 'F'}
```

5. 集合类型（set）

集合类型与数学中集合的概念一致，它是由 0 个或多个唯一的、不可变的元素构成的无序组合。在书写形式上，集合的所有元素也放在一对 { } 中，但集合中的元素不是键值对。集合中的元素和字典中的键一样，只能是整数、实数、复数、字符串、元组等不可变对象。集合中的元素是可变的，允许增加、修改和删除集合里的元素。由于集合中的元素是不可重复的，所以集合常用于数据去重。

例2-20　定义集合对象，并绑定对应的值，观察集合元素的去重功能。

```
>>> set1=set("春眠不觉晓，处处闻啼鸟。")
>>> set1
{'闻', '。', '不', '处', '觉', '春', '鸟', '，', '晓', '眠', '啼'}
```

2.3　函　　数

在程序开发中，利用函数将代码封装后，可以在多处使用。一次编写，多处复用，减少了代码冗余，使得代码维护更加容易。将复杂任务分解成多个相对独立的部分，分别用函数实现，也是程序设计中的模块化思想。

2.3.1　函数的定义与调用

Python 中使用 def 语句创建函数，语法格式：

```
def 函数名([参数列表]):
    '''函数功能的文字描述'''
    函数体
```

与使用内置函数一样，当定义并创建完函数之后，就可以通过函数名调用执行。

例2-21　函数 factn() 的功能为求 n 的阶乘。

```
def factn(n):
    '''计算n的阶乘'''
    fact=1
    for i in range(1,n+1):
        fact *= i
    return fact
print('10的阶乘是：',factn(10))          #调用factn函数，带入参数10
```

运行结果：

```
10的阶乘是： 3628800
```

上面的代码同样也可以在 IDLE 交互方式下输入代码，注意缩进格式：

```
>>> def factn(n):
    fact=1
    for i in range(1,n+1):
        fact *= i
    return fact
```

```
>>> print('10 的阶乘是: ',factn(10))
10 的阶乘是: 3628800
```

2.3.2 参数传递

创建函数时，参数列表中的参数被称为形参；调用函数时，带入的参数被称为实参。Python 中函数参数的传递，分为实参为可变对象和不可变对象两种情况。整数、实数、复数、字符串、元组等数据是不可变对象，它们作为实参时，即使在函数体中有代码修改了形参，函数调用返回时实参的值不会被修改。列表、字典、集合等数据是可变对象，它们作为实参时，若函数体中修改了形参，实参的值会随之改变。

例2-22 connect 函数的功能是连接字符串，生成对应的网址。

```
def connect(website):
    website = "www." + website + ".edu.cn"
    return website
university = "usst"
url = connect(university)
print(" 大学校名为: ",university)
print(" 网址为: ",url)
```

运行结果：

```
大学校名为: usst
网址为: www.usst.edu.cn
```

上例说明，作为实参的字符串是不可变对象，函数调用返回时该实参的值不会被修改。

例2-23 increasename 函数的功能是在对应的列表中添加数据。

```
def increasename(namelist):
    namelist = namelist.append('USST')
university = ['BIT','TJUT']
increasename(university)
print(" 理工大学: ",university)
```

运行结果：

```
理工大学: ['BIT', 'TJUT', 'USST']
```

上例说明，作为实参的列表是可变对象，函数体中修改了形参，实参的值会随之改变。

2.3.3 匿名函数

Python 中可以用 lambda 语句替代 def，创建一个临时简单的匿名函数。

语法格式：

```
lambda [参数 1 [, 参数 2,… ,参数 n]]: 表达式
```

匿名函数的函数体只有一个，该表达式的计算结果可以看作此匿名函数的返回值，特别适合用在需要一个函数的返回值作为另一个函数参数的场合。

例2-24 匿名函数使用示例。

```
>>> s=tuple(range(1,1000))
```

```
>>> tuple(filter(lambda x:x%7==0 and x%11==0, s))
(77, 154, 231, 308, 385, 462, 539, 616, 693, 770, 847, 924)
```

上例中的 filter 是内置的筛选函数，这里的作用是从 s 中筛选出能被 7 和 11 整除的数。和前面介绍过的 range()、zip()、enumerate()、map() 函数类似，filter() 函数生成的 filter 对象也是可迭代对象。

2.4 模　块

模块是一种较高层级的封装对象，内部包括类和函数的定义。Python 中的模块分三种类型：内置模块、自定义模块和第三方模块。内置模块也称标准模块，安装 Python 时，随 Python 解释器一起被配置到编程环境中，可以直接调用。

Python 标准库非常强大，这个库包含了多个内置模块。在标准库以外，还存在数量更庞大，并且不断增加的第三方模块。第三方模块就是他人创建的自定义模块，以一组文件的形式存在，使用时，需要先将其配置到本地的编程环境中。

2.4.1 模块的导入和使用

内置模块也必须先导入再调用。导入模块的语法格式：

```
import 模块名
```

这种写法是导入整个模块，后续代码中用 模块名 . 类名 / 函数名 / 变量名 调用该模块中的内容。

另一种写法是：

```
from 模块名 import 成员名
```

后续代码中直接用成员名即可调用该内容。

例 2-25 正确调用（使用）模块中的成员。

```
>>> import math
>>> math.e
2.718281828459045
>>> math.sqrt(1000)
31.622776601683793
>>> math.sin(math.pi/2)
1.0
```

注意在调用模块内容时，必须加上模块名，否则就会触发 NameError 异常。

例 2-26 错误调用（使用）模块中的成员。

```
>>> import math
>>> math.sin(pi/2)
Traceback (most recent call last):
  File "<pyshell#56>", line 1, in <module>
    math.sin(pi/2)
NameError: name 'pi' is not defined
```

用第二种写法是直接导入模块的部分内容，直接用成员名即可调用该内容。

例2-27 正确调用模块中的成员示例。

```
>>> from math import pi, sin
>>> sin(pi/2)
1.0
```

2.4.2 常用内置模块

Python 的内置模块涵盖了通用操作系统服务、网络通信、互联网数据服务、文件和目录访问服务、加密服务等多方面功能，下面介绍几个简单的常用的内置模块。

1. math 模块

math 模块是用于浮点数运算的模块，该模块的函数不能用于复数运算，cmath 模块中的同名函数可以用于复数运算。

math 模块的常用函数和常数见表 2-7。

表 2-7 math 模块的常用函数和常数

函数、常数名称	功能说明
math.ceil(x)	返回 x 的向上取整，即大于或等于 x 的最小的整数
math.fabs(x)	返回 x 的绝对值
math.factorial(n)	返回正整数 x 的阶乘
math.floor(x)	返回 x 的向下取整，小于或等于 x 的最大整数
math.exp(x)	返回 e 的 x 次幂，其中 e = 2.718 281… 是自然对数的底
math.log2(x)	返回 x 以 2 为底的对数
math.log10(x)	返回 x 以 10 为底的对数
math.pow(x, y)	返回 x 的 y 次幂
math.sqrt(x)	返回 x 的平方根
math.sin(x)	返回 x 弧度的正弦值
math.cos(x)	返回 x 弧度的余弦值
math.pi	数学常数 π = 3.141 592 653 589 793
math.e	数学常数 e = 2.718 281 828 459 045

2. random 模块

random 模块实现了各种分布的伪随机数的创建和生成。随机数在程序设计算法中有非常重要的作用，很多程序的运行依赖于随机数的创建。

random 模块的常用函数见表 2-8。

表 2-8 random 模块的常用函数

函数名称	功能说明
random.seed(a=None, version=2)	初始化随机数生成器的种子
random.randrange(stop)	返回一个随机整数 N，N 属于序列 [0 , stop)
random.randrange(start, stop[, step])	返回一个随机整数 N，N 属于序列 [start, stop, step)

续表

函数名称	功能说明
random.randint(a, b)	返回随机整数 N，满足 $a \leqslant N \leqslant b$
random.choice(seq)	从非空序列 seq 返回一个随机元素
random.shuffle(x)	就地将序列 x 随机打乱位置
random.random()	返回 $0.0 \leqslant X < 1.0$ 范围内的一个随机浮点数
random.uniform(a, b)	返回 $a \leqslant X \leqslant b$ 范围内的一个随机浮点数

例2-28　random 模块的应用。

```
>>> import random
>>> x=list(range(15))
>>> random.shuffle(x)
>>> x
[10, 7, 0, 2, 5, 9, 12, 8, 6, 11, 13, 1, 14, 3, 4]
>>> y = [random.randint(1, 10) for i in range(15)]
>>> y
[10, 8, 2, 2, 9, 7, 10, 7, 10, 8, 2, 6, 4, 5, 8]
```

3. time 模块

time 模块提供了各种与时间相关的函数，在程序设计中也经常要用到。time 模块的常用函数见表 2-9。

表 2-9　time 模块的常用函数

函数名称	功能说明
time.localtime([secs])	将时间戳转换为本地时间元组
time.ctime([secs])	将时间戳转换为时间字符串
time.gmtime([secs])	将时间戳转换为 UTC 时间元组
time.sleep(secs)	暂停执行给定的秒数
time.strftime(format[, t])	将一个时间元组转换为由 format 参数指定的字符串
time.strptime(string[, format])	根据格式解析表示时间的字符串
time.time()	返回当前时间的时间戳

例2-29　time 模块的应用。

```
>>> import time
>>> time.localtime()
time.struct_time(tm_year=2024, tm_mon=8, tm_mday=16, tm_hour=15, tm_min=37, tm_sec=52, tm_wday=4, tm_yday=229, tm_isdst=0)
```

这里的 time.struct_time 就是时间元组，包括 9 个元素，分别代表年、月、日、时、分、秒、星期（0～6，0 表示周日）、一年中的第几天、是否夏令时（默认 1 为夏令时）。此例中 time.localtime() 得到的时间元组，即为当前计算机系统的本地时间，2024 年 8 月 16 日 15 时 37 分 52 秒，星期五，当年的第 229 天，非夏令时。

```
>>> time.strftime("%a, %d %b %Y %H:%M:%S +0000", time.gmtime())
```

```
'Fri, 16 Aug 2024 07:49:10 +0000'
```

这里 time.gmtime() 得到的是世界标准时间元组，time.strftime() 再将其转换成指定格式的字符串。

```
>>> time.ctime()
'Fri Aug 16 16:08:31 2024'
```

这里 time.ctime() 是将本地时间戳转换为固定形式的字符串。

```
>>> time.time()
1723796203.8675077
```

这里 time.time() 得到的是以 1970 年 1 月 1 日 00:00:00 为起始时刻到当前时刻所经过的浮点秒数。

2.5 综合案例

【综合案例】随机生成 10 000 个字符，字符集包括大小写英文字母、数字字符，设计程序统计每个字符出现的次数，按出现次数从大到小排序输出统计结果。

案例分析：

（1）调用随机函数生成 10 000 个字符，并将它们放在一个名为 chars 的列表中。

（2）从头到尾遍历 chars 列表，统计每个字符出现的次数，保存在 charscount 字典中。

（3）按字符出现次数从大到小排序输出 charscount 字典的内容。

案例实现：

（1）字符集可以自己列出 ['a' , 'b' , …, 'z' , 'A', 'B' , …, 'Z' , '0' , '1' , '2' , …, '9']，注意列表中要把所有的省略号部分补充完整。也可以调用 string 模块中的字符集。此处用第二种方法。

```
>>> import string
>>> import random
>>> charlist = string.ascii_letters + string.digits
>>> chars = [random.choice(charlist) for i in range(10000)]
```

（2）从头到尾遍历 chars 列表中的每个字符，用字典的 get() 方法查找 charscount 字典中是否已有这个字符，如果该字符是第一次出现，就以该字符为键，对应的值赋为 1；如果该字符不是第一次出现，则将 get() 方法的返回值加 1。最后字典 charscount 中存放的就是每个字符以及它出现的次数。

```
>>> charscount ={ }
>>> for ch in chars:
    charscount[ch] = charscount.get(ch, 0) + 1
```

也可以先将列表 chars 中的所有字符转换成一个连续的字符串 charstring，然后遍历字符串中的每个字符并进行统计：

```
>>> charscount ={ }
>>> charstring = ''.join(chars)
```

```
>>> for ch in charstring:
    charscount[ch] = charscount.get(ch, 0) + 1
```

两种方法得到的结果是相同的。

（3）输出字典中的内容：

如果不对输出的顺序做要求，可以写成：

```
>>> for k, v in charscount.items():
    print(k, ':', v ,end=';')
```

此处的 items() 方法可以返回字典中的键、值对，结合 for 循环就能够遍历得到字典中的所有键、值对，然后用 print() 函数打印输出。

进一步修改程序，要使得输出按照字符出现次数从大到小排序，可以用 sorted() 函数对字典的键、值对进行排序。

```
>>> sorted(charscount.items(), key=lambda e:-e[1])
```

sorted() 函数默认是按照关键字进行从小到大的排序。此处的 key=lambda e:-e[1] 是定义排序的关键字，匿名函数 lambda e:-e[1] 中的 e 是代表一个键、值对，每一个键、值对都是一个二元组，因此 e[1] 是指二元组中索引号为 1 的元素，也就是键、值对中的值。-e[1] 表示取 e[1] 的相反数，这样就实现了从大到小的排序。

将调用 sorted() 函数的表达式嵌入到前面的 for 循环中，就实现了题目的完整要求：

```
>>> for k, v in sorted(charscount.items(),key=lambda e:-e[1]):
    print(k, ':', v ,end=';')
```

某次的运行结果：

```
    D : 187;K : 186;l : 181;F : 181;B : 179;L : 179;i : 176;y : 175;W :
175;a : 171;o : 170;T : 170;e : 169;5 : 169;A : 168;g : 168;S : 168;s :
167;w : 167;O : 167;k : 167;t : 167;m : 166;6 : 166;2 : 166;n : 165;j :
165;H : 164;Q : 164;r : 164;3 : 163;1 : 162;x : 162;C : 161;f : 161;4 :
161;z : 161;Y : 158;c : 157;M : 157;h : 156;N : 156;9 : 155;7 : 155;J :
154;8 : 153;R : 153;U : 152;I : 151;0 : 151;P : 151;d : 150;E : 150;X :
149;Z : 148;q : 147;p : 145;b : 145;G : 143;v : 140;u : 137;V : 129;
```

也可以按照字符顺序（先数字字符，再英文字符）输出：

```
>>> for k, v in sorted(charscount.items()):
    print(k, ':', v ,end=';')
```

运行结果：

```
    0 : 151;1 : 162;2 : 166;3 : 163;4 : 161;5 : 169;6 : 166;7 : 155;8 :
153;9 : 155;A : 168;B : 179;C : 161;D : 187;E : 150;F : 181;G : 143;H :
164;I : 151;J : 154;K : 186;L : 179;M : 157;N : 156;O : 167;P : 151;Q :
164;R : 153;S : 168;T : 170;U : 152;V : 129;W : 175;X : 149;Y : 158;Z :
148;a : 171;b : 145;c : 157;d : 150;e : 169;f : 161;g : 168;h : 156;i :
176;j : 165;k : 167;l : 181;m : 166;n : 165;o : 170;p : 145;q : 147;r :
164;s : 167;t : 167;u : 137;v : 140;w : 167;x : 162;y : 175;z : 161;
```

拓展与练习

1. 编写程序，检测一个关键字是否在字典中。

2. 编写程序，从键盘上输入一个字符串，输出字符串中第一个数字字符的位置和最后一个数字字符的位置。

3. 如果一个列表中包含偶数个整数值，交换列表的前一半和后一半。

例如：原列表 values = [9, 13, 21, 4, 11, 7, 1, 3]

交换后为 [11, 7, 1, 3, 9, 13, 21, 4]

请编写程序。

第3章 数组的统计分析

在Python的众多库中，NumPy是数据科学和数值计算中不可或缺的工具之一。它以高效的多维数组对象和丰富的函数库著称，极大地简化了数据处理的过程。本章主要介绍NumPy的多维数组对象的使用。

NumPy是Numerical Python的缩写，用于多维数组的计算，并且支持对多维数组进行各种数学处理，同时保持处理的高性能特性。Pandas、SciPy、Matplotlib和Scikit-learn等一系列库都使用了NumPy提供的多维数组。在Python IDLE软件中，需要在命令提示符窗口借助pip install命令单独完成NumPy库的安装。在Anaconda软件中，NumPy库已集成，无须单独安装。

数组是NumPy的核心，在NumPy中数组被称为ndarray，是多维数组（n-dimensional array）的缩写。向量（vector）就是一维数组（对于NumPy中的ndarray，向量就是向量，不区分行向量和列向量），矩阵（matrix）就是二维数组，三维以上的数组通常称为“张量”（tensor）。

知识结构图

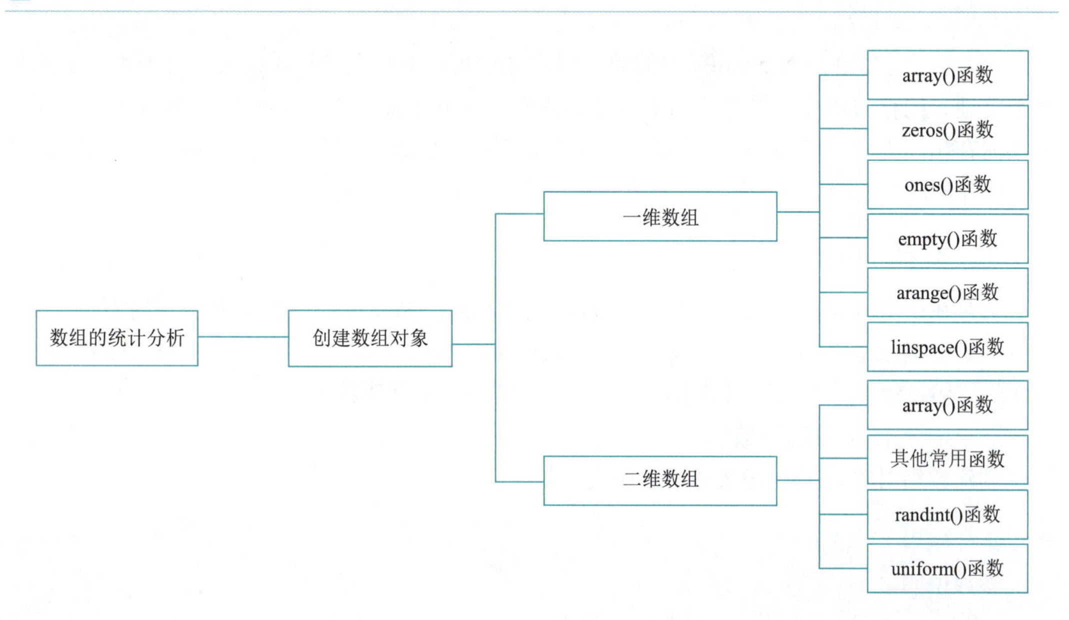

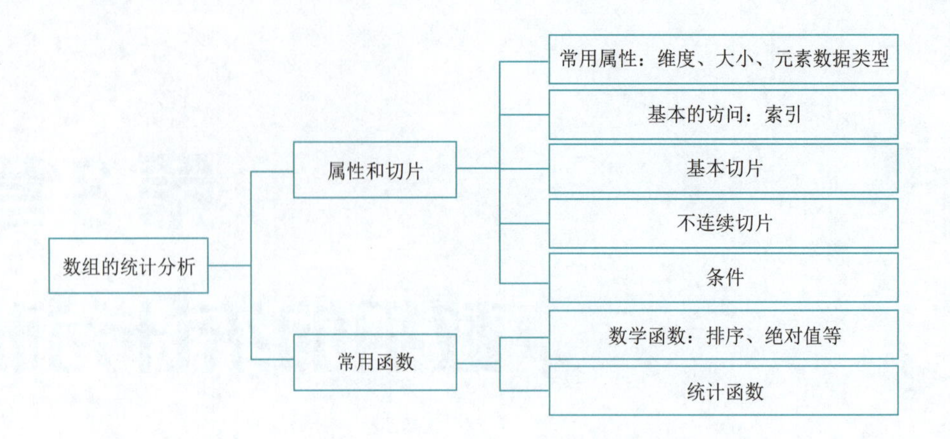

学习目标

◎了解 NumPy 库的数值计算和统计函数。

◎理解并熟练掌握数组的特点、属性和切片。

◎掌握常见数学函数和统计函数的用法。

◎理解并运行综合案例。

3.1 创建数组对象

视频
创建数组对象

NumPy 库中的数组有一个形状（shape）属性，表示其每一维的大小。数组的维度（dimensions）和轴（axis）可以是 2D、3D、4D 等。轴是用来索引数组的。数组的元素都是相同类型，并且在内存中连续存储。数组可以进行矩阵运算，效率很高。

在理解 NumPy 中的数组概念之前可以对比 Python 原生的 list 类型，分别从元素类型、内存占用和性能等方面来区别和理解。在元素类型上，NumPy 中的数组所有元素必须拥有相同类型，但 list 类型元素可以允许有不同的类型。前者内存占用较少，后者 list 类型有额外的内存占用。在性能上，前者数据处理速度快，后者相对较慢。

3.1.1 创建一维数组

通常在使用 NumPy 库之前，使用 import numpy as np 将 NumPy 简写为 np 代替。创建数组常用的函数有 np.array()、np.zeros()、np.ones()、np.empty()、np.arange、np.linspace()、np.random.rand()。在实际使用过程中，根据不同需求可以选择合适的函数来创建数组。

1. array() 函数创建数组

创建数组对象 array() 函数的语法格式：

```
np.array(object, dtype,ndmin)
```

参数说明：

• object：接收 array，表示想要创建的数组。

• dtype：可选参数，接收 data-type，表示数组所需的数据类型，未给定则选择保存的对象所需的最小类型，默认为 None。

• ndmin：可选参数，接收 int，指定生成数组应该具有的最小维数，默认为 None。

例 3-1　在 array() 函数使用过程中基于基础格式可以根据实际需要带入参数，代码示例如下：

```
import numpy as np
data1=[1,3,5,7]          # 列表
w1=np.array(data1)       # 创建一维数组 w1
print('w1',w1)data2=(2,4,6,8)
w2=np.array(data2)       # 创建一维数组 w2
print('w2',w2)w4=np.array([1,2,3,4],dtype='float64')        # 创建一维数组 w4
print('w4',w4.dtype)     # 查看数组元素类型
print('w4',w4)           # 创建一个一维数组
arr1 = np.array([1, 2, 3, 4, 5])
```

以上代码的运行结果依次如下：

```
w1 [1 3 5 7]
w2 [2 4 6 8]
w4 float64
w4 [1. 2. 3. 4.]
```

应用场景 1：运动健康监测系统

随着人们生活水平和经济实力的提升，运动和健康逐渐成为人们工作之余的重要话题。七名市民参与了运动健康监测系统，监测项目包含年龄、性别、身高、体重、收缩压和舒张压，记录见表 3-1。

表 3-1　运动健康监测数据表

num	age	gender	height	weight	ap_hi	ap_lo
1	50	2	168	62	110	80
2	55	1	156	85	140	90
3	51	1	165	64	130	70
4	48	2	169	82	150	100
5	47	1	156	56	100	60
6	60	1	151	67	120	80
7	61	1	157	93	130	80

其中，字段描述见表 3-2。

表 3-2　字段描述

字段名称	字段类型	字段说明
num	整型	序号
age	整型	年龄（年）
gender	整型	性别（1- 女性，2- 男性）
height	整型	身高 cm
weight	整型	重量 kg
ap_hi	整型	收缩压
ap_lo	整型	舒张压

例 3-2 创建一维数组，分别保存市民身体健康状态数据行和列字段。

```
>>> import numpy as np
>>> columns=np.array(['num','age','gender','height','weight','ah_hi','ap_
lo'])
>>> rows=np.array([1,2,3,4,5,6,7])
>>> print(columns)
['num' 'age' 'gender' 'height' 'weight' 'ah_hi' 'ap_lo']
>>> print(rows)
[1 2 3 4 5 6 7]
```

2. 其他函数创建数组

1）zeros() 函数

函数功能：创建全零数组。

基本语法：

```
np.zeros(shape,dtype=float,order='C')
```

参数说明：

• shape：一个整数或者整数元组，指定了输出数组的形状。例如，shape=(3，) 将创建一个长度为 3 的一维数组，shape-(2,3) 将创建一个 2 行 3 列的二维数组。

• dtype：可选参数，用于指定数组中元素的数据类型。默认是 float64，但可以根据需要设置为其他类型，如 int、float32 等。

• order：可选参数，指定数组在内存中的存储顺序，通常是 C（按行存储）或 F（按列存储）。在大多数情况下不需要改变这个参数。

例 3-3 zero() 函数创建数组，代码示例如下：

```
# 创建一维全零数组
>>> import numpy as np
>>> zeros_array1=np.zeros(5)  # 创建全零数组，默认元素是 float 类型
>>> print(zeros_array1)
[0. 0. 0. 0. 0.]

>>> import numpy as np
>>> zeros_array2=np.zeros(7,dtype=int) )    # 创建全零数组，数组元素是 int 类型
>>> print(zeros_array2)
[0 0 0 0 0 0 0]
```

2）ones() 函数

函数功能：创建一个指定形状的数组，并将数组中的所有元素初始化为 1。

基本语法：

```
np.ones(shape,dtype=None,order='C')
```

其中，各个参数的含义与 zeros() 函数参数相同含义，可参照理解。

例 3-4 ones() 函数创建数组，代码示例如下：

```
>>> # 创建一维全一数组
>>> import numpy as np
>>> ones_array1=np.ones(6)
```

```
>>> print(ones_array1)
[1. 1. 1. 1. 1. 1.]
>>> ones_array2=np.ones(6,dtype=int)
>>> print(ones_array2)
[1 1 1 1 1 1]
```

使用全零函数时需要注意：建议在创建数组时，尽量明确指定数据类型，以避免在后续计算中进行不必要的类型转换。通过合理设计数组的形状，可以简化代码并提高计算速度。创建大型全零数组可能会消耗大量的内存。在处理大规模数据时，要注意内存使用情况，避免内存溢出等问题。

3）empty() 函数

函数功能：numpy.empty() 函数是一个高效创建新数组的方法，但与其他创建数组的函数如 numpy.zeros() 或 numpy.ones() 相比，它有着一些独特的特点和使用场景。numpy.empty() 函数会返回一个新的未初始化的数组，这意味着新数组的内容是未定义的，它包含了数组创建时存在于内存中的任意数据。

基本语法：

```
np.empty(shape,dtype=float,order='C')
```

其中，各个参数的含义与 zeros() 函数参数相同含义，可参照理解。

例 3-5　empty() 函数创建数组，代码示例如下：

```
>>> import numpy as np
>>> # 创建一维全一数组
>>> import numpy as np
>>> # 创建一维空数组
>>> empty_array1=np.empty(6)
>>> print(empty_array1)          # 输出可能是随机值，数组值未被初始化
[1. 1. 1. 1. 1. 1.]
>>> import numpy as np
>>> empty_array1=np.empty(6,dtype=int)
>>> print(empty_array1) )        # 输出可能是随机值，数组值未被初始化
[3 0 2 0 0 0]
>>> print(empty_array1.dtype)
int32
```

4）arange() 函数

函数功能：arange() 函数是 NumPy 库中的一个函数，用于生成在指定范围内的等差数列。

基本语法：

```
numpy.arange([start,] stop[, step,], dtype=None)
```

参数说明：

- start 是序列的起始值，默认为 0。
- stop 是序列的结束值，但不包含在序列中。
- step 是序列中相邻两个元素之间的步长，默认为 1。
- dtype 是返回数组的数据类型，如果未提供，则根据其他输入参数自动推断数据类型。

arange() 函数生成的序列数据类型默认为整数（int），但也可以通过 dtype 参数指定其他

数据类型，如浮点数。这个函数返回的是一个一维数组，可以通过指定起始值、结束值和步长来生成特定范围的数字序列。例如，np.arange(0, 10, 2) 将生成一个从 0 开始，以步长 2 递增，直到但不包括 10 的序列。

例 3-6 arange() 函数创建数组，代码示例如下：

```
>>> import numpy as np
>>> arange_1=np.arange(0,10,2)
>>> print(arange_1)
[0 2 4 6 8]
>>> arange_2=np.arange(1,10,dtype=float)
>>> print(arange_2)
[1. 2. 3. 4. 5. 6. 7. 8. 9.]
>>> arange_2=np.arange(1.2,3.3,0.1,dtype=float)
>>> print(arange_2)
[1.2 1.3 1.4 1.5 1.6 1.7 1.8 1.9 2.  2.1 2.2 2.3 2.4 2.5 2.6 2.7 2.8 2.9
 3.  3.1 3.2]
```

在使用 arange() 函数时，应注意以下几点：

• 明确起始值、终止值和步长，以避免产生意外结果或不必要的计算。

• 根据需要设置适当的数据类型，特别是当涉及浮点数计算时，确保使用正确的数据类型可以提高计算精度。

• arange() 函数生成的数组可以与其他 NumPy 函数无缝对接，充分利用 NumPy 的强大功能进行数组操作和数据处理。

• 对于大型数组，使用 arange() 函数时要注意内存使用情况，避免产生过大的数组导致内存溢出。

5）linspace() 函数

函数功能：linspace() 函数与 arange() 函数功能有相似之处，主要功能是通过定义均匀间隔创建数值序列，创建线性间隔的数组。其中，需要指定间隔起始点、终止点，以及指定分隔值总数（包括起始点和终止点）；最终函数返回间隔类均匀分布的数值序列。

基本语法：

```
np.linspace(start, stop,[num=num_points],[endpoint=Flase],retstep=Flase,
[dtype=None])
```

参数说明：

• start 参数是数值范围的起始点。如果设置为 0,则结果的第一个数为 0,该参数必须提供。

• stop 参数是数值范围的终止点。通常其为结果的最后一个值，但如果修改 endpoint = False, 则结果中不包括该值。

• num 参数是控制结果中共有多少个元素。如果 num=5，则输出数组个数为 5。该参数可选，默认为 50。

• endpoint 参数是决定终止值（stop 参数指定）是否被包含在结果数组中。如果 endpoint = True，结果中包括终止值，反之不包括。可选参数，默认为 True。

• retstep 参数决定是否返回间隔步长，默认为 False。

• dtype 参数是决定输出数组的数据类型。如果不指定，Python 基于其他参数值推断数据类型。如果需要可以显示指定，参数值为 NumPy 和 Python 支持的任意数据类型。

在实际使用过程中，如果默认值可以满足需求，并不需要每次都使用所有参数。一般参数 start、stop、num 比 endpoint 和 dtype 常用。例如代码：

```
np.linspace(start = 0, stop = 100, num = 5)
```

代码生成 NumPy 数组（ndarray 对象），结果（见图 3-1）如下：

```
array([ 0., 25., 50., 75., 100.])
```

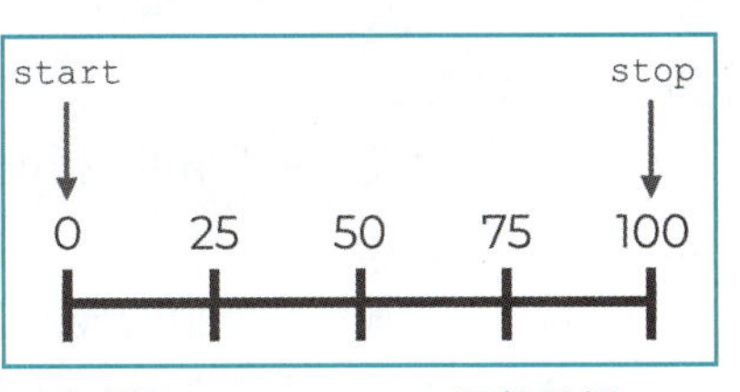

图 3-1　linsapce() 函数示例

例 3-7　linspace() 函数创建数组，代码示例如下：

```
>>> import numpy as np
>>> ls_1=np.linspace(0,100,5)                        # 参数省略写法 1
>>> print(ls_1)
[  0.  25.  50.  75. 100.]
>>> ls_2=np.linspace(start=0,stop=100,num=5)         # 参数写法 1
>>> print(ls_2)
[  0.  25.  50.  75. 100.]
# 以上两种参数使用方法能够达到同样的功能和结果，推荐使用写法 1。
通过设置 endpoint 参数不同的值，观察代码结果的变化。
>>> ls_3=np.linspace(0,100,6,endpoint=True,dtype=int)
>>> print(ls_3)
[  0  20  40  60  80 100]
>>> ls_4=np.linspace(0,100,6,endpoint=False,dtype=int)
>>> print(ls_4)
[ 0 16 33 50 66 83]
>>> ls_5=np.linspace(0,100,6,dtype=int)
>>> print(ls_5)
[  0  20  40  60  80 100]
```

通常将参数 endpoint 值默认设置为 True，一般不进行修改和设置。

6）随机函数

NumuPy 中的随机生成函数也是常用的创建数组的函数之一，numpy.random 提供了多种随机数生成函数，包括生成均匀分布、正态分布、泊松分布等各种分布的随机数。它适用于各种数学建模、模拟和统计分析任务。

随机函数的特点和优势主要体现在：

• 可控制的随机性：可以通过设置随机数种子（seed）来确保生成的随机数是可复现的。这对于科学研究和调试非常有用。

• 高效性能：numpy.random 是用 C 语言实现的，因此在性能上表现出色，特别适用于生成大量随机数。

• 支持多维数组：NumPy 的核心数据结构是多维数组，numpy.random 生成的随机数也可以方便地嵌入到多维数组中，与其他 NumPy 操作无缝结合。

• 统计工具：numpy.random 不仅可以生成随机数，还提供了一些统计分析工具，如均值、方差、协方差等，方便进行随机数据的分析。

它的用法灵活多变，简要介绍几种常用方法和格式。

（1）随机整数 randint() 函数。

函数功能：根据初始值（种子）和算法随机生成的整数。

基本语法：

```
np.random.randint(low, high, size, dtype)
```

参数说明：

• low：生成的元素值的最小值，即下限，如果没有指定 high 这个参数，则 low 为生成的元素值的最大值。

• high：生成的元素值的最大值，即上限。

• size：指定生成元素值的形状，也就是数组维度的大小。

• dtype：指定生成的元素值的类型，如果不指定，默认为整型。

返回结果：返回值是一个大小为 size 的数组，如果指定了 low 和 high 这两个参数，那么生成的元素值的范围为 [low,high)，不包括 high；如果不指定 high 这个参数，则生成的元素值的范围为 [0,low)。如果不指定 size 这个参数，那么生成的元素值的个数只有一个。

例3-8 randint() 函数使用，代码示例如下：

```
>>> import numpy as np
>>> import random
# 每次运行都会生成指定范围内的一个随机整数。
>>> np.random.randint(4)
3
>>> np.random.randint(4,size=4)
array([3, 0, 2, 0])
>>> np.random.randint(1,10,size=10)
array([4, 4, 7, 8, 9, 7, 1, 9, 3, 8])
>>> np.random.randint(4,10,dtype='int32')
4
>>> np.random.randint(4,10,dtype='int32')
8
>>> np.random.randint(4,10,dtype='int32')
7
```

（2）rand() 函数。

np.random.rand() 函数括号内的参数指定的是返回结果的类型，如果不指定，那么生成的是一个浮点型的数；如果指定一个数字，那么生成的是一个 numpy.ndarray 类型的数组；如果指定两个数字，那么生成的是一个二维的 numpy.ndarray 类型的数组。如果是两个以上的数组，那么返回的维度就和指定的参数的数量个数一样。其返回结果中的每一个元素是服从 0 ～ 1 均匀分布的随机样本值，也就是返回的结果中的每一个元素值在 [0,1) 内的一个随机值。

例3-9 rand() 函数的使用，代码示例如下：

```
>>> import random
>>> import numpy as np
>>> np.random.rand()
0.6732478743076863
>>> np.random.rand()
0.5529310907880485
```

（3）uniform() 函数。

NumPy 中的 uniform() 函数用于生成指定范围内的均匀分布的随机数。uniform() 函数在数据模拟、机器学习、概率计算等领域有广泛应用。例如，在数据模拟中，可以用于生成符合特定分布的随机数据；在机器学习中，可以用于随机划分数据集为训练集和测试集；在概率计算中，可以用于估计某个事件的概率等。uniform() 函数因其简单易用和广泛的应用场景，在 numpy 库中占有重要地位。

numpy.random.uniform() 函数允许用户指定生成随机数的下限（low）和上限（high），以及输出随机数的形状（size）。这个函数在数据模拟、机器学习、概率计算等多个场景中有广泛的应用。

基本语法：

```
np.random.uniform(low=0.0,high=1.0,size=None)
```

函数功能：可以生成 [low,high) 中的随机数，可以是单个值，也可以是一维数组，也可以是多维数组。

参数说明：

- low：float 型，或者是数组类型的，默认为 0。
- high：float 型，或者是数组类型的，默认为 1。
- size：int 型，或元组，可以设置生成对象一维或二维数组，默认为空。

例 3-10　uniform() 函数创建数组，代码示例如下：

```
>>> import numpy as np
>>> np.random.uniform()        #默认 0 到 1
0.5061064129330477
>>> np.random.uniform()        #默认 0 到 1
0.7327553176219416
>>> np.random.uniform(1,5,4)  #随机生成数组元素范围从 1 到 5 的 4 个元素
array([2.79204901, 1.5778229 , 1.43180863, 1.91270526])
>>> np.random.uniform(1,5,4)  #每运行一次数据随机生成
array([4.17842313, 2.73042491, 4.54857124, 1.79658883])
>>> np.random.uniform([1,5],[4,3])
array([1.3602837 , 4.07179686])
>>> np.random.uniform([1,5],[4,3])
array([3.73775899, 3.77339244])
```

例 3-11　BMI 是身体质量指数，简称体质指数。18.5≤BMI＜24.9 为体型正常，BMI＜18.5 为消瘦，25≤BMI＜29.9 为超重，BMI≥30.0 为肥胖。平时生活中应该注重调整饮食结构、生活习惯、适当锻炼。切勿盲目自行减重，以免导致贫血等关联问题。请使用 uninform() 函数模拟创建市民健康系统里的体质指数，创建 7 名市民的体质指数，范围在 16～30 之间。

```
>>> import numpy as np
>>> bmi=np.random.uniform(16,30,7)
>>> print(bmi)
[21.27836335 22.05000877 26.24324433 19.33642786 26.50758392 17.0540476
 25.5324885 ]
```

注意：uniform() 函数生成的随机数是均匀分布的，不适合用于生成随机样本。在生成随机样本时，通常希望样本的分布符合某种特定的分布，例如正态分布。在这种情况下，可以

使用 random 模块中的其他函数，如替换为 random.normal() 函数生成符合正态分布的随机数。

例3-12 在模拟实验中，经常需要生成服从某种分布的随机数，以模拟实验的随机性。使用 uniform() 函数生成一个在 [0, 1] 范围内的随机数作为正面的概率，用于模拟硬币抛面的实验。

```
import numpy as np
import random
# 定义函数 coin_toss
def coin_toss():
    probability = random.uniform(0, 1)
    if probability < 0.5:
        return " 正面 "
    else:
        return " 反面 "
#for 循环调用函数 5 次，随机生成不同抛面结果
for i in range(1,6):
    result = coin_toss()
    print(result)
```

运行结果：

```
正面
反面
反面
反面
反面
```

在机器学习中，随机数的应用非常广泛，例如用于初始化模型参数、生成随机样本等。Uniform() 函数可以生成均匀分布的随机数，通过调整范围参数，可以生成不同区间的随机数。

例3-13 使用 uniform() 函数生成一个在 [−1, 1] 范围内的随机数作为神经网络的初始权重。

```
import random
def initialize_weights(n):
    weights = []
    for _ in range(n):
        weight = random.uniform(-1, 1)
        weights.append(weight)
        return weights
weights = initialize_weights(10)
print(weights)
```

3.1.2 创建二维数组

在实际使用过程中，NumPy 中创建数组常用的函数通常都可以通过设置参数完成二维数组的生成，相关函数的语法格式和参数含义可在 3.3.1 节中查看并理解。

1. array() 函数创建二维数组

用 array() 函数创建一个二维数组，此函数的详细语法格式和参数含义可在 3.3.1 节中查看。例如，创建一个 2 行 3 列二维数组 arr2：

```
>>> import numpy as np
>>> arr2 = np.array([[1, 2, 3], [4, 5, 6]])
>>> print(arr2)
[[1 2 3]
 [4 5 6]]
```

通过嵌套列表对象创建 2 行 4 列二维数组 w3：

```
>>> data3=[[1,2,3,4,],[5,6,7,8]]
>>> w3=np.array(data3)
>>> print(w3)
[[1 2 3 4]
 [5 6 7 8]]
```

创建一个嵌套数组arr3：

```
>>> arr3 = np.array([[[1, 2], [3, 4]], [[5, 6], [7, 8]]])
>>> print(arr3)
[[[1 2]
  [3 4]]
 [[5 6]
  [7 8]]]
```

创建一个 3×3 的二维数组，元素为 1 至 9 的序列，借助 reshape() 函数将数值序列转换为二维数组：

```
>>> import numpy as np
>>> array6 = np.arange(1, 10).reshape((3, 3))
>>> print(array6)
[[1 2 3]
 [4 5 6]
 [7 8 9]]
```

在机器学习中，NumPy 的 array() 函数常用于创建二维数组，这些二维数组可以表示数据集的特征和标签，是机器学习模型训练和预测的基础。

例3-14　创建二维数组，参照表 3- 1 运动健康监测数据表，记录运动健康监测表中的年龄、性别、身高、体重、收缩压和舒张压等数值项。

```
>>> import numpy as np
>>>Val=np.array([[50,2,168,62,110,80],[55,1,156,85,140,90],[51,1,165,64,130,70],
[48,2,169,82,150,100],[47,1,156,56,100,60],[60,1,151,67,120,80],[61,1,157,93,130,80]])
>>> print(Val)
[[ 50   2 168  62 110  80]
 [ 55   1 156  85 140  90]
 [ 51   1 165  64 130  70]
 [ 48   2 169  82 150 100]
 [ 47   1 156  56 100  60]
 [ 60   1 151  67 120  80]
 [ 61   1 157  93 130  80]]
```

每个元素代表一位市民的身体数据，一行代表一位市民的七项数值，每列代表某一字段信息的七个值。

2. 其他函数创建二维数组

1）创建二维的全零数组和全一数组

通过参数设置直接指定行和列创建二维数组：

```
arr4 = np.zeros((3, 4))          # 创建一个 3 行 4 列的值全是 0 的数组
arr5 = np.ones((2, 3, 4))        # 创建一个 2 层 3 行 4 列的值全是 1 的数组
arr6 = np.empty((2, 3))          # 创建一个未初始化的 2 行 3 列的数组
```

或者还可以先创建一个一维数组，然后再转换为二维数组。

```
# 创建一个有 4 个元素的一维数组，全部元素为 1
arr1 = np.ones(4)
# 将一维数组转换为二维数组，行数为 2，-1 是指设置列的维度自动推算出相应的值
arr2 = arr1.reshape(2, -1)
```

2）arange() 函数创建二维数组

arange() 函数创建二维数组的方法比较灵活，本身此函数只能创建一维数值序列，可借助其他函数完成二维数组的创建。

例3-15 arange() 函数结合 array() 函数创建二维数组，代码示例如下：

```
>>> import numpy as np
>>> b=np.array([np.arange(1,5),np.arange(5,9),np.arange(10,14)])
>>> print(b)
[[1  2  3  4]
 [5  6  7  8]
 [10 11 12 13]]
```

arange() 函数结合 reshape() 函数完成二维数组的创建，代码示例如下：

```
>>> import numpy as np
>>> ar_a=np.arange(20,50,2)
>>> ar_b=ar_a.reshape(3,5)
>>> print(ar_b)
[[20 22 24 26 28]
 [30 32 34 36 38]
 [40 42 44 46 48]]
```

因 arange() 函数是生成某一数值范围内的一维数值序列，所以在进行二维矩阵转换的时候数值序列个数应该等于矩阵行列数值乘积，否则就会导致矩阵转换失败，错误提示信息如下：

```
Traceback (most recent call last):
  File "<pyshell#16>", line 1, in <module>
    ar_a=np.arange(20,50,2)
    ar_b=ar_a.reshape(2,3)
ValueError:cannot reshape array of size of 15  into shape(2,3)
# 错误信息提示：无法将 15 个序列的值转换为 2 行 3 列的矩阵二维数组
```

3）linspace() 函数创建二维数组

在 NumPy 中，linsapce() 函数用于创建线性间隔的数组。如果想使用 linspace() 函数创建二维数组，可以通过嵌套调用 linspace() 函数来实现。

例3-16 linspace() 函数创建二维数组，代码示例如下：

```
>>> row_1=np.linspace(0,1,3)  # 开始值为 0，结束值为 1，共 3 个元素
>>> row_2=np.linspace(2,3,3)  # 开始值为 2，结束值为 2，共 3 个元素
>>> row_3=np.linspace(4,5,3)  # 开始值为 4，结束值为 5，共 3 个元素
>>> arr_c=np.vstack(row_1,row_2,row_3)
# 通过 np.vstack 或 np.column_stack 创建二维数组
>>> arr_c=np.vstack((row_1,row_2,row_3))    # 垂直堆叠
>>> print(arr_c)
[[0.  0.5 1. ]
 [2.  2.5 3. ]
 [4.  4.5 5. ]]
>>> arr_d=np.column_stack((row_1,row_2,row_3))    # 水平堆叠
>>> print(arr_d)
[[0.  2.  4. ]
 [0.5 2.5 4.5]
 [1.  3.  5. ]]
```

需要注意的是：以上代码是创建一个形状为 (3, 3) 的二维数组，因为每个 linspace() 函数调用产生长度为 3 的一维数组。通过 vstack 或 column_stack 可以将这些一维数组组合成二维数组。

4）randint() 创建二维数组

在 NumPy 中，randint() 函数用于创建具有随机整数的数组，可以直接使用此函数创建二维数组。示例代码如下：

直接创建一个 5×5 的二维数组，数值在 [0, 100) 之间：

```
>>> arr = np.random.randint(0, 100, size=(5, 5))
>>> print(arr)
[[40 23 80 22 92]
 [41 94 54 74 34]
 [26 85 67 36 66]
 [88 31 98  2 35]
 [99 23 96 76 95]]
```

randint()函数结合array()函数创建二维数组：

```
# 创建一个 5×5 的二维数组，数值在 [0, 100) 之间
>>> arr_x = np.array([[np.random.randint(0, 100) for _ in range(5)] for
_in range(5)])
>>> print(arr_x)
[[7  94 31 47 52]
 [10 42 47 68 12]
 [89 98 88  5  4]
 [64 66 63 11  2]
 [31 32 84 71 83]]
```

5）uniform() 函数创建二维数组

uniform() 函数创建 4 行 3 列的 1 ～ 5 范围内的二维数组，以下两种写法都可以。

```
>>> import numpy as np
>>> import random
# 创建 4 行 3 列，范围在 1 到 5 之间的二维数组
>>> np.random.uniform(1,5,(4,3))                    # 写法一
```

```
array([[3.75392523, 3.75172964, 3.28322952],
       [2.52950854, 4.18827039, 4.57561365],
       [3.82747169, 3.62746158, 1.82417173],
       [1.50467343, 2.70721451, 4.07170881]])
#创建4行3列，范围在1到5之间的二维数组
>>> arr_y = np.random.uniform(1, 5, size=(4, 3))  #写法二
>>> print(arr_y)
[[1.85226076 1.54903972 2.58533506]
 [3.5370816  3.49453253 2.19850671]
 [2.94782013 4.66139807 1.80022508]
 [2.9911129  4.38174106 4.40681806]]
```

例3-17 国际上推荐的健康血压中收缩压的范围是在90～140 mmHg之间。请模拟创建7名市民的10次测量的收缩压的值，用二维数组存储。

```
>>> import numpy as np
>>> import random
>>> press_sys = np.random.uniform(90, 140, size=(7, 10))
>>> press_int=press_sys.astype(int)  #将浮点数数组转换为整数类型
>>> print(press_int)
[[101 105 117 109 132  94 134 106  93 135]
 [118 110 127 114 117 133 118 102 133 106]
 [127 128 114  95  94 112 110 116 135  92]
 [123 122 110 129 128 119 109 117 104 112]
 [ 98 110 133  92 120 119 130 134 124 110]
 [127 117  90 119 120 108 107 139 104  92]
 [ 95 137 122 134  95 139  91 138 139 126]]
```

其中，astype()函数是Python语言中的显式数据类型转换函数，它可以将NumPy数组或Pandas数据中的任意数据类型转换成另一种数据类型。

3.2 属性和切片

NumPy提供了丰富的功能来操作ndarray数组对象，包括但不限于数组的创建、索引和切片等。这些功能使得NumPy成为科学计算和数据分析领域中不可或缺的工具。

数组的属性提供了关于NumPy数组的关键信息，包括其形状、维度、大小和数据类型，这些都是在进行数据分析、矩阵运算等操作时非常重要的数据特性，还可以通过其他函数和方法进行更多的功能操作。

3.2.1 常用属性

1. 基本属性

在NumPy中，数组属性是描述数组特性的重要参数，NumPy中的ndarray数组对象常用的属性主要有：

- ndim：返回一个元组，表示数组的维度。例如，对于一个二维数组，ndim属性返回的是(行数，列数)。
- shape：数组的维度及个数。
- size：返回数组中元素的总数。例如，对于一个二维数组，size属性返回的是行数乘以列数。

• dtype：数据类型。
• itemsize：数组中每个元素的字节大小。
• reshape：改变数组维度。

例3-18　数组的常用属性，代码示例如下：

```
>>> import numpy as np
>>> arr1=np.array([1,2,3,4,5])
>>> print(arr1)
[1 2 3 4 5]
>>> print(arr1.ndim)
1
>>> print(arr1.shape)   #数组是一维
(5,)
>>> print(arr1.size)    #数组大小 5 个
5
>>> print(arr1.dtype)   #输出：int32 或 int64（取决于平台）
int32
#改变数组形状
>>> arr2=np.array(np.arange(1,10))
>>> arr2=arr2.reshape(3,3)
>>> print(arr2)
[[1 2 3]
 [4 5 6]
 [7 8 9]]
>>> print(arr2.ndim)    #数组是二维
2
>>> print(arr2.size)    #数组大小 9 个元素
9
>>> print(arr2.shape)   #数组维度 3 行 3 列
(3, 3)
>>> print(arr2.dtype)
int32
```

2. 元素的访问

要访问一维数组中的元素，可以使用方括号 [ ] 并指定元素的索引。NumPy 中的多维数组元素的索引下标从 0 开始，即第一个元素的索引为 0，第二个元素的索引为 1，以此类推，最大数组元素下标是 size 属性值减 1。如图 3-2 所示是一个正序索引和逆序索引的示意图。关于下标索引正序索引和逆序索引的深入理解可参考 Python 中关于列表索引的知识点。

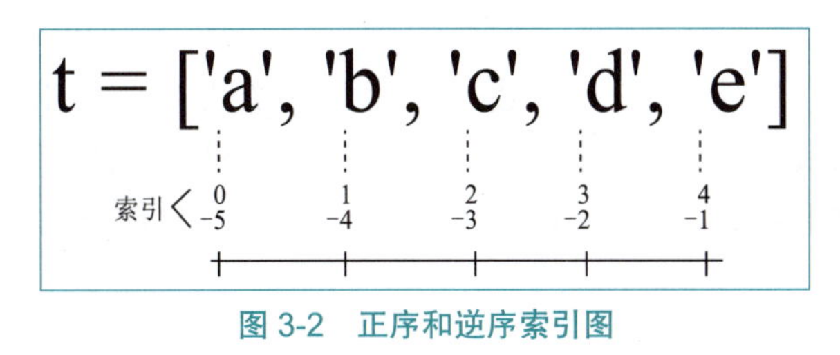

图 3-2　正序和逆序索引图

例3-19　数组元素的访问，代码示例如下：

```
>>> import numpy as np
>>> import random
```

```
>>> arr=np.random.randint(150,220,5)
>>> arr=arr.astype(int)
>>> print(arr )
[215 176 207 174 206]
>>> print(arr[0])          #访问第一个元素
215
>>> print(arr[-1])         #最后一个元素的下标是 -1
206
>>> print(arr.size)
5
>>> print(arr[4])          #最后一个元素的下标也是 size 的值 -1
206
```

要访问二维数组中的元素，可以使用逗号分隔的两个索引：第一个索引表示行，第二个索引表示列。

示例如下：

```
>>> import numpy as np
>>> import random
>>> arrx=np.random.uniform(150,220,size=(3,4))
>>> print(arrx.astype(int))
[[158 172 154 151]
 [188 194 169 186]
 [169 170 201 160]]
>>> print(arrx[0,0])     #访问第一个元素常用写法 1
158
>>>print(arrx[0][0])     #访问第一个元素常用写法 2
158
>>> print(arrx[1][0])   #访问第二行第一个元素
188
#访问最后一个元素
>>> print(arrx[2,3])
160
>>>print(arrx[-1,-1])
160
```

注意：正序索引是指元素索引从左往右依次是 0，1，2，…，以此类推。逆序索引是从右往左元素下标依次是 -1，-2，-3，…，以此类推。

3.2.2 切片

在 NumPy 中，数组切片是一种获取数组中子数组的方法，它允许用户选择数组的一部分数据，而不是整个数组。切片操作可以通过使用冒号（:）和索引来实现，其中第一个冒号表示获取所有的行，第二个冒号表示获取所有的列。NumPy 数组切片的行为类似于 Python 原生切片。

基本语法格式：

```
数组名[tart:stop:step]
```

常见参数含义如下：

• 单独使用冒号：获取数组的所有元素。

• start:stop：获取从 start 索引到 stop 索引之前的元素（不包括 stop）。

• start:stop:step：获取从 start 索引到 stop 索引之前的元素，步长为 step。step 省略不写时默认为 1，step 为 -1 时表示翻转读取。

1. 基本切片

一维数组元素的访问方式简单易理解，可以单个元素访问，也可以连续访问，常称为切片操作。

例3-20　一维数组的切片操作，代码示例如下：

```
>>>import numpy as np
# 创建一个 NumPy 一维数组
>>>arr = np.array([1, 2, 3, 4, 5, 6, 7, 8, 9, 10])
# 获取所有元素
>>>all_elements = arr[:]
# 获取索引 1 到 5 的元素（不包括索引 5）
>>>part_of_arr1 = arr[1:5]
# 获取索引 1 到 5 的元素，步长为 2
>>>part_of_arr2 = arr[1:5:2]
# 输出结果
>>>print("Original array: ", arr)
Original array: [1, 2, 3, 4, 5, 6, 7, 8, 9, 10]
>>>print("All elements: ", all_elements)
All elements: [1, 2, 3, 4, 5, 6, 7, 8, 9, 10]
>>>print("Part of array from index 1 to 5 (excluding index 5): ", part_
of_arr1)
Part of array from index 1 to 5 (excluding index 5): [2,3,4,5]
>>>print("Part of array from index 1 to 5 with step 2: ", part_of_arr2)
Part of array from index 1 to 5 with step 2: [2,4]
>>>print(arr[::-1])                    # 选取从后向前的元素
[10,9,8,7,6,5,4,3,2,1]
>>>print(arr[3::-2])                   # 选取下标为 3 的元素翻转读取
[4 2]
```

注意，与 Python 原生切片不同，NumPy 数组切片是原始数组的视图，这意味着修改这些视图将会影响原始数组。如果需要复制数组切片，可以使用 copy() 方法。

二维数组切片操作相对较复杂，可以先从基本元素访问形式来了解，基本语法格式：

```
arr[row,column]
```

其中，arr 是数组名，row 是行序号，column 是列序号，中间用“,”隔开。

切片 arr[s0:e0,s1:e1] 的含义是：选取第 0 维的第 s0 到 e0 个元素，继续选取第 1 维的第 s1 到 e1 个元素（左闭右开）。

例3-21　二维数组的切片常见操作，代码示例如下：

```
>>>import numpy as np
>>>slice_a=np.arange(20).reshape(4,5)         # 二维数组
>>>print(slice_a)
[[0  1  2  3  4]
 [5  6  7  8  9]
 [10 11 12 13 14]
```

```
 [15 16 17 18 19]]
>>>print(slice_a[0,2])                         # 以 NumPy 方式访问行索引 0，列索引 2 的元素
2
>>>print(slice_a[0][2])                        # 访问行索引 0，列索引 2 的元素
2
>>>line0=slice_a[0]                            # 选择第一行
>>>print(line0)
[0 1 2 3 4]
>>>line0_1=slice_a[0:2]                        # 选择前两行
>>>print(line0_1)
[[0 1 2 3 4]
 [5 6 7 8 9]]
>>>line_all=slice_a[:]                         # 选择所有行，冒号写法，代表省略行和列
>>>print(line_all)
[[0  1  2  3  4]
 [5  6  7  8  9]
 [10 11 12 13 14]
 [15 16 17 18 19]]
>>> col0_num=slice_a[:,0]                      # 以 NumPy 方式选取第一列
>>> print(col0_num)
[ 0  5 10 15]
>>> col0_1=slice_a[:,0:2]                      # 选取前两列
>>> print(col0_1)
[[0  1]
 [5  6]
 [10 11]
 [15 16]]
>>> slice_b=slice_a[0:2,0:2]                   # 选取前两行和前两列
>>> print(slice_b)
[[0 1]
 [5 6]]
>>> slice_c=slice_a[[0,3],[0,3]]              # 选取索引为 [0,0] 和 [3,3] 的两个不相邻元素
>>> print(slice_c)
[ 0 18]
```

注意：最后这里返回的是索引为 [0,0] 和 [3,3] 的两个元素。不是整行或整列的切片。

2. 不连续切片

切片操作本身就是用一个索引表达式准确表述的数组截取的操作。单独的一行或一列的切片操作。

例3-22 数组的不连续切片，代码示例如下：

```
>>> import numpy as np
>>> arr_f=np.arange(20).reshape(4,5)
>>> print(arr_f)
[[0  1  2  3  4]
 [5  6  7  8  9]
 [10 11 12 13 14]
 [15 16 17 18 19]]
>>> line_f=arr_f[0]                            # 第一行切片
>>> print(line_f)
```

```
[0 1 2 3 4]
 #选取第一行和第三行
>>> line_fx=arr_f[[0,2]]
>>> print(line_fx)
[[0  1  2  3  4]
 [10 11 12 13 14]]
#返回的数据顺序可以根据输入的列表的顺序而改变 line_fx=arr_f[[0,2]]
>>> line_fx=arr_f[[0,2]]
>>> line_fx=arr_f[[2,0]]
>>> print(line_fx)
[[10 11 12 13 14]
 [0  1  2  3  4]]
>>> line_col=arr_f[:,[0,2]]   #第一列和第三列切片
>>> print(line_col)
[[0  2]
 [5  7]
 [10 12]
 [15 17]]
```

二维数组不连续行列交集的切片相对难度较高，沿着以上思路进行更复杂的切片，例如选取第一、三行和第一、三列的交集，总体思路就是分两次选取，先对行进“行”切片，然后再针对“列”进行特定的选取。

```
>>> line_fx=arr_f[[0,2]]         #第一、三行切片
>>> print(line_fx)
[[0  1  2  3  4]
 [10 11 12 13 14]]
>>> line=line_fx[:,[0,2]]        #切片后的结果再进行第一、三列切片，获得不连续行列切片交集
>>> print(line)
[[0  2]
 [10 12]]
```

需要注意的是：切片数组需要是 ndarray 对象，而不能是普通的 Python 列表。

例3-23　参照表 3-1 运动健康监测数据表所示的关于运动健康监测表的数据，根据例 3-1 和例 3-5 中的行索引 rows，列索引 columns，和二维数组对象 Val。完成以下基本切片操作。

（1）输出显示第二位市民的身高和体重。

（2）输出显示前三位市民的健康信息。

（3）输出显示最后三列的信息。

```
>>> import numpy as np
>>> columns=np.array(['num','age','gender','height','weight','ah_hi','ap_lo'])
>>> rows=np.array([1,2,3,4,5,6,7])
>>> print(columns)
['num' 'age' 'gender' 'height' 'weight' 'ah_hi' 'ap_lo']
>>> print(rows)
[1 2 3 4 5 6 7]
>>> import numpy as np
```

```
>>> Val=np.array([[50,2,168,62,110,80],[55,1,156,85,140,90],[51,1,165,64,130,
70],[48,2,169,82,150,100],[47,1,156,56,100,60],[60,1,151,67,120,80],[61,1,15
7,93,130,80]])
>>> print(Val)
[[50   2 168  62 110  80]
 [55   1 156  85 140  90]
 [51   1 165  64 130  70]
 [48   2 169  82 150 100]
 [47   1 156  56 100  60]
 [60   1 151  67 120  80]
 [61   1 157  93 130  80]]
#(1)
>>> val_2=Val[[1]]
>>> print(val_2)
[[55   1 156  85 140  90]]
#(2)
>>> val_3=Val[:3]
>>> print(val_3)
[[50   2 168  62 110  80]
 [55   1 156  85 140  90]
 [51   1 165  64 130  70]]
#(3)
>>> val_4=Val[:,-3:]
>>> print(val_4)
[[62 110  80]
 [85 140  90]
 [64 130  70]
 [82 150 100]
 [56 100  60]
 [67 120  80]
 [93 130  80]]
```

注意：在切片 Val[:, -3:] 中，冒号 : 代表选择所有行，-3: 代表选择每行的最后三个元素。

3. 条件切片

在 NumPy 中，可以使用布尔索引来根据条件筛选数组的切片。布尔索引是一种特殊的索引，它使用布尔数组来从另一个数组中选择元素。

例3-24 举例如下，演示如何根据条件筛选数组的切片：

```
import numpy as np
# 创建一个示例数组
arr = np.array([1, 2, 3, 4, 5, 6, 7, 8, 9, 10])
# 定义一个条件，比如筛选出大于 5 的元素
condition = arr > 5
print(condition)
# 使用布尔索引来获取满足条件的元素
filtered_arr = arr[condition]
print(filtered_arr)
```

运行结果：

```
[False False False False False  True  True  True  True  True]
[6  7  8  9 10]
```

注意：此处 condition 是一个布尔数组，它的长度与数组 arr 相同。当 condition 中的元素为 True 时，对应 arr 中的索引位置的元素将会被选中。这样，filtered_arr 将只包含满足条件的元素。

二维数组的条件筛选切片与一维数组原理是一致的，在实际操作过程中，二维数组切片表达式写法会更灵活。

例3-25　二维数组的条件切片，代码示例如下：

```
>>> names=np.array(['Lucy','Amily','David','Ella'])       # 行索引
>>> data=np.random.randint(10,100,size=(4,5))      #4 行 5 列随机整数二维数组
>>> print(names)
['Lucy' 'Amily' 'David' 'Ella']
>>> print(data)
[[74 66 68 27 56]
 [55 40 73 91 87]
 [17 16 96 78 24]
 [16 84 63 69 86]]
>>> mask=names=='Amily'                                    # 筛选 Amily 的数据信息
>>> print(mask)
[False  True False False]
>>> print(data[mask])
[[55 40 73 91 87]]
>>> data_2=data[(names=='Amily')|(names=='Ella')]
# 筛选 Amily 和 Ella 的数据信息
>>> print(data_2)
[[55 40 73 91 87]
 [16 84 63 69 86]]
>>> print(data>59)          # 整个二维数组布尔值判断
[[True  True   True False False]
 [False False  True  True  True]
 [False False  True  True False]
 [False  True  True  True  True]]
>>> print(data[(data>59)])      # 符合条件的数据值
[74 66 68 73 91 87 96 78 84 63 69 86]
```

例3-26　参照表 3-1 所示的运动健康监测表数据，根据例 3-1 和例 3-5 中的行索引 rows，列索引 columns，和二维数组对象 Val。完成以下条件筛选切片操作。

（1）选取并输出第一行和第三行的市民的信息。

（2）选取并输出第三列身高超过 165 的市民信息并输出。

（3）选取并收缩压 ah_hi 的血压值大于 90 的值。

```
    >>> columns=np.array(['num','age','gender','height','weight','ah_hi','ap_
lo'])
    >>> rows=np.array([1,2,3,4,5,6,7])
    >>> Val=np.array([[50,2,168,62,110,80],[55,1,156,85,140,90],[51,1,165,
64,130,70],[48,2,169,82,150,100],[47,1,156,56,100,60],[60,1,151,67,120,80],
[61,1,157,93,130,80]])
    #(1)
    >>> print(Val[(rows==1)|(rows==3),:])
    [[50   2 168  62 110  80]
```

```
 [51   1 165  64 130  70]]
# (2)
>>> mask=Val[:,2]>165
>>> print(Val[mask])
[[50   2 168  62 110  80]
 [48   2 169  82 150 100]]
# (3)
>>> print(Val[:,4:])
[[110  80]
 [140  90]
 [130  70]
 [150 100]
 [100  60]
 [120  80]
 [130  80]]
>>> x=Val[:,4:]
>>> print(x[:,1]>90)
[False False False  True False False False]
```

3.3 常用函数

NumPy 提供了大量的计算和统计函数，用于对数组进行统计分析。这些函数通常可以分为数学函数和统计函数等。下面介绍 NumPy 在数据科学中较常用的一些函数。

3.3.1 数学函数

在数组中使用数学函数时不需要使用循环语句依次遍历计算，即可完成对一个或多个数组元素的常见的数学计算和操作，便捷的运算模式让使用者主要关注于数据分析逻辑的本身，避免编程语言语法结构带来的烦恼。

例3-27 NumPy 支持数组间的各种数学运算，代码示例如下：

```
>>>a = np.array([1, 2, 3])
>>>b = np.array([4, 5, 6])
# 元素级加法
>>>c = a + b
>>> print(c)
[5 7 9]
# 元素级乘法
>>>d = a * b
>>> d=a*b
>>> print(d)
[4 10 18]
```

例3-28 数学中常见的运算，例如，平方数、均值和标准差等运算都可以通过调用函数实现数组计算，两个代码示例如下：

示例 1：

```
>>>import numpy as np
# 创建数组
```

```
>>>arr = np.array([1, 2, 3, 4, 5])
# 对数组元素求平方
>>>squared = np.square(arr)
>>>print(squared)
: [1  4  9 16 25]
# 计算数组元素的平均值和标准差
>>>mean, std = np.mean(arr), np.std(arr)
>>>print(mean, std)
 3.0 1.4142135623730951
```

示例 2：

```
>>>import numpy as np
# 创建两个数组
>>>arr1 = np.array([1, 2, 3])
>>>arr2 = np.array([4, 5, 6])
# 数组对应元素相加
>>>summed = arr1 + arr2
>>>print(summed)
[5  7  9]
```

argmax() 函数的功能是返回数组中最大的元素值的索引。它可以用于多类图像分类问题中获得高概率预测标签的指标。argmin() 函数返回数组中最小元素的索引。

```
>>>print(arr.argmax())
4
>>>print(arr.argmin())
0
```

还有一些数学函数支持数组元素的数学运算，如排序、绝对值和四舍五入等常见数学操作，见表 3-3。

表 3-3 数学函数及说明

函 数 名	函数功能	示 例
sort()	对数组元素的排序	arr=np.array([2,3,1,4,7]) np.sort(arr) 运行结果： [1,2,3,4,7]
abs(x)	返回数组元素 x 的绝对值	arr=np.array([1,2,-3,4,-5]) np.abs(arr) 运行结果：[1,2,3,4,5]
round(arr,decimals=0)	将浮点值四舍五入到指定位的小数点	A=np.random.random(size=(2,2,)) np.round(A,decimals=0) 运行结果： [[1. 0.] [1. 1.]]
where(condition,x,y)	返回满足条件的值，第一个参数表示条件，当条件成立时 where 方法返回 x，当条件不成立时 where 返回 y	np.where(data[feature].isnull(),0,1) 功能：当 data[feature].isnull() 为空时返回 0，否则返回 1

3.3.2 统计函数

在 NumPy 中，提供众多用于数组统计的函数。以下是一些常用的统计函数：

- numpy.mean()：计算数组元素的平均值。

- numpy.sum()：计算数组元素的总和。
- numpy.amin()：找到数组中的最小值。
- numpy.amax()：找到数组中的最大值。
- numpy.ptp()：计算数组中的范围（最大值－最小值）。
- numpy.median()：计算数组元素的中位数。
- numpy.percentile()：计算数组元素的任意百分位数。
- numpy.std()：计算数组元素的标准差。
- numpy.var()：计算数组元素的方差。
- numpy.argmin()：找到最小元素的索引。
- numpy.argmax()：找到最大元素的索引。
- numpy.nonzero()：找到非零元素的索引。

例3-29 一维数组常见统计函数的使用，代码示例如下：

```
import numpy as np
# 创建一个数组
arr = np.array([1, 2, 3, 4, 5])
# 计算平均值
mean_val = np.mean(arr)
# 计算总和
sum_val = np.sum(arr)
# 找到最小值
min_val = np.amin(arr)
# 找到最大值
max_val = np.amax(arr)
# 计算范围
ptp_val = np.ptp(arr)
# 计算中位数
median_val = np.median(arr)
# 计算 90% 百分位数
percentile90 = np.percentile(arr, 90)
# 计算标准差
std_val = np.std(arr)
# 计算方差
var_val = np.var(arr)
# 输出结果
print("Mean: ", mean_val)
print("Sum: ", sum_val)
print("Min: ", min_val)
print("Max: ", max_val)
print("Ptp: ", ptp_val)
print("Median: ", median_val)
print("90th Percentile: ", percentile90)
print("Standard Deviation: ", std_val)
print("Variance: ", var_val)
```

运行结果：

```
Mean:  3.0
Sum:  15
```

```
Min:  1
Max:  5
Ptp:  4
Median:  3.0
90th Percentile:  4.6
Standard Deviation:  1.4142135623730951
Variance:  2.0
```

以上函数都可以作用于多维数组，并且可以通过指定 axis 参数来沿着特定的维度进行操作。axis=0 是行之间的计算，将对每一行计算平均值；axis=1 是列之间的计算，将对每一列计算平均值。

例 3-30　当想要计算一个二维数组的行或列的平均值时，示例代码如下：

```
# 创建一个二维数组
arr2d = np.array([[1, 2, 3], [4, 5, 6]])
# 计算每行的平均值
row_mean = np.mean(arr2d, axis=1)
# 计算每列的平均值
col_mean = np.mean(arr2d, axis=0)
# 输出结果
print("Row Mean: ", row_mean)
print("Column Mean: ", col_mean)
```

运行结果：

```
Row Mean:  [2. 5.]
Column Mean:  [2.5 3.5 4.5]
```

例 3-31　统计函数应用，代码示例如下：

```
t=np.arange(24).reshape(4,5)  # 错误示范 24 个数组无法转换为 4 行 5 列的二维数组
Traceback (most recent call last):
  File "<pyshell#8>", line 1, in <module>
    t=np.arange(24).reshape(4,5)
ValueError: cannot reshape array of size 24 into shape (4,5)
t=np.arange(24).reshape(4,6)
print(t)
[[0  1  2  3  4  5]
 [6  7  8  9 10 11]
 [12 13 14 15 16 17]
 [18 19 20 21 22 23]]
print(t.sum(axis=0))
[36 40 44 48 52 56]
print(t.sum(axis=1))
[15  51  87 123]
print(t.mean(axis=0))
[9. 10. 11. 12. 13. 14.]
print(t.mean(axis=1))
[2.5  8.5 14.5 20.5]
print(np.median(t,axis=0))
[9. 10. 11. 12. 13. 14.]
print(np.median(t,axis=1))
[2.5  8.5 14.5 20.5]
```

```
print(t.max(axis=0))
[18 19 20 21 22 23]
print(t.max(axis=1))
[5 11 17 23]
>>> print(t.min(axis=0))
[0 1 2 3 4 5]
>>> print(t.min(axis=1))
[0  6 12 18]
>>> print(t.std(axis=0))
[6.70820393 6.70820393 6.70820393 6.70820393 6.70820393 6.70820393]
>>> print(t.std(axis=1))
[1.70782513 1.70782513 1.70782513 1.70782513]
```

视 频

综合案例讲解

注意：标准差 std() 函数，表示一组数据平均分散程度的质量，反映出数据的波动稳定情况，值越大表示越不稳定。

3.4 综合案例

【综合案例 3-1】假设你是一名数据分析师，负责分析一家公司员工的年龄分布。公司提供了一个包含员工年龄的列表，请完成任务：计算平均年龄、最大年龄和最小年龄。

案例实现：

```
# 数据准备
# 首先，假设有一个包含员工年龄的列表：
employee_ages = [25, 30, 45, 28, 40, 38, 32, 50, 36, 22]
# 然后，使用 NumPy 进行分析：
# 步骤 1：导入 NumPy 库
import numpy as np
# 步骤 2：将列表转换为 NumPy 数组
ages = np.array(employee_ages)
# 步骤 3：计算基本统计数据
# 计算平均年龄
average_age = np.mean(ages)
# 计算最大年龄
max_age = np.max(ages)
# 计算最小年龄
min_age = np.min(ages)
# 步骤 4：打印结果
print(f" 员工的平均年龄为：{average_age} 岁 ")
print(f" 员工的最大年龄为：{max_age} 岁 ")
print(f" 员工的最小年龄为：{min_age} 岁 ")
```

运行结果：

```
员工的平均年龄为：34.6 岁
员工的最大年龄为：50 岁
员工的最小年龄为：22 岁
```

【综合案例 3-2】使用二维数组来创建运动员的身体体质数据，例如，身高和体重。模拟创建一个二维数组 heights 来表示 5 个运动员的身高和体重。然后，使用 np.mean() 函数计算了每个运动员的平均身高和体重对应的平均身高。axis=1 表示在每一行上取平均值，axis=0 表示在每一列上取平均值。

案例实现：

```
improt numpy as np
# 假设有 5 个运动员的身高和体重数据
heights = np.array([[180, 175],
                    [170, 165],
                    [160, 155],
                    [150, 145],
                    [140, 135]])

# 打印身高数据
print(" 基本数据 :\n", heights)
# 输出身高大于 170 的运动员
mask=heights[:,0]>170
print(mask)
print(heights[mask])
# 计算平均身高
mean_height = np.mean(heights, axis=1)      # axis=1 表示在每一行上取平均值
print(" 平均身高 :\n", mean_height)
# 计算平均体重对应的平均身高
mean_bmi = np.mean(heights, axis=0)         # axis=0 表示在每一列上取平均值
print(" 平均体重对应的平均身高 :\n", mean_bmi)
```

运行结果：

```
基本数据 :
 [[180 175]
 [170 165]
 [160 155]
 [150 145]
 [140 135]]
[ True False False False False]
[[180 175]]
平均身高 :
 [177.5 167.5 157.5 147.5 137.5]
平均体重对应的平均身高 :
[160. 155.]
```

通过两个简单的应用实例，可以看到 NumPy 如何轻松地处理数据并进行基础统计分析。这在数据科学和分析领域是非常常见的操作。NumPy 的强大之处在于它提供了快速、高效的数组操作能力，极大地提高了数据处理效率。

拓展与练习

1. 使用 array() 函数创建数组对象，存储三位同学的年龄、性别、身高和体重的数据值。

2. 国际奥委会同意从 2023—2024 赛季起将短道速滑比赛的年龄限制从 15 岁提高到 17 岁。请使用随机函数 unifrom() 模拟创建 10 名短道速滑运动员的年龄，范围是 17 ～ 61 岁。

3. 请使用 arange() 函数生成的 1 ～ 50 以内的所有奇数序列，并创建 5 行 5 列二维数组。

4. 拓展并自主学习完成模拟信息采集中用户性别随机值0或1的生成。

5. 对表3-1所示的运动健康监测表数据进行切片选取。

```
    Val=np.array([[50,2,168,62,110,80],[55,1,156,85,140,90],[51,1,165,64,130,70],
[48,2,169,82,150,100],[47,1,156,56,100,60],[60,1,151,67,120,80],[61,1,157,
93,130,80]])
```

请按以下要求完成：

（1）选取最后一行市民的信息。

（2）筛选输出第四列体重超过80的市民信息并输出。

（3）筛选收缩压ah_hi的血压值大于100的值。

6. 创建100～1 000范围内的4行5列的随机数，并以整数形式显示的二维数组。

（1）选取并显示前三行数据信息。

（2）选取并显示前三列数据信息。

（3）选取并显示奇数行数据信息。

（4）选取并显示偶数行数据信息。

（5）选取并显示数值大于500的数据信息。

7. 在NumPy中，转置数组可以使用T属性或者numpy.transpose()函数实现，拓展并自主学习，尝试用代码实现数组转置的运行。

8. 拓展并思考其他复杂切片操作和表达式。

9. 模拟创建60～72范围内的3行4列的整数序列，并以整数形式显示的二维数组。

（1）选取并显示前两行数据信息。

（2）选取并显示前两列数据的最大值索引和最小值索引。

（3）显示数据的总分和平均值。

（4）显示数值大于500的数据信息。

10. 自主学习拓展NmuPy中关于np.eye()函数，它是创建一个对角线元素为1，其余元素为0的数组统计函数，理解其用法，并尝试用代码实例运行。

11. 自主学习拓展NmuPy中关于np.median()函数，它是可以沿轴（axis）方向计算数组中的中位数，理解其用法，并尝试用代码实例运行。

12. 综合应用：中国国家跳水队是中国体育王牌中的王牌，有跳水梦之队的美誉。请模拟创建跳水运动的成绩。包含基础分和难度分。其中，基础分是5位裁判分别给出的分数，去掉最高分和最低分，然后求和。最终分数是基础分乘以难度分。例如，如果基础分为26.7分，难度分为3.4分，那么最终分数为26.7乘以3.4，即90.78分。

（1）随机函数模拟创建一维数组dif，代表8位运动员的难度系数，数值范围2.5～4.1分。

（2）随机函数模拟创建8行5列的二维数组socre，代表8位运动员的裁判打分，数值范围在0～10分。

（3）请通过数组切片操作和统计函数，统计并计算输每位运动员的最终成绩。

13. 请结合学生一卡通学生卡校内的月消费情况，模拟生成数据，实现创建数组、数组属性信息的显示及通过合理的数组切片操作，完成数据信息的统计计算，包括消费最高值、最低值，月消费总和及平均值，月消费金额低于平均值的人数等。

第4章 数据清洗与统计

在数据科学中，数据清洗与统计是至关重要的环节。数据清洗旨在纠正、删除或替换不准确、不完整、格式错误或重复的数据，以确保数据质量和可靠性，为后续的数据分析奠定坚实基础。统计方法则帮助理解和描述数据的分布、中心趋势及离散程度，是数据挖掘和预测建模的基础。通过合理的统计手段，能够洞察数据的内在规律，为决策提供科学依据。通过本章的学习，读者将能够更好地理解数据预处理的重要性，并掌握一系列实用的数据清洗与统计方法。

知识结构图

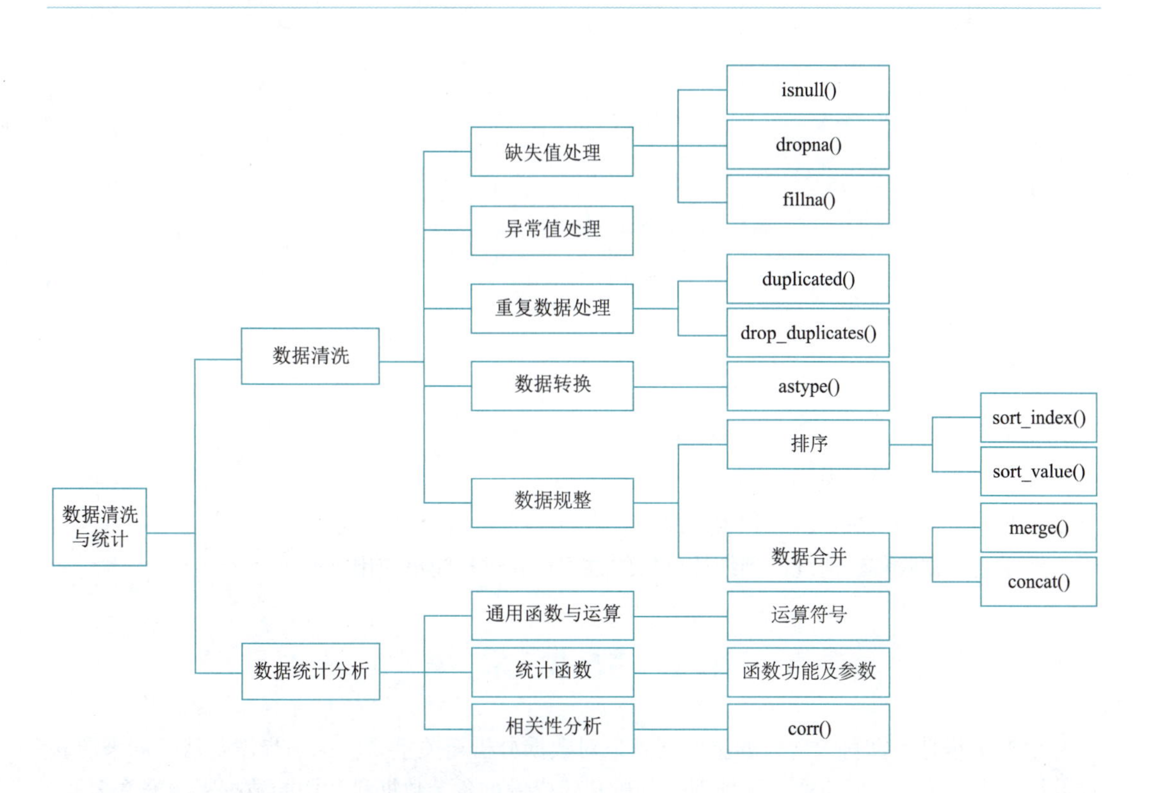

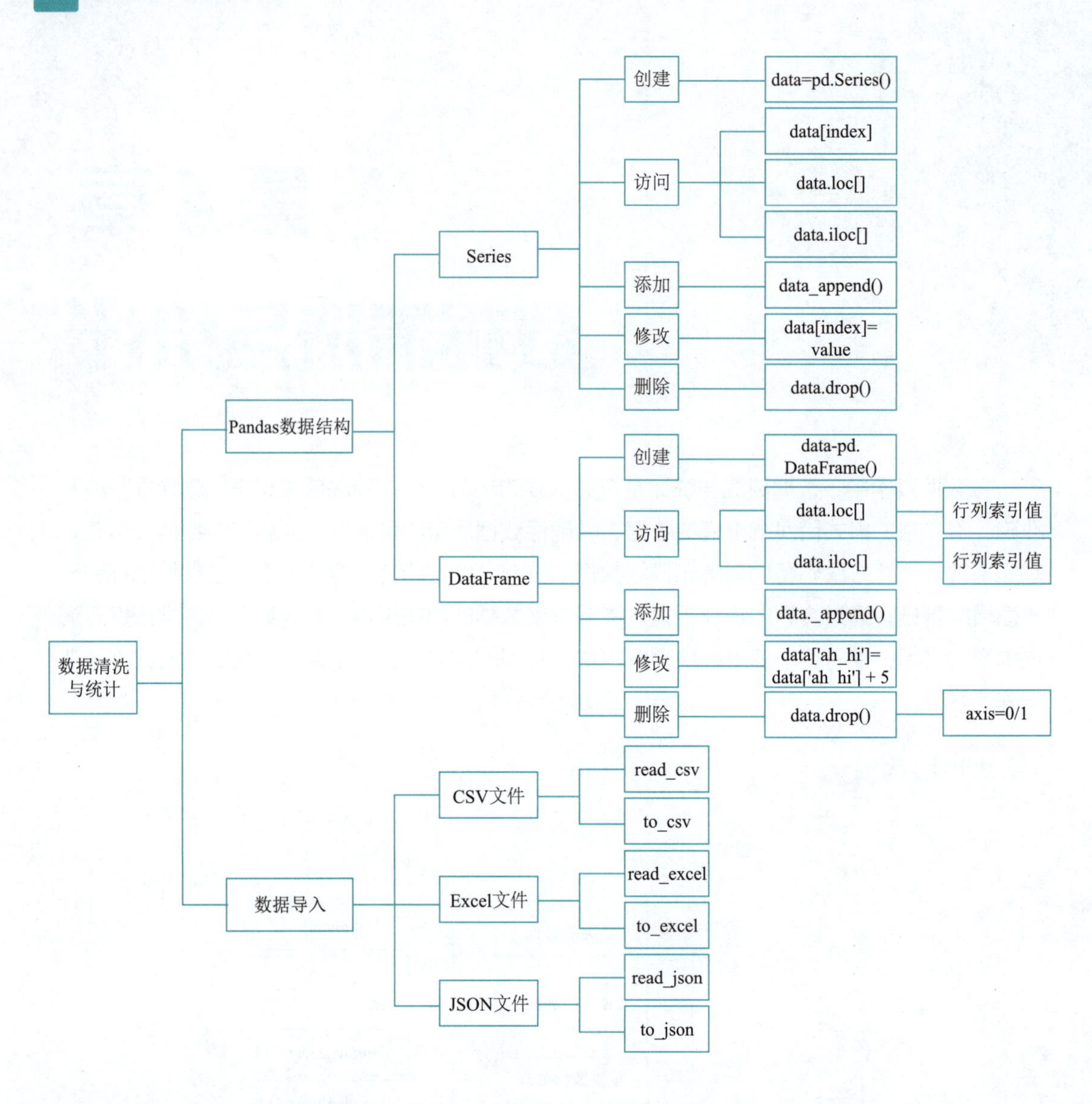

学习目标

◎掌握 Pandas 库的常用数据对象。

◎掌握数据的导入方式。

◎掌握数据的清洗、规整和统计操作。

◎学会数据收集、清洗，到统计分析的过程，并进行简单应用。

4.1 数据采集

数据采集是数据科学项目的重要起点，对数据分析至关重要。这一步需要从不同来源获取数据，为后续的数据清洗、预处理、分析和建模做准备。数据科学中的数据来源非常多样，采集这些数据要使用到很多技术手段。

4.1.1 数据来源概述

在数据科学中，数据来源广泛且多样。了解并掌握这些数据来源对于成功进行数据分析和建模至关重要。以下是一些常见的数据来源：

1. 公开数据集

公开数据集是数据科学研究和教学的重要资源。许多政府机构、研究机构和公司会发布公开数据集，这些数据集涵盖了各种领域，如经济、社会、科技、环境等。

采集方法有：

- 使用数据库查询语言（如 SQL）从公共数据库中获取数据。
- 评估并购买市场调研数据、专业数据库等，确保数据的合法性和道德性。

2. 企业内部数据

企业在进行业务运营过程中会产生大量数据，如销售数据、客户数据、产品数据等。这些数据对于企业的决策和优化具有重要意义。

采集方法有：

- 内部文档和报告收集。
- 员工调研和反馈手机。

3. 网络数据

通过网络爬虫技术或 API 接口从互联网上抓取或获取的数据。

采集方法有：

- 使用网站和应用程序的 API 接口获取数据，遵守相关使用协议和限制。
- 编写爬虫程序抓取没有提供 API 接口的网页数据，遵守爬虫协议。

4. 传感器数据

物联网技术的发展使得传感器数据成为重要的数据来源。传感器可以收集各种类型的数据，如温度、湿度、压力、声音等。

采集方法有：

- 直接读取法，比如实时或定期从传感器读取原始数据。
- 物联网平台，通过云平台收集、监控和分析传感器数据。

5. 社交媒体数据

社交媒体平台如微博、微信、抖音等产生了大量用户生成的内容，这些数据对于研究用户行为、情感分析等领域具有重要意义。

采集方法有：

- 根据需求选择合适的第三方采集工具与平台进行数据采集。
- 使用社交媒体平台提供的 API 接口。

综上所述，数据采集是数据科学项目中不可或缺的一环。掌握各种数据来源和采集技术手段对于成功进行数据分析和建模至关重要。同时，在采集数据时，务必考虑数据的合法性、道德性和可用性，以确保数据的质量和适用性。例如，在使用公开数据集时，需要注意数据的来源和采集方式是否合法，以及数据是否经过适当的预处理和清洗，以确保其准确性和可靠性。同样，在采集企业内部数据时，需要遵守企业的数据安全和隐私政策，确保数据的合法性和道德性。

4.1.2 简单爬虫示例

爬虫技术，也被称为网络爬虫或网络蜘蛛，是一种能够自动化地从互联网上获取信息的程序。它通过模拟浏览器行为发送请求，然后解析从服务器返回的网页内容，以此方式提取所需的数据。在进行数据收集时，爬虫的工作流程通常涵盖几个关键步骤：首先发送请求，接着接收并解析 HTML 页面，然后提取页面中的有用信息，并最终将这些数据存储起来。在执行这些步骤的过程中，爬虫必须严格遵守特定的网络协议，如 HTTP。然而，随着爬虫技术的广泛应用，反爬虫机制如 IP 限制和验证码验证等也日益增加，为数据收集带来了挑战。为了应对这些难题，爬虫程序往往采用诸如使用代理 IP、模拟人工操作等策略。展望未来，爬虫技术预计将朝着更加智能化和自动化的方向发展，但同时，数据隐私和安全性的问题也将受到越来越多的关注和重视。

例 4-1 一个简单的新闻信息 HTML 文件，针对这个页面，设计一个 Python 爬虫脚本来抓取其中的新闻信息，并保存到对应的 Excel 文件中。

请确保安装了 Python 和 request（用于发送 HTTP 请求）、beautifulsoup4（用于解析 HTML 页面）库，如果尚未安装这些库，可以通过 pip 命令进行安装。

new.html 的 HTML 文件内容如下：

```
<!DOCTYPE html>
<html lang="en">
<head>
    <meta charset="UTF-8">
    <meta name="viewport" content="width=device-width, initial-scale=1.0">
    <title>新闻页面</title>
</head>
<body>
    <div class="news-container">
        <div class="news-item">
            <h2 class="news-title">新闻标题 1</h2>
            <p class="news-content">这是新闻内容 1，包含了重要的新闻信息。</p>
            <p class="news-date">2023-04-01</p>
        </div>
        <div class="news-item">
            <h2 class="news-title">新闻标题 2</h2>
            <p class="news-content">这是新闻内容 2，同样包含了重要的新闻信息。</p>
            <p class="news-date">2023-04-02</p>
        </div>
        <!-- 可以继续添加更多的新闻项 -->
    </div>
</body>
</html>
```

爬虫代码如下：

```
import pandas as pd
from bs4 import BeautifulSoup
# 假设 news.html 文件与 Python 脚本在同一目录下
with open('new.html', 'r', encoding='utf-8') as file:
    html_content = file.read()
```

```
    # 使用 BeautifulSoup 解析 HTML
    soup = BeautifulSoup(html_content, 'html.parser')
    # 找到所有新闻项
    news_items = soup.find_all('div', class_='news-item')
    # 创建一个空的 DataFrame 来存储新闻信息
    news_df = pd.DataFrame(columns=['标题', '内容', '日期'])
    # 遍历新闻项，提取标题、内容和日期，并添加到 DataFrame 中
    for news_item in news_items:
        title = news_item.find('h2', class_='news-title').get_text()
        content = news_item.find('p', class_='news-content').get_text()
        date = news_item.find('p', class_='news-date').get_text()
        # 将新闻信息作为一行添加到 DataFrame 中
        news_df = news_df._append({'标题': title, '内容': content, '日期':
date}, ignore_index=True)
    # 将 DataFrame 写入 Excel 文件
    news_df.to_excel('news_info.xlsx', index=False)
    print('新闻信息已成功保存到 Excel 文件中。')
```

这段代码首先读取 new.html 文件的内容，并使用 BeautifulSoup 解析 HTML。然后，它找到所有包含新闻信息的 <div> 元素，并遍历这些元素以提取标题、内容和日期。提取的信息被添加到一个 DataFrame 中，最后该 DataFrame 被写入名为 news_info.xlsx 的 Excel 文件。运行这段代码后，将得到一个包含新闻信息的 Excel 文件。最后生成的数据文件如图 4-1 所示。

A	B	C
标题	内容	日期
新闻标题1	这是新闻内容1，包含了重要的新闻信息。	2023-04-01
新闻标题2	这是新闻内容2，同样包含了重要的新闻信息。	2023-04-02

图 4-1　新闻爬虫结果

由于这是一个虚构的网站，需要将 URL 替换为实际网站的 URL。网站的结构可能会改变，这意味着代码中的类名（如 class_='job-listing'、class_='job-title' 等）可能需要相应地更新。在实际使用中，请遵守目标网站的 robots.txt 规则，并注意不要对网站服务器造成过大负担。强调合法、合规地使用爬虫，并尊重网站的版权和数据所有权。

4.2　Pandas 数据结构

Pandas 是由 PyData 团队开发的优秀 Python 数据分析工具包，可以处理包含不同类型数据的复杂表格和时间序列。Pandas 基于 NumPy 提供了更方便的数据加载方法，包括从各种数据源汇集数据，处理缺失数据，对数据进行切片、聚合、整理和汇总统计，实现数据可视化等。

在 Anaconda 中，已经默认安装了统计分析库 Pandas，使用前只需导入即可。使用 Pandas 进行数据分析时，通常也会用到 NumPy 的函数，可同时导入：

```
>>> import pandas as pd
>>> import numpy as np
```

Pandas 设计了两种新型数据结构——Series 和 DataFrame。它将多种数据类型的一维、二

维，甚至多维数据组织成类似于 Excel、数据库的表结构，以方便处理关系型数据库。由于数据分析过程中需反复使用 Series 和 DataFrame，所以将其导入本地命名空间：

```
>>> from pandas import Series,DataFrame
```

使用时就不需要再加上 pd。

在 IDLE 中则需要安装这两个库才可使用。

4.2.1 Series 对象

Series 对象是 pandas 软件库中最基本的数据结构之一，它类似于一维数组，它由两部分组成：值（values）和索引（index）。Series 可以看作是一个有序的字典，其中索引默认是从 0 开始的整数，但也可以自定义。

- 值（values）：可以存储任何类型的数据，如整数、浮点数、字符串等。
- 索引（index）：用于标识每个数据点的标签，可以是整数、字符串、日期等类型。

1. 创建 Series 对象

基本语法格式：

```
Series(data=None,index=None,dtype=None,name=None,copy=False,…)
```

其中，data 表示输入的数据，可以是列表、NumPy 数组、字典等；index 表示索引列表，如果不指定，则默认为从 0 开始的整数索引；dtype 为数据类型，如果不指定，Pandas 会自动推断数据类型；name 则为 Series 对象的名称。

例 4-2　假设有一组房地产数据，包括不同房屋的面积（平方米）信息，创建 Series 对象来存储这些数据。

```
>>> house_areas = pd.Series([80, 120, 100, 150], index=['A', 'B', 'C', 'D'],
name='Area (m²)')
>>> house_areas
A     80
B    120
C    100
D    150
Name: Area (m²), dtype: int64
```

house_areas 对象的 data 数据是一个 int64 数据列表，index 是一个字符串列表，意味着’A’房屋对应的面积是 80 m^2。Series 数据中的索引和值一一对应，类似于 Python 字典数据，所以也可以通过字典数据来创建 Series，由于字典结构是无序的，因此这里返回的 Series 也是无序的，但依旧可以通过 index 指定索引的排列顺序。

```
>>> house_areas = pd.Series({'A':80,'B':120,'C':100,'D':150},name='Area (m²)')
```

例 4-3　运动健康监测系统，监测项目包含年龄、性别、身高、体重、收缩压和舒张压，创建 Series 对象来存储表 3-1 中所有人的收缩压，利用 num 列为索引。

```
>>> ap_hi=pd.Series([110,140,130,150,100,120,130])
>>> ap_hi
0    110
1    140
2    130
```

```
3     150
4     100
5     120
6     130
dtype: int64
```

Series 数据可以通过使用 Series 类的构造函数创建，在其中可以传入列表或者字典。

在 Series 数据中，索引在左边，值在右边。可以看出，如果没有指定一组数据作为索引的话，Series 数据会以 0 到 N-1（N 为数据的长度）作为索引，也可以通过指定索引的方式来创建 Series 数据。这里可以指定表 3-1 中的 num 列作为索引。

```
>>> num=[1,2,3,4,5,6,7]
>>> ap_hi=pd.Series([110,140,130,150,100,120,130],index=num,name="health")
>>> ap_hi
1     110
2     140
3     130
4     150
5     100
6     120
7     130
Name: health, dtype: int64
```

2. Series 对象的操作

Series 对象有 values 和 index 属性，可返回值数据的数组形式和索引对象。Series 与普通的一维数组相比，其具有索引对象，可通过索引来获取 Series 的单个或一组值。Series 运算始终都会保留索引和值之间的链接。

Series 数据的选取较为简单，使用方法类似于 Python 的列表，不仅可以通过 0 到 N-1（N 是数据长度）来进行索引，同时也可以通过设置好的索引标签来进行索引。Series 对象的数据选取方法见表 4-1。

表 4-1　Series 对象的数据选取方法

选取类型	选取函数	函数参数	函数功能
基于索引选取	obj.loc[index] obj[index]	索引标签	使用显式索引标签来选取数据。可以选取单个元素，也可以选取一段连续或不连续的数据区间
基于位置选取	obj.iloc[loc] obj[loc]	位置索引（整数）	使用隐式位置索引（从 0 开始的整数）来选取数据。同样适用于选取单个元素或数据区间，但依据的是数据在 Series 中的位置，而非索引标签
条件筛选	Obj[布尔条件]	条件表达式	使用布尔条件表达式对 Series 进行筛选，返回满足条件的元素。条件表达式的结果是一个布尔 Series，其中 True 表示该位置的元素满足条件，False 表示不满足

例 4-4　使用例 4-3 创建的健康监测 Series 对象，实现对人员的收缩压信息的查询、增加、删除和修改操作。

（1）数据访问。

```
>>> ap_hi.loc[2]              # 检索 num 号为 2 的人员的收缩压值
140
>>> ap_hi[2]                  # 与上面操作等价
>>> ap_hi.loc[[1,2,3]]        # 检索 num 号为 1,2,3 的人员的收缩压，利用索引选取
```

```
1     110
2     140
3     130
Name: health, dtype: int64
>>> ap_hi.iloc[[0,1,2]]         # 检索 num 号为 1,2,3 的人员的收缩压，利用位置选取
1     110
2     140
3     130
Name: health, dtype: int64
>>> ap_hi.loc[1:3]              # 检索 num 号为 1,2,3 的人员的收缩压，利用索引选取
1     110
2     140
3     130
Name: health, dtype: int64
>>> ap_hi.iloc[0:2]             # 检索 num 号为 1,2 的人员的收缩压，利用位置选取
1     110
2     140
Name: health, dtype: int64
```

Series 的切片运算与 Python 列表略有不同，如果是利用索引的下标进行切片，则末端不被包含，如果是利用索引标签切片，其尾端是被包含的。

```
>>> ap_hi[ap_hi.values>=130]  # 条件筛选，检索收缩压大于等于 130 的人员
2     140
3     130
4     150
7     130
Name: health, dtype: int64
```

（2）添加一条 num 为 8 的收缩压为 160 的信息。

```
>>> ap_hi = ap_hi._append(pd.Series([160], index=[8], name="health"))
# 如果要增加的数据已经以 Series 的形式存在，则可以使用 Series._append 方法进行追加
#._append() 函数生成新的数据对象，原数据对象不变，需要重新赋值才能保留添加结果
>>> ap_hi
1     110
2     140
3     130
4     150
5     100
6     120
7     130
8     160
Name: health, dtype: int64
>>> ap_hi[8]=160          # 也可以直接通过新的索引来增加数据。
```

（3）将 num 为 8 的人员收缩压修改为 200。

```
>>> ap_hi[8]=200          # 直接使用索引赋值，实现单个数据修改
>>> ap_hi[2:4]=130        # 使用索引切片，实现多个数据修改
>>> ap_hi
1     110
2     140
```

```
3     130
4     130
5     100
6     120
7     130
8     200
Name: health, dtype: int64
Series 对象创建后，可以修改值，也可以修改索引，用新的列表替换即可。
>>> ap_hi.index=['A','B','C','D','E','F','G','H']
>>> ap_hi
A     110
B     140
C     130
D     130
E     100
F     120
G     130
H     200
Name: health, dtype: int64
```

（4）删除 num 为 8 的人员。

对于 Series 来说，删除就意味着删除某个元素，在 Series 中，要删除单个元素，直接通过索引指定即可。如果需要同时删除多个元素，则可以在 drop () 方法中传入一个 Series 索引的列表。

```
>>> ap_hi.drop(8)          #Series 的 drop 函数不删除原始对象数据，可查看 ap_hi
>>> s=ap_hi.drop([3,5])              # 删除多个数据，并生成新的对象 s
>>> s
1     110
2     140
4     130
6     120
7     130
Name: health, dtype: int64
```

如果希望在 drop() 方法中，直接修改原有的数据，则可以添加 inplace 参数，并将其指定为 True，示例如下：

```
>>> ap_hi.drop([3,5],inplace=True)   # 可查看 ap_hi
```

4.2.2　DataFrame 数据

1. DataFrame 数据创建

在数据科学中，DataFrame 是 Pandas 库中用于存储和操作结构化数据的主要数据结构。无论是创建数据或导入的外部数据，通常都需要将其转换为 DataFrame 结构。 DataFrame 是一个二维表数据结构，即由行列数据组成的表格。

DataFrame 既有行索引也有列索引，行索引为 index 对象，每一行可以理解成一条记录；列索引 columns 对象，可以看成是二维数据的表头数据；values 对象可以是一个二维数组数据，也可将每一列可看一个 Series，每列可以是不同的值类型（数值、字符串、布尔型值），结果如图 4-2 所示。

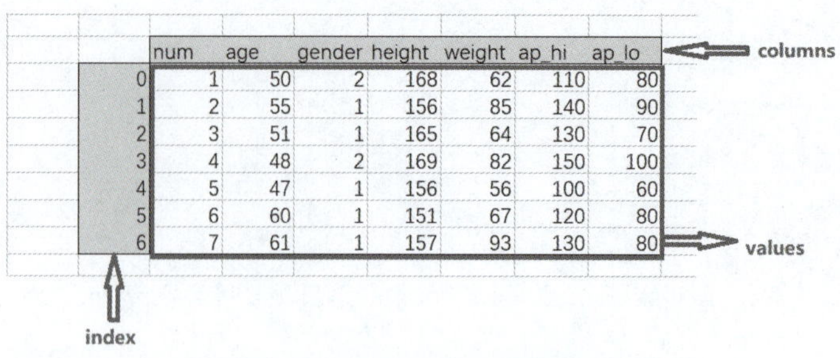

图 4-2　DataFrame 数据结构

DataFrame 创建基本格式：

```
df = pd.DataFrame(data=None, index = None, columns = None, dtype = None, copy= False)
```

参数说明：

• data：具体数据，可以是字典、二维数组、Series、DataFrame 或其他可转换为 DataFrame 的对象。如果不提供此参数，则创建一个空的 DataFrame。

• index：可选参数，行索引；行索引，用于标识每行数据。可以是列表、数组、索引对象等。如果不提供此参数，则创建一个默认的整数索引。

• columns：可选参数，列索引；列索引，用于标识每列数据。可以是列表、数组、索引对象等。如果不提供此参数，则创建一个默认的整数索引。

• dtype：可选参数，列的数据类型。

• copy：可选参数，为布尔值，默认为 False，即不支持复制。

例 4-5　创建 DataFrame 对象 df，参照表 3-1。记录运动健康监测表中的年龄、性别、身高、体重、收缩压和舒张压等数值项。

这里使用 numpy 中的 array 创建二维数组，没有设定索引，则默认情况下，索引将是 range(n)，其中 n 是数组长度。

```
>>> Val=np.array([[50,2,168,62,110,80],[55,1,156,85,140,90],[51,1,165,64,
130,70],[48,2,169,82,150,100],[47,1,156,56,100,60],[60,1,151,67,120,80],[61,
1,157,93,130,80]])
>>> df=pd.DataFrame(Val)
>>> df
   0  1    2   3    4    5
0  50  2  168  62  110   80
1  55  1  156  85  140   90
2  51  1  165  64  130   70
3  48  2  169  82  150  100
4  47  1  156  56  100   60
5  60  1  151  67  120   80
6  61  1  157  93  130   80
>>> cols=['age','gender','height','weight','ah_hi','ap_lo']
>>> df=pd.DataFrame(Val,columns=cols)  # 带列索引的 DataFrame
>>> df
   age  gender  height  weight  ah_hi  ap_lo
0   50       2     168      62    110     80
1   55       1     156      85    140     90
2   51       1     165      64    130     70
3   48       2     169      82    150    100
4   47       1     156      56    100     60
```

```
5   60        1       151       67    120      80
6   61        1       157       93    130      80
```

DataFrame 也可以使用字典来创建，例如，从 data 数据取其中的三列数据 age、gender、height 构成一个字典数据，其中字典的键成为 DataFrame 列名，值成为 DataFrame 列数据。

```
>>> data={'age':[50,55,51,48,47,60,61],'gender':[2,1,1,2,1,1,1],'height':[168,
156,165,169,156,151,157]}
>>> df2=pd.DataFrame(data,index=[1,2,3,4,5,6,7])    #带行索引的 DataFrame
>>> df2
   age  gender  height
1   50       2     168
2   55       1     156
3   51       1     165
4   48       2     169
5   47       1     156
6   60       1     151
7   61       1     157
```

2. DataFrame 数据操作

1）DataFrame 的基本属性和通用方法

DataFrame 对象有许多属性和方法，用于数据操作、索引和处理，例如，shape、columns、index、head()、tail()、info()、describe()、mean()、sum() 等。利用例 4-5 中创建的数据对象 df 为例，示例如下：

```
>>> print(df.shape)     #DataFrame 形状
(7, 6)
>>> print(df.columns)  #DataFrame 列名
Index(['age', 'gender', 'height', 'weight', 'ah_hi', 'ap_lo'], dtype='object')
>>> print(df.index)     #DataFrame 索引
RangeIndex(start=0, stop=7, step=1)
>>> print(df.head())    # 打印前几行数据，默认是前 5 行
   age  gender  height  weight  ah_hi  ap_lo
0   50       2     168      62    110     80
1   55       1     156      85    140     90
2   51       1     165      64    130     70
3   48       2     169      82    150    100
4   47       1     156      56    100     60
>>> print(df.tail())   #DataFrame 后几行数据，默认是后 5 行
   age  gender  height  weight  ah_hi  ap_lo
2   51       1     165      64    130     70
3   48       2     169      82    150    100
4   47       1     156      56    100     60
5   60       1     151      67    120     80
6   61       1     157      93    130     80
>>> print(df.info())    #DataFrame 数据信息
<class 'pandas.core.frame.DataFrame'>
RangeIndex: 7 entries, 0 to 6
Data columns (total 6 columns):
 #   Column  Non-Null Count  Dtype
---  ------  --------------  -----
 0   age     7 non-null      int32
 1   gender  7 non-null      int32
 2   height  7 non-null      int32
```

```
   3   weight  7 non-null      int32
   4   ah_hi   7 non-null      int32
   5   ap_lo   7 non-null      int32
dtypes: int32(6)
memory usage: 296.0 bytes
None
>>> print(df.describe())          # 描述数据的统计信息
             age     gender       heigh     weight       ah_hi       ap_lo
count   7.000000  7.000000    7.000000   7.000000    7.000000    7.000000
mean   53.142857  1.285714  160.285714  72.714286  125.714286   80.000000
std     5.639993  0.487950    6.969321  13.852969   17.182494   12.909944
min    47.000000  1.000000  151.000000  56.000000  100.000000   60.000000
25%    49.000000  1.000000  156.000000  63.000000  115.000000   75.000000
50%    51.000000  1.000000  157.000000  67.000000  130.000000   80.000000
75%    57.500000  1.500000  166.500000  83.500000  135.000000   85.000000
max    61.000000  2.000000  169.000000  93.000000  150.000000  100.000000
>>> print(df.mean())      # 求平均值
age        53.142857
gender      1.285714
height    160.285714
weight     72.714286
ah_hi     125.714286
ap_lo      80.000000
dtype: float64
>>> print(df.sum())      # 求和
age        372
gender       9
height    1122
weight     509
ah_hi      880
ap_lo      560
dtype: int64
```

2）DataFrame 数据访问

DataFrame 数据的选取类似二维数组，可选取行，也可以选取列，还可以同时选取行和列。

Pandas 提供了多种数据选取方法，包括基于索引选取、基于位置选取和条件筛选。表 4-2 是针对这三种不同选取类型的函数及函数参数、函数功能的介绍。

表 4-2 DataFrame 数据的选取

选取类型	选取函数	函数参数	函数功能
基于索引选取	Obj[col]	索引标签	允许用户通过行标签和列标签来精确选择数据。支持切片操作，可以选取单个元素、连续区间或不连续的数据点。但切片时包含起始标签，不包含结束标签
	Obj[colList]		
	Obj.loc[index,col]		
	Obj.loc[indexList,colList]		
基于位置选取	Obj.iloc[iloc,cloc]	位置索引（整数）	基于整数位置的索引，允许用户通过行号和列号来选择 DataFrame 中的数据。它同样支持切片操作，适用于需要根据数据在 DataFrame 中的相对位置来选取数据的情况
	Obj.iloc[ilocList,clocList]		
	Obj.iloc[a:b,c:d]		
条件筛选	Obj[布尔条件]	条件表达式	使用布尔条件表达式对 DataFrame 进行筛选，返回满足条件的行。条件表达式的结果是一个布尔 DataFrame，其中 True 表示该位置的行满足条件，False 表示不满足。通过布尔索引，用户可以灵活地根据自定义条件选取数据

例 4-6　使用例 4-5 创建的 DataFrame 对象 df，实现对健康数据的查询、增加、删除和修改。

（1）数据查询。

```
# 单列查询，获取所有人员的年龄
>>> print("单列查询（使用列名）:")
>>> print(df['age'])
>>> print("\n 单列查询（使用 loc）:")
>>> print(df.loc[:, 'age'])  # 行索引用 ":"，表示所有行

# 多列查询，获取年龄和性别两列的所有数据
>>> print("\n 多列查询（使用列名列表）:")
>>> print(df[['age', 'gender']])
>>> print("\n 多列查询（使用 loc）:")
>>> print(df.loc[:, ['age', 'gender']])

# 某行某列查询
>>> print("\n 某行某列查询（使用 loc）:")
>>> print(df.loc[0,'gender']) # 第 0 行，gender 列
>>> print("\n 某行某列查询（使用 iloc）:")
>>> print(df.iloc[0, 1])  # 第 0 行，第 1 列（gender）

# 多行多列查询
>>> print("\n 多行多列查询（使用 loc）:")
>>> print(df.loc[0:2, ['age', 'gender']]) # 前 3 行，'age' 和 'gender' 列
   age  gender
0  50       2
1  55       1
2  51       1
>>> print("\n 多行多列查询（使用 iloc）:")
>>> print(df.iloc[0:2,0:2])  # 前 2 行，'age' 和 'gender' 列，注意和 loc 切片的区别
   age  gender
0  50       2
1  55       1
>>> print(df.iloc[[1,3],[0,3]])  # 不连续的行列，取第二行和第四行的第一列及第四列
   age  weight
1  55       85
3  48       82
>>> print(df[1:3])                # 选取行时，列的冒号：可以省略
   age  gender  height  weight  ah_hi  ap_lo
1  55       1     156      85    140     90
2  51       1     165      64    130     70
```

通过行索引标签或行索引下标（0 到 $N-1$）的切片形式可选取 DataFrame 的行数据。通过下标的方式，末端不被包含在内，通过索引标签的形式，末端也会被包含在内。

```
# 布尔选择查询
# 筛选出收缩压小于 140 的人员信息
>>> peo=df[df['ah_hi']<140]
>>> peo
   age  gender  height  weight  ah_hi  ap_lo
```

```
0   50     2     168    62    110     80
2   51     1     165    64    130     70
4   47     1     156    56    100     60
5   60     1     151    67    120     80
6   61     1     157    93    130     80
>>> mask=df['ah_hi']<140        # 生成一个布尔 dataframe，选中为 True 的行
>>> mask
0     True
1    False
2     True
3    False
4     True
5     True
6     True
Name: ah_hi, dtype: bool
>>> peo=df[mask]                # 等价于 peo=df[df['ah_hi']<140]
>>> peo=df.loc[mask,['age','ap_lo']]
>>> peo
   age  ap_lo
0   50     80
2   51     70
4   47     60
5   60     80
6   61     80
```

通过布尔索引，用户可以直接获取满足条件的行子集，这对于数据分析和处理中的过滤操作非常有用。它允许用户根据自定义的条件表达式来选取满足条件的行。条件表达式的结果是一个布尔 DataFrame，其中每个元素对应于原始 DataFrame 中的一行，True 表示该行的数据满足条件，False 表示不满足，比如前面的 mask 中 0、2、4、5、6 行是 True，则提取出的就是对应的这几行数据。

（2）添加数据。

在 DataFrame 中新增数据，包含新增行和新增列数据。在 DataFrame 中要新增行数据，类似于在数据库中追加记录，也可以使用 _append() 方法。在 DataFrame 中要添加新的列数据，可以直接通过列索引在最右侧添加，如果该列索引已经存在，则为修改原列的值。但如果希望添加的列数据在原来 DataFrame 中指定的位置，则可以使用 insert() 方法。

```
# 增加新列（BMI）
>>> df['bmi'] = df['weight']/((df['height']/100) ** 2)
>>> df
   age  gender  height  weight  ah_hi  ap_lo        bmi
0   50       2     168      62    110     80  21.967120
1   55       1     156      85    140     90  34.927679
2   51       1     165      64    130     70  23.507805
3   48       2     169      82    150    100  28.710479
4   47       1     156      56    100     60  23.011177
5   60       1     151      67    120     80  29.384676
6   61       1     157      93    130     80  37.729725
>>> new_row = {'age': 45, 'gender': 2, 'height': 170, 'weight': 70, 'ah_
hi': 125, 'ap_lo': 75, 'bmi': 70 / ((170 / 100) ** 2)}
```

```
>>> df = df._append(new_row, ignore_index=True)  #原df和new_row对象的合并，生成新对象
```

（3）修改数据。

修改 DataFrame 中的单个元素和修改列表（list）中的元素是很接近的，只要指定索引（标签）就可以了。多个数据修改，则要同时指定行索引和列索引。

```
>>> df['ah_hi'] = df['ah_hi'] + 5  #修改 'ah_hi' 这列数据
>>> df.loc[0, ['age', 'weight']] = [46, 72]  #修改第一行的 age 和 weight 的值
>>> df
   age  gender  height  weight  ah_hi  ap_lo        bmi
0  46.0    2.0   168.0    72.0  115.0   80.0  21.967120
1  55.0    1.0   156.0    85.0  145.0   90.0  34.927679
2  51.0    1.0   165.0    64.0  135.0   70.0  23.507805
3  48.0    2.0   169.0    82.0  155.0  100.0  28.710479
4  47.0    1.0   156.0    56.0  105.0   60.0  23.011177
5  60.0    1.0   151.0    67.0  125.0   80.0  29.384676
6  61.0    1.0   157.0    93.0  135.0   80.0  37.729725
7  45.0    2.0   170.0    70.0  130.0   75.0  24.221453
>>> df.loc[df['ap_lo']<=60,'ap_lo']=70
>>> df
   age  gender  height  weight  ah_hi  ap_lo        bmi
0  46.0    2.0   168.0    72.0  115.0   80.0  21.967120
1  55.0    1.0   156.0    85.0  145.0   90.0  34.927679
2  51.0    1.0   165.0    64.0  135.0   70.0  23.507805
3  48.0    2.0   169.0    82.0  155.0  100.0  28.710479
4  47.0    1.0   156.0    56.0  105.0   70.0  23.011177
5  60.0    1.0   151.0    67.0  125.0   80.0  29.384676
6  61.0    1.0   157.0    93.0  135.0   80.0  37.729725
7  45.0    2.0   170.0    70.0  130.0   75.0  24.221453
```

（4）删除数据。

对于 Series 来说，删除就意味着删除某个元素；对于 DataFrame 来说，删除就是删除行或列，因此在删除时不仅需要指定行列索引（标签），还需要指定按行或按列删除。示例如下：

```
>>> df2=df.drop([1,4])    #删除第二行和第五行，行索引为 1 和 4
>>> df2=df.drop([1,4],axis=0)  #等价于上面指令
>>> df2
   age  gender  height  weight  ah_hi  ap_lo        bmi
0  46.0    2.0   168.0    72.0  115.0   80.0  21.967120
2  51.0    1.0   165.0    64.0  135.0   70.0  23.507805
3  48.0    2.0   169.0    82.0  155.0  100.0  28.710479
5  60.0    1.0   151.0    67.0  125.0   80.0  29.384676
6  61.0    1.0   157.0    93.0  135.0   80.0  37.729725
7  45.0    2.0   170.0    70.0  130.0   75.0  24.221453
```

在 DataFrame 中，如果要删除列，则需要在 drop() 方法中指定参数 axis 为 1，下面的代码将删除“age”和“bmi”两列数据。

```
>>> df2=df.drop(['age','bmi'],axis=1)              #生成新数据对象 df2
>>> df2
  gender  height  weight  ah_hi  ap_lo
0    2.0   168.0    72.0  115.0   80.0
1    1.0   156.0    85.0  145.0   90.0
```

```
2      1.0    165.0    64.0  135.0   70.0
3      2.0    169.0    82.0  155.0  100.0
4      1.0    156.0    56.0  105.0   70.0
5      1.0    151.0    67.0  125.0   80.0
6      1.0    157.0    93.0  135.0   80.0
7      2.0    170.0    70.0  130.0   75.0
```

上述删除后，原数据不变。如果要删除原始数据的行或列，使用参数 inplace=True 即可。

```
>>> df2.drop(['ap_lo'],axis=1,inplace=True)   #不生成新数据对象
>>> df2
```

4.3 数据导入——基于 Pandas 库

数据分析工作中，数据来源的多样性是一个显著特点。这些数据可能源自各种文件、数据库、网络页面或应用程序接口等。以运动健康监测数据为例，这类数据经常被保存在 Excel 文件中以便于分析和处理。Pandas 库以其强大的数据处理能力，支持多种格式导入和导出数据，包括但不限于 CSV、TXT、Excel、HTML 等文件格式，同时也支持 MySQL、SQLServer 等数据库格式，以及 JSON 等 Web API 数据交换格式。本节将重点介绍如何使用 Pandas 导入 CSV、TXT 和 Excel 这三种常见数据文件，将外部数据转换为 DataFrame 数据，处理完成后再存储到相应的外部文件中。

4.3.1 读写 CSV 文件和 TXT 文件

1. 读取文本文件

Pandas 库提供了便捷的函数来读取表格型数据，并将其转化为 DataFrame 数据结构。其中，read_csv() 和 read_table() 函数是最常用的。read_csv() 函数主要用于读取以逗号分隔的数据文件，而 read_table() 函数则更为通用，可以读取以各种分隔符分隔的数据，其默认的分隔符是制表符。

Pandas 库中使用 read_csv() 函数来读取 CSV 文件：

```
    DataFrame=pd.read_csv(filepath_or_buffer,sep=',',delimiter=None,header='infer',
names=None, index_col=None,dtype=None,skiprows=None,nrows=None,encoding=None)
```

函数中的主要参数的说明见表 4-3。

表 4-3　文本读取函数的主要参数说明

参数名称	说　明
filepath_or_buffer	文件路径或类似文件的对象，指定要读取的 CSV 文件的位置
sep / delimiter	字段分隔符，默认为逗号（‘,’）。如果 CSV 文件使用了其他字符作为分隔符，可以通过这个参数指定
header	用作列名的行号，默认为 0（即第一行）。如果没有列名，可以设置为 None。也可以是一个整数列表，用于多级列索引
index_col	用作行索引的列编号或列名。如果给定一个序列，则会将这些列组合成一个多级索引
dtype	指定每列的数据类型。例如，{‘a’: int, ‘b’: float}
nrows	需要读取的行数
skiprows	需要忽略的行数或需要跳过的行号列表
encoding	用于读取文件的字符编码，例如，’ utf-8’

2. 读取 CSV 文件

对于标准的 CSV 文件，直接使用 read_csv() 函数即可轻松读取。然而，在实际应用中，CSV 文件的格式可能并不总是那么规整。这时，可以采用以下方法来解决遇到的问题：

1）指定列作为索引

默认情况下，读取的 DataFrame 的行索引是从 0 开始计数的。也可以根据需要，自由指定某一列或多列作为行索引。如果希望将多个列组合成一个层次化的索引，只需传入相应的列编号或列名列表即可。

```
import pandas as pd
# 指定第一列（序号列）为索引
df = pd.read_csv('studentsInfo1.csv', index_col=0,encoding='ANSI')
print(df)
```

运行结果如图 4-3 所示。

	性别	年龄	身高	体重	省份	成绩	月生活费	课程兴趣	案例教学
序号									
1	male	20.0	170	70.0	LiaoNing	NaN	800.0	5	4
2	male	22.0	180	71.0	GuangXi	77.0	1300.0	3	4
3	male	NaN	180	62.0	FuJian	57.0	1000.0	2	4
4	male	20.0	177	72.0	LiaoNing	79.0	900.0	4	4

图 4-3　设定列索引

如果想要将多列组合成一个层次化的索引，假设将第一列和第二列组合成层次化索引，代码如下：

```
df_multi_index = pd.read_csv('studentsInfo1.csv', index_col=[0, 1],encoding='ANSI')
```

2）标题行设置

有时，CSV 文件的数据并非从第一行或第一列开始，直接导入可能会导致数据错位，无法取得正确的结果。此时，可以通过 header 参数来指定正确的标题行，或者通过 names 参数来手动指定要导入的列名。

```
# 假设 CSV 文件的数据从第 2 行开始，skiprows 跳过前 1 行
df=pd.read_csv('studentsInfo2.csv',header=1,skiprows=1,encoding='ANSI')
```

3）自定义读取

出于数据本身的特点或分析需求，有时可能只需要读取文件中的部分行或列。这时，可以利用 skiprows 参数来跳过不需要的行，或者使用 nrows 参数来限制读取的行数。

```
#nrows 限制只读取前 5 行
df_first_10_rows=pd.read_csv('studentsInfo2.csv', header=1,nrows=5,encoding
='ANSI')
```

TXT 文件使用的分隔符可能并不是逗号，这时可以通过 read_table() 函数中的 sep 参数进行分隔符的指定。例如，文本文件“student2.txt”是用“\t”进行分割的，则可以用如下方法读取：

```
df=pd.read_table('student2.txt',header=None,delimiter='\t')
```

3. 文本数据的存储

在对数据进行处理和分析之后，通常会把数据存储起来。以CSV文件为例，可以使用DataFrame的to_csv()方法将数据保存为逗号分隔的CSV文件。例如，将“student2.txt”文件转换为CSV格式可以这样做：

```
df=pd.read_table('student2.txt ',header=None,delimiter='\t')
# 去除 df 默认的标题和索引，将数据存成 CSV 格式
df.to_csv('student2_to_csv.csv',header=None,index=None,sep=',')
```

4.3.2 读写Excel文件

读取Excel文件类似CSV文件，如果Excel文件中有多个工作表，可通过指定sheet_name参数来读取特定的工作表，其余参数含义一致。

```
pd.read_excel(filename, SheetName,…)
```

例4-7 读取“健康数据.xlsx”文件中的Sheet1信息，显示数据前5条信息，显示数据信息、各列的数据类型和数据基本统计描述。

```
import pandas as pd
# 这两个参数的默认设置都是 False，若列名有中文，展示数据时会出现对齐问题
pd.set_option('display.unicode.ambiguous_as_wide', True)
pd.set_option('display.unicode.east_asian_width', True)
# 读取数据
data = pd.read_excel('健康数据.xlsx', 'Sheet1')
# 查看数据信息
print(data.head())
print(data.shape)
print(data.dtypes)
print(data.describe())
```

将DataFrame数据保存为Excel文件非常简单，只需调用to_excel()函数即可。例如：

```
data.to_excel('output.xlsx')
```

4.3.3 读写JSON文件

1. 读取JSON文件

Pandas同样提供了直接从JSON文件中读取数据的功能，通过read_json()函数即可实现。例如，读取一个名为“food.json”的JSON文件：

```
import pandas as pd
df=pd.read_json('food.json')
print(df[:5])
```

2. 存储JSON文件

将DataFrame数据保存为JSON格式，我们可以使用to_json()函数。以下是一个示例，它首先将数据按“id”列进行降序排序，然后以“food_sort.json”的文件名保存：

```
df=df.sort_values(by='id',ascending=False)
df.to_json('food_sort.json')
```

4.4　数据的清洗与预处理

数据清洗与预处理是数据科学中的关键步骤，是确保数据质量、提高分析准确性的关键。它涉及对原始数据进行清理、转换和优化，以便于后续的分析和建模。本节将详细介绍缺失值处理、异常值检测与处理、去除重复数据以及数据类型转换等关键技术。

4.4.1　缺失值处理

在数据采集或录入过程中，由于各种原因，如设备故障、操作失误等，数据集中可能会出现缺失值。这些缺失值对于数据分析来说是无意义的，甚至可能导致分析结果的偏差。因此处理缺失值的目的是确保数据集的完整性和分析的准确性。

下面以读取 testdata.xlsx 文件数据为例讲解如何对数据进行缺失值处理。

1. 识别缺失值

识别缺失值是处理缺失值的第一步。对于大型数据集，人工检查缺失值是不现实的。在 Python 中，可以使用 pandas 库的 isnull() 和 notnull() 方法来快速识别出 DataFrame 中的缺失值。

例 4-8　读取 testdata.xlsx 文件数据，识别其中的缺失值。

```
import pandas as pd
stu = pd.read_excel('testdata.xlsx','orignal_data',index_col=0)
print(stu)
missing_values =  stu.isnull()
print(" 缺失值情况: \n",missing_values)
print(" 缺失值有 :\n",stu.isnull().sum())
print(stu.info())
```

代码将输出一个与原始 DataFrame 形状相同的布尔型 DataFrame 对象 missing_values，其中的 True 值表示相应位置的数据是缺失的。同时可以通过 sum() 或 info() 函数查看每列数据的缺失情况，以便后续处理。

2. 删除缺失值

当数据集中的缺失值不多，且对整体分析影响不大时，可以选择 pandas 的 dropna() 方法方便地删除包含缺失值的行或列。

dropna() 方法的格式：

```
DataFrame.dropna(axis=0, how='any', thresh=None, subset=None, inplace=False)
```

参数使用说明见表 4-4。

表 4-4　dropna() 方法参数使用说明表

参　数	类　型	默认值	描　述
axis	int	0	默认为 0，表示沿着行的方向删除包含 NaN 的行。如果设置为 1，则表示沿着列的方向删除包含 NaN 的列
how	str	‘any’	指定删除的条件。默认为 ‘any’，表示只要行或列中有一个 NaN 就删除该行或列。如果设置为 ‘all’，则只有当行或列中的所有值都是 NaN 时才删除
thresh	int	None	指定一个阈值，只有当行或列中非缺失值的数量小于该阈值时，才删除该行或列。例如，thresh=2 表示至少需要有 2 个非 NaN 值才保留该行或列
subset	list	None	指定在哪些列或行中检查缺失值。例如 ,subset=[‘A’ , ‘B’] 表示只在列’ A’ 和’ B’ 中检查缺失值

续表

参　数	类　型	默认值	描　述
inplace	bool	False	默认为 False，表示返回一个新的 DataFrame 或 Series，而不修改原始数据。如果设置为 True，则直接在原始数据上进行修改

例 4-9　对例 4-8 中识别出的缺失值进行删除处理。

```
df_cleaned = stu.dropna()                          # 删除包含缺失值的行，不修改原数据
print(df_cleaned)
```

由于 '细胞其他值 ' 这一列全部为空，所以此操作之后得到的 df_cleaned 对象数据为空。

```
df_cleaned_columns = stu.dropna(axis=1)     # 删除包含缺失值的列
print(df_cleaned_columns)
```

此操作删除包含缺失值的列，数据中除了 ' 性别 ' 列，其他列都被删除。

```
# 删除所有值都是缺失值的行
df_cleaned_all = stu.dropna(how='all')
print(df_cleaned_all)
```

此操作结果无效，因为不存在这样的行。

```
# 删除含有缺失值的指定列 ' 细胞其他值 '
df_cleaned_subset = stu.dropna(subset=[ ' 细胞其他值 '])
print(df_cleaned_subset)
# 删除全空的列 -' 细胞其他值 '
df_cleaned_all = stu.dropna(how='all',axis=1)
print(df_cleaned_all)
```

从前面的缺失值统计中可以看到 ' 细胞其他值 ' 列的缺失值个数和总记录数是一致的，判定该列是全部为空，因此所有的数据也会被删除。由此可见，采用上面的操作对当前数据进行清洗不太适合，因此可以根据前面的缺失值情况，可以采用阈值的方式，也就是删除有效数值数量大于等于阈值的行。

```
print(stu.dropna(thresh=8) ) # 有效数值数量 >=8，如果一行中有 2 个及以上缺失值
```

上述操作都不会对原对象数据修改，如果要对缺失值删除后的数据进行保存，则将 inplace 参数设置为 True。

```
stu.dropna(thresh=8,inplace=True)
```

操作完成后，可以继续用 stu.isnull().sum() 查看缺失值的情况，为后续填充工作做准备。

3. 填充缺失值

当数据量不足或缺失数据的行包含重要信息时，删除数据可能不是最佳选择。此时，可以使用 fillna() 方法将缺失值替换为特定的值，如均值、中位数或其他预定义的值。

fillna() 方法的格式：

```
DataFrame.fillna(value=None, method=None, axis=None, inplace=False, limit=None)
```

参数使用说明见表 4-5。

表 4-5　fillna() 方法参数使用说明

参　数	类　型	默认值	描　述
value	dict, Series, DataFrame 等	None	设定填充的值。可以是单个值、字典、Series 或 DataFrame
method	str	None	设定填充的方法。可选的值有 'ffill' 或 'pad'（向前填充）和 'bfill' 或 'backfill'（向后填充）。这些方法基于前面或后面的值来填充缺失值
axis	int	None	指定填充应沿哪个轴进行。默认为 0，表示沿着行的方向进行。1，表示按列填充
inplace	bool	False	指定是否在原 DataFrame 上进行修改。True：直接在原 DataFrame 上进行修改。False：返回一个新的 DataFrame，原 DataFrame 不变
limit	int	None	指定连续填充的最大数量。如果指定，则最多填充指定数量的缺失值

注意在使用 fillna() 方法之前，了解数据集中 NaN 值的分布和原因是很重要的，以便选择最合适的填充策略。填充缺失值可能会影响数据的统计特性和模型预测的准确性，因此应谨慎选择填充方法。有时，使用插值或基于模型的方法（如线性回归、决策树等）来预测和填充缺失值可能更为合理，这取决于具体的应用场景和数据特性。

上面删除缺失值之后，发现 '血小板计数' 列还有 75 个空值，这个数据特征可采用均值填充方法，按列来填充，需要构造 { 列名 : 填充值 } 形式的字典作为实参。

```
stu.fillna({'血小板计数':stu['血小板计数'].mean()}, inplace=True)
```

对于 '从事某工作年份' 中的空值可以采用一个固定值来填充，比如填充“2024”。

```
stu.fillna({'开始从事某工作年份':2024}, inplace=True)
```

最后使用 0 填充剩余其他的缺失值。

```
stu.fillna(0,inplace=True)
```

4.4.2　异常值检测与处理

异常值是数据集中明显偏离其他观测值的数值，可能是由于测量误差、数据录入错误或其他异常情况导致的。处理异常值的方法包括识别后删除或替换。

例 4-10　使用 IQR 方法来识别例 4-9 数据 stu 对象中 '血小板计数' 中的异常值，并处理。

1. 统计方法识别异常值

一种常用的识别异常值的方法是使用标准差或四分位数范围（IQR）。

```
Q1 = stu['血小板计数'].quantile(0.25)
Q3 = stu['血小板计数'].quantile(0.75)
IQR = Q3 - Q1
# 定义异常值的范围
outlier_step = 1.5 * IQR
# 判断是否为异常值
outlier_mask = (stu ['血小板计数']< (Q1 - outlier_step)) | (stu['血小板计数'] > (Q3 + outlier_step))
# 输出异常值
print(stu[outlier_mask])
```

2. 处理异常值的策略

一旦识别出异常值，可以选择删除包含异常值的行，或使用中位数、平均值等方法进行替换。例如，使用中位数替换异常值。

```
# 计算中位数
median = stu['血小板计数'].median()
# 定义替换函数
def replace_outliers_with_median(value):
    if (value < (Q1 - outlier_step)) or (value > (Q3 + outlier_step)):
        return median
    else:
        return value
stu['血小板计数'] = stu['血小板计数'].apply(replace_outliers_with_median)
print(stu)
```

异常值的识别除了用统计学方法识别，还可以用数据可视化的方式识别，比如利用散点图发现异常数据，或用箱线图分析异常数据。比如看看'白细胞计数'数据的异常情况：

```
import matplotlib.pyplot as plt
plt.boxplot(stu['白细胞计数'].values,notch=True)
```

运行结果如图 4-4 所示。

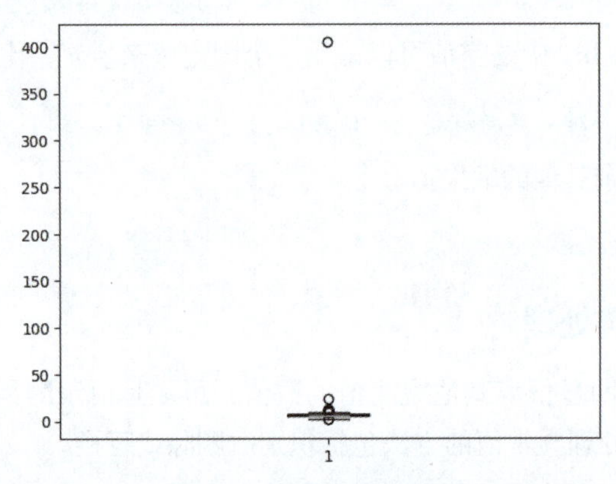

图 4-4　异常值箱线图

4.4.3 检测与处理重复数据

在数据处理过程中，经常会遇到重复数据的情况。这些重复数据可能是由于数据录入错误、数据合并等原因产生的。为了确保数据的准确性和一致性，需要去除这些重复数据。

Pandas 库提供 duplicated() 方法标记重复的行，然后用 drop_duplicates() 方法来删除这些重复的行。例如：

```
# 创建一个包含重复行的 DataFrame
df_dup = pd.DataFrame({'A': [1, 2, 2, 3], 'B': [4, 5, 5, 6]})
# 检测重复行
duplicates = df_dup.duplicated()
print(duplicates)
# 删除重复行
```

```
df_unique = df_dup.drop_duplicates()
print(df_unique)
```

在默认情况下，当每行的每个字段都相同时才会判断为重复项。当然，也可以通过指定部分列作为判断重复项的依据。例如，希望第 A 列重复的数据，都作为重复值处理，可以使用如下方法。

```
# 指定列判断重复行
df_no_duplicates_col = df.drop_duplicates(subset=['A'])
print(df_no_duplicates_col)
```

4.4.4　数据转换

在数据分析过程中，经常需要将数据从一种类型转换为另一种类型以满足分析需求。例如，可能需要将数值型数据转换为字符型数据以便于展示或进行某些特定操作；或者需要将日期和时间类型的数据转换为特定的格式以便于进行时间序列分析。

1. 类型转换

数据类型包括但不限于以下几种：整数类型（int8、int16、int32、int64、uint8、uint16、uint32、uint64）、浮点数类型（float16、float32、float64）、复数类型（complex64、complex128）、字符串类型（str 或 object 当列中包含混合数据类型时，通常会转换为 object 类型）、布尔类型 bool、日期和时间类型 [datetime64[ns]（纳秒级别的日期时间）]、分类类型 category、时间差类型 [timedelta64[ns]（表示时间差，通常用于日期或时间的差异计算）]。

例 4-11　对例 4-10 中的已完成数据缺失值和异常值处理的 DataFrame 对象 stu 数据进行数据转换相关处理，将体检年份从 str(object) 类型转为 int32 类型。

首先可以通过 stu.info() 获取不同列的数据类型，然后根据分析目标将数据转换为目标数据类型：

```
stu.info()
```

运行结果：

```
<class 'pandas.core.frame.DataFrame'>
Index: 1104 entries, 1 to 1234
Data columns (total 9 columns):
 #   Column     Non-Null Count  Dtype
---  ------     --------------  -----
 0   性别         1104 non-null   object
 1   身份证号       1104 non-null   object
 2   是否吸烟       1104 non-null   object
 3   是否饮酒       1104 non-null   object
 4   开始从事某工作年份  1104 non-null   object
 5   体检年份          1104 non-null   object
 6   淋巴细胞计数        1104 non-null   float64
 7   白细胞计数        1104 non-null   float64
 8   血小板计数        1104 non-null   float64
dtypes: float64(3), object(6)
memory usage: 118.5+ KB
```

1）数值型与字符型转换

使用 pandas 的 astype() 方法可以轻松地在数值型和字符型之间进行转换。例如：

```
# 将字符型转换为数值型
stu['体检年份'] = stu['体检年份'].astype('int32')
```

前提要所有的数据是可以转换的，这里存在数据 '2015 年 '，导致转换失败。错误显示如下：

```
ValueError: invalid literal for int() with base 10: '2015 年'
```

astype() 方法虽然可以转换数据的类型，但是它存在着一些局限性，只要转换的数据中存在数字以外的字符，在使用 astype() 方法进行类型转换时就会出现错误，而 to_numeric() 函数的出现正好解决了这个问题。to_numeric() 函数可以将传入的参数转换为数值类型，其语法格式如下：

```
pd.to_numeric(arg,errors='raise', downcast=None)
```

2）日期时间类型处理

对于日期和时间类型的数据，Pandas 提供了强大的处理功能。可以使用 to_datetime() 函数将字符串转换为日期时间对象，然后使用 dt 访问器来提取年、月、日等信息。例如：

```
stu['体检年月日'] = '2024-08-12'                    # 新增加一个体检年月日信息列
stu['体检年月日'] =pd.to_datetime(stu['体检年月日'])          # 将字符串转换为
日期时间对象
stu['体检年']=stu['体检年月日'].dt.year    # 提取年份信息
print(stu)
```

2. 数据转换

上面类型转换中出现错误，很多情况是因为数据表示方法不一致导致的。比如体检年份数据中“2015 年”导致整列数据转换失败，因此在此之前应该做数据的整体处理，如数值替换。

（1）使用 replace 替换数据值，即将查询到的数据替换为指定数据。比如将 stu 数据中性别“男”“女”转换为 1 和 0：

```
stu=stu.replace({'男':1,'女':0})
```

（2）使用函数或映射进行数据转换。数据的映射或转换也可以通过自定义函数，通过 map() 方法或 apply() 方法实现。例如：

```
def extract_year(s):
    if s:
        return str(s)[:4]    # 取前 4 位年份
    else:
        return None     # 或者可以返回一个默认值，如 0
# 使用 apply 方法将自定义函数应用到 DataFrame 的列上
stu['开始工作年份'] = stu['开始从事某工作年份'].apply(extract_year)
```

4.5 数据的规整化

在数据科学中，数据的规整化是一个至关重要的步骤，它涉及数据的排序、索引设置、筛选、切片、合并与连接等操作。这些操作能够帮助大家更好地理解和分析数据，从而提取出有用的信息。本节将通过具体的 Python 代码示例，详细讲解这些操作。

4.5.1　数据排序与索引

1. 数据排序

在 Pandas 库中，数据排序是一个常见的操作。在 Pandas 中，对数据进行排序分为按索引排序和按值排序。下面就分别介绍 Series 和 DataFrame 的排序方法。

对于 Series 对象，通过 sort_index 函数可对索引进行排序，默认情况为升序，当参数设置为“ascending=False”时，可以降序排序。

例4-12　创建一个 Series 对象，按索引升序排序。

```
import pandas as pd
s = pd.Series([3, 1, 4, 1, 5, 9, 2, 6], index=['a', 'b', 'c', 'd', 'e',
'f', 'g', 'h'])
print("按索引升序排序:")
sorted_s_asc = s.sort_index()
print(sorted_s_asc)
print("\n按索引降序排序:")
sorted_s_desc = s.sort_index(ascending=False)
print(sorted_s_desc)
```

对于 DataFrame 数据而言，通过指定轴方向，使用 sort_index() 函数可对行或者列索引进行排序，默认为按行标签升序排序，要按照列标签排序，需要添加参数“axis=1”，要降序排序，需要添加的参数为“ascending=False”。要根据某列中的数据值进行排序，可以通过 sort_values() 函数来完成，把列名传给 by 参数即可。

例4-13　创建一个 DataFrame 对象，分别按行索引升序排序，以及按 'Score' 列的值降序排序。

```
df = pd.DataFrame({
    'Name': ['Alice', 'Bob', 'Charlie', 'David'],
    'Age': [25, 30, 35, 40],
    'Score': [85, 90, 75, 95]
}, index=['a', 'd', 'c', 'b'])
sorted_df_asc = df.sort_index()
print("按行索引升序排序:")
print(sorted_df_asc)
sorted_df_desc = df.sort_values(by='Score', ascending=False)
print("\n按 'Score' 列的值降序排序:")
print(sorted_df_desc)
```

2. 设置与重置索引

数据在收集时可能来自不同的调查表，而不同调查表中对同一个数据的文字描述可能不一样，为了后续数据的合并，需要重新设置数据的索引，或者将现有的索引重置为默认的整数索引，帮助我们更好地组织和理解数据。Pandas 提供了 set_index() 和 reset_index() 函数来实现这些操作。set_index() 函数来设置 DataFrame 的索引。

例4-14　对例 4-13 的对象 df，进行重新索引。

```
# 使用 'Name' 列作为新索引
df_set_index = df.set_index('Name')
```

```
print("设置'Name'列为索引:")
print(df_set_index)
# 重置索引，原索引会自动成为名为 'index' 的列
df_reset_index = df_set_index.reset_index()
# 将 'index' 列重命名为 'OldIndex'
df_reset_index.rename(columns={'index': 'OldIndex'}, inplace=True)
print("\n重置索引，并保留原索引作为新列'OldIndex':")
print(df_reset_index)
```

4.5.2 数据合并与连接

在实际的数据分析工作中，经常需要从不同的数据源获取数据，并将这些数据整合到一起以进行全面的分析。Pandas 提供了多种灵活且强大的数据合并与连接方法，能够满足不同场景下的数据分析需求。在实际应用中，可以根据数据的结构和分析目的选择合适的方法。下面将详细介绍 Pandas 中的 merge 和 concat() 函数及具体应用。

1. 用 merge() 函数进行数据合并

merge() 函数是 Pandas 中用于数据合并的强大工具，它类似于 SQL 中的 JOIN 操作。通过 merge 函数，我们可以轻松地将两个或多个 DataFrame 对象按照指定的键进行合并。

其语法格式：

```
pandas.merge(left, right, how='inner', on=None, left_on=None, right_on=None,
             left_index=False, right_index=False, sort=True,
             suffixes=('_x', '_y'), indicator=False, validate=None)
```

merge 函数的参数说明见表 4-6。

表 4-6 merge() 函数的参数说明

参数	参数说明
left	第一个要合并的 DataFrame
right	第二个要合并的 DataFrame
how	合并方式，可选值有 'inner'（内连接，默认值）、'outer'（外连接）、'left'（左连接）、'right'（右连接）
on	用于合并的列名，必须在两个 DataFrame 对象中都存在。如果未指定，并且没有指定 left_index 或 right_index，pandas 会尝试使用两个 DataFrame 中同名的列作为合并键
left_on	如果合并键在左侧 DataFrame 中的名称不同，可以使用 left_on 来指定
right_on	如果合并键在右侧 DataFrame 中的名称不同，可以使用 right_on 来指定
left_index	如果希望将左侧的 DataFrame 的索引用作合并键，可以将其设置为 True
right_index	如果希望将右侧的 DataFrame 的索引用作合并键，可以将其设置为 True
sort	根据合并后的列对合并后的数据进行排序，默认为 True
suffixes	一个字符串对的元组，用于添加到重叠列名的末尾，默认为 ('_x', '_y')。例如，如果在 'left' 和 'right'DataFrame 中都有一个名为 '数据' 的列，合并后它们将被重命名为 '数据 _x' 和 '数据 _y'

例4-15 创建两个 DataFrame，一个包含学生的基本信息，另一个包含学生的课程成绩，使用 merge() 函数合并两个 DataFrame，基于 student_id 列进行内连接，生成一个包含学生基本信息和课程成绩的新数据。

```
import pandas as pd
students = pd.DataFrame({
    'student_id': [1, 2, 3, 4],
    'name': ['Alice', 'Bob', 'Charlie', 'David'],
```

```
        'age': [20, 21, 22, 23]
    })
    grades = pd.DataFrame({
        'student_id': [1, 2, 3, 1, 3, 4],
        'course': ['Math', 'English', 'History', 'Physics', 'Chemistry',
'Biology'],
        'score': [85, 78, 92, 90, 88, 76]
    })
    # 使用merge函数合并两个DataFrame，基于student_id列进行内连接
    merged_df = pd.merge(students, grades, on='student_id', how='inner')
    print(merged_df)
```

运行结果如图 4-5 所示。

```
   student_id     name  age     course  score
0           1    Alice   20       Math     85
1           1    Alice   20    Physics     90
2           2      Bob   21    English     78
3           3  Charlie   22    History     92
4           3  Charlie   22  Chemistry     88
5           4    David   23    Biology     76
```

图 4-5　merge 内连接运行结果

外连接会返回两个 DataFrame 中所有的行，如果某一边没有匹配的数据，则结果中对应的列会被填充为 NaN。

```
outer_join_df = pd.merge(students, grades, on='student_id', how='outer')
```

左连接会返回左边 DataFrame 的所有行，以及右边 DataFrame 中匹配的行。如果右边没有匹配的数据，则结果中对应的列会被填充为 NaN。

```
left_join_df = pd.merge(students, grades, on='student_id', how='left')
```

右连接会返回右边 DataFrame 的所有行，以及左边 DataFrame 中匹配的行。如果左边没有匹配的数据，则结果中对应的列会被填充为 NaN。

```
right_join_df = pd.merge(students, grades, on='student_id', how='right')
```

选择哪种连接方式取决于你希望结果中包含哪些数据。内连接只包含两个 DataFrame 中都有的数据，外连接包含两个 DataFrame 中的所有数据，左连接保留左边 DataFrame 的所有数据，而右连接则保留右边 DataFrame 的所有数据。

2. 用 concat() 函数进行数据连接

如果要合并的数据之间没有连接键，就无法使用 merge() 方法，可使用 concat() 函数。与 merge() 方法不同，concat() 函数不是基于键或索引进行连接，而是简单地将多个 DataFrame 或 Series 对象堆叠在一起。默认情况是按行的方向堆叠，如果在列向上连接，设置 axis=1 即可。

函数语法格式：

```
pandas.concat(objs, axis=0, join='outer', ignore_index=False, keys=None,
levels=None, names=None, verify_integrity=False, sort=False, copy=True)
```

函数常用参数说明见表 4-7。

表 4-7 concat() 函数常用参数说明

参 数	说 明
objs	需要连接的 pandas 对象的序列或映射，如 Series、DataFrame 等。这是唯一一个必需的参数
axis	指定连接的轴。0 表示按行连接（默认），1 表示按列连接
join	指定连接的方式。'outer' 表示取并集（默认），'inner' 表示取交集
ignore_index	是否忽略原始对象的索引。默认为 False，表示保留原始索引。如果为 True，则生成新的整数索引
keys	用于构建层次化索引的键值，可以是任意值

例4-16 在例 4-15 数据基础上，假设增加一个包含学生家庭住址信息的 DataFrame（addresses），使用 concat 函数将其与学生信息表堆叠在一起。

```
addresses = pd.DataFrame({
    'student_id': [1, 2, 3, 4],
    'address': ['123 Main St', '456 Elm Ave', '789 Oak Lane', '321 Pine Rd']
})
combined_data = pd.concat([students, addresses], ignore_index=True)
print(combined_data)
```

运行结果如图 4-6 所示。

```
   student_id     name   age       address
0           1    Alice  20.0           NaN
1           2      Bob  21.0           NaN
2           3  Charlie  22.0           NaN
3           4    David  23.0           NaN
4           1      NaN   NaN   123 Main St
5           2      NaN   NaN   456 Elm Ave
6           3      NaN   NaN  789 Oak Lane
7           4      NaN   NaN   321 Pine Rd
```

图 4-6 concat 连接运行结果

由于 students 和 addresses 两个 DataFrame 的列并不完全相同，因此连接后的 DataFrame 将包含所有出现的列，缺失的值将被填充为 NaN。如果需要，可以使用 dropna() 或 fillna() 方法来处理这些缺失值。

4.6 数据的统计分析

在数据科学中，统计分析是探索和理解数据集的关键步骤。通过统计分析，可以获取数据的中心趋势、离散程度、分布形态等关键指标，为后续的数据建模和决策支持提供重要依据。在本节中，将深入探讨如何使用 Python 进行数据统计分析，特别是利用 Pandas 库中的强大功能。

4.6.1 通用函数与运算

1. 算术运算

在 Pandas 中，DataFrame 可以实现与 DataFrame、Series 或标量之间的算术运算。DataFrame 算术运算符见表 4-8。

表 4-8　DataFrame 算术运算

运 算 符	描　述
df.T	DataFrame 转置
df1+df2	按照行列索引相加，得到并集，NaN 填充
df1.add(df2,fill_value=0)	按照行列索引相加，NaN 用指定值填充
df1.add/sub/mul/div	加减乘除四则运算
df-series	DataFrame 的所有行同时减去 series
df*n	所有元素乘于 *n*
df190df2	对应元素进行求余运算

需要注意的是，当进行 DataFrame 之间的运算时，两个 DataFrame 的形状(shape)必须相同，即行数和列数都必须一致。对于 Series 之间的运算，它们的长度必须相同。如果形状或长度不同，Pandas 会尝试进行广播（broadcasting）以匹配形状，或者在某些情况下可能会引发错误。

例4-17　DataFrame 类型的数据相加。注意对于 DataFrame，数据对齐操作会同时发生在行和列上。

```
import pandas as pd
a=np.arange(6).reshape(2,3)
b=np.arange(4).reshape(2,2)
# DataFrame 示例
df1 = pd.DataFrame(a,columns=['a','b','c'],index=['A','C'])
df2 = pd.DataFrame(b,columns=['a','b'],index=['A','D'])
result_df = df1 + df2
print(result_df)
```

运行结果：

```
     a    b   c
A  0.0  2.0 NaN
C  NaN  NaN NaN
D  NaN  NaN NaN
```

DataFrame 元素级的函数运算可以通过 Numpy 的一元通用函数 (ufunc) 实现，语法格式如下：

```
np.ufunc(df)
```

例4-18　假设有一个包含销售数据的 DataFrame，请通过算术运算来计算销售额的增长率。

增长率计算公式：

（当前年销售额 - 上一年销售额）/ 上一年销售额 ×100%

```
import pandas as pd
data = {
    'Year': [2020, 2021, 2022],
    'Sales': [100000, 120000, 130000]
}
sales_df = pd.DataFrame(data)   # 创建 DataFrame
print("原始销售数据：")
print(sales_df)
```

```
sales_df['Growth_Rate'] = sales_df['Sales'].pct_change() * 100
sales_df['Growth_Rate'].fillna(0, inplace=True)
print("\n 带有增长率的销售数据 :")
print(sales_df)
```

运行结果：

```
原始销售数据：
   Year   Sales
0  2020  100000
1  2021  120000
2  2022  130000
带有增长率的销售数据：
   Year   Sales  Growth_Rate
0  2020  100000     0.000000
1  2021  120000    20.000000
2  2022  130000     8.333333
```

例 4-18 中销售额的增长率计算采用了 Pandas 库中的 pct_change() 函数，它用于计算序列中当前元素与前一个元素之间的百分比变化。这个函数适用于时间序列数据，如股票价格、销售额等，以分析这些数据的变化趋势。因此第一行的增长率会是 NaN（因为没有前一个值可供比较），可以选择使用 fillna() 方法将其填充为 0，表示没有增长率数据。

2. 函数应用

数据分析时，经常会对数据进行复杂转换和计算，这时需要使用函数，可以为 Python 内置函数，也可以是一个自定义函数。然后将这些函数运用到 Pandas 数据中。将函数运用到数据中可以有三种方法实现。

（1）map 函数：将函数运用到 Series 的每个元素中。

（2）apply 函数：将函数运用到 DataFrame 的行与列上，通过 axis 参数设定。

（3）applymap 函数：将函数运用到 DataFrame 的每个元素上。

例4-19 假设有一个包含学生年龄和成绩的 DataFrame，分析时需要将年龄转换为不同年龄段处理，同时计算年龄和成绩的平均值。

这里可以定义一个函数来判断年龄所属的年龄段，并使用 apply() 函数将这个函数应用到整个年龄列上。

```
import pandas as pd
df = pd.DataFrame({'Age': [25, 30, 35, 40, 45],'score':[78,88,65,98,75]})
# 定义一个函数来判断年龄段
def age_group(age):
    if age < 30:
        return 'Young'
    elif age < 40:
        return 'Middle-aged'
    else:
        return 'Senior'
# 使用 apply 函数将 age_group 应用到 Age 列
df['Age Group'] = df['Age'].apply(age_group)  # 等价于 df['Age'].map(age_
group)
print(df)
```

```
# 计算年龄和成绩的平均值
df[['Age','score']].apply(np.mean)
```

运行结果：

```
   Age  score    Age Group
0   25     78        Young
1   30     88  Middle-aged
2   35     65  Middle-aged
3   40     98       Senior
4   45     75       Senior
```

平均值：

```
Age       35.0
score     80.8
dtype: float64
```

4.6.2　统计函数

1. Pandas 常用统计函数

Pandas 库提供了一系列丰富的统计函数（见表 4-9），这些函数可以帮助我们快速获取数据的统计信息。

表 4-9　常用统计函数

统计函数	功能描述
value_counts()	统计频数，可用于 Series 对象
Sr1.corr(Sr2)	Series 对象 Sr1 和 Sr2 的相关系数
describe()	返回基本统计量和分位数，可用于 DataFrame 或 Series 对象
sum()	计算对象的总和，可用于 DataFrame 或 Series 对象，支持按列或行求和
mean()	计算对象的平均值，适用于数值型数据，可作用于 DataFrame 或 Series 对象，可按列或行计算
median()	计算对象的中位数，即数值排序后位于中间的数，对于 DataFrame 或 Series 对象都适用
max()	找出对象中的最大值，可以针对 DataFrame 的列或行进行操作
min()	找出对象中的最小值，同样适用于 DataFrame 的列或行
std()	计算对象的标准差，衡量数据的离散程度，仅适用于数值型数据
var()	计算对象的方差，表示数据分布的离散程度，仅对数值型数据有效
count()	计算对象中非缺失值（non-NA/null）的数量
quantile()	计算对象的分位数，可以指定具体的分位点
cumsum()	从 0 开始向前累加各元素
cov()	计算协方差矩阵
pct_change()	计算对象中各元素相对于前一个元素的百分比变化
pd.crosstab(df[col1],df[col2])	Pandas 函数，DataFrame 对象中 col1 列和 col2 列的交叉表，计算分组的频数

例4-20　对例 4-19 中 DataFrame 对象 df 中的 'Age'、'score' 进行统计分析。

```
>>> df['Age Group'].value_counts()   # 统计不同年龄区间的频数
Age Group
Middle-aged     2
Senior          2
Young           1
```

```
Name: count, dtype: int64
>>> df['Age'].max()  #统计'Age'列中的最大值
45
>>> df['score'].quantile([.25,.75])    #计算score的上、下四分位数
0.25    75.0
0.75    88.0
Name: score, dtype: float64
>>> df.describe()     #df对象的描述统计信息，对各数值列描述
             Age      score
count   5.000000   5.000000
mean   35.000000  80.800000
std     7.905694  12.637247
min    25.000000  65.000000
25%    30.000000  75.000000
50%    35.000000  78.000000
75%    40.000000  88.000000
max    45.000000  98.000000
>>> df['score'].describe()      #某一列的数据描述性统计值
count     5.000000
mean     80.800000
std      12.637247
min      65.000000
25%      75.000000
50%      78.000000
75%      88.000000
max      98.000000
Name: score, dtype: float64
```

2. 数据分组与汇总

1）数据分组

数据分组是数据分析时常用的方法，groupby() 函数是 pandas 库中用于数据分组的重要函数。通过 groupby() 函数，我们可以根据一个或多个键（列）对数据进行分组，并对每个组进行聚合操作。以下是 groupby() 函数的常用格式及其参数说明。

函数基本语法格式：

```
DataFrame.groupby(by=None, axis=0, level=None, as_index=True, sort=True, group_keys=True, squeeze=NoDefault.no_default, observed=False, dropna=True)
```

groupby() 函数主要参数说明见表 4-10。

表 4-10 groupby 函数主要参数说明

参数名	默认值	描述
by	None	用于确定分组的键。可以是字典、函数、标签或标签列表
axis	0	分组操作的轴方向。0 表示按行分组，1 表示按列分组
level	None	接收 int 或索引名，代表标签所在级别；如果轴是多层索引（MultiIndex），则按特定级别分组
as_index	True	对于聚合输出，是否将分组键作为索引。True 表示是，False 表示否
sort	True	是否对分组键进行排序
group_keys	True	是否显示分组标签的名称
squeeze	False	是否在允许情况下对返回数据降维
dropna	True	是否在分组键中删除 NA 值。True 表示删除，False 表示保留

例4-21　对例 4-20 中 DataFrame 对象 df 进行分组统计分析，按年龄段分组，求年龄和分数的平均值。

```
>>> grouped = df.groupby('Age Group')  # 按列名分组
>>> grouped.mean()
             Age  score
Age Group
Middle-aged  32.5   76.5
Senior        42.5   86.5
Young        25.0   78.0
>>> grouped.size()
Age Group
Middle-aged    2
Senior         2
Young          1
dtype: int64
```

数据分组后返回的数据 grouped 是一个 groupby 对象。因此可以使用 groupby 对象的方法，如 size() 方法，返回一个含有分组大小的 series；mean() 方法是返回每个分组数据的均值。

```
>>> grouped = df['Age'].groupby(df['Age Group']).mean()  # 按某列分组，也可以传入一个列表
>>> grouped
Age Group
Middle-aged    32.5
Senior         42.5
Young          25.0
Name: Age, dtype: float64
```

函数作为分组键的原理是通过映射关系进行分组，更加灵活。

例4-22　对例 4-21 中 DataFrame 对象 df 进行分组统计分析，以年龄 35 岁为界限分为 A、B 两组，统计每组人数。

```
def judge(x):
    if x>35:
        return 'A'
    else:
        return 'B'
grouped=df['Age'].groupby(df['Age'].map(judge)).count()
print(grouped)
```

运行结果：

```
Age
A    2
B    3
Name: Age, dtype: int64
```

2）数据聚合

数据聚合是在数据分组后对每组数据应用某个函数进行计算，比如求和、平均值等。Pandas 提供了丰富的聚合函数，如 count()、sum()、mean()、median()、min()、max()、std()、var() 等函数。需要注意的是，在聚合运算中空值不参与计算。常见的聚合计算可由相关统

计函数快速实现。如果要使用自定义的聚合函数，则将其传入 agg() 函数即可。agg() 函数支持对每个分组应用某个函数，包括内置函数或自定义函数，也支持应用多个聚合函数操作。agg() 函数基本语法格式：

```
grouped.agg(func, *args, **kwargs)
```

参数说明：

- func：要应用的函数或函数列表，如 'sum', 'mean', 或者自定义的函数等。
- *args 和 **kwargs：传递给函数的额外参数。

示例如下：

```
>>> df[['Age','score']].agg([np.sum,np.mean])    # 求当前数据对应的统计量
        Age  score
sum   175.0  404.0
mean   35.0   80.8
>>> df.agg({'Age':np.max,"score":np.min})   # 计算各字段的不同统计量
Age      45
score    65
dtype: int64
```

对分组后的数据，聚合统计的方法是一样的。

```
>>> df.groupby("Age Group")['Age'].agg(np.mean)   # 按年龄段类别分组后，求每组年龄的均值
Age Group
Middle-aged     32.5
Senior          42.5
Young           25.0
Name: Age, dtype: float64
```

3）交叉表（crosstab() 函数使用格式及参数说明）

交叉表是一种用于统计分类数据的表格，它展示了两个或多个分类变量之间的关系。Pandas 的 crosstab() 函数可以方便地创建交叉表。crosstab() 函数的基本语法格式如下：

```
pd.crosstab(index, columns, values=None, rownames=['row_0', 'row_1', ...], colnames=['col_0', 'col_1', ...], aggfunc=None, margins=False, margins_name='All', dropna=True, normalize=False)
```

函数参数及其说明见表 4-11。

表 4-11　crosstab() 函数主要参数说明

参数名	默认值	描述
index	必填	接收 Series、string 或 list，表示行索引的值
columns	必填	接收 Series、string 或 list，表示列索引的值
values	None	接收 array，用于计算的值数组。如果提供，则需要 aggfunc 参数
rownames	None	行索引的名称。如果传递，则必须与提供的行数组数量匹配
colnames	None	列索引的名称。如果传递，则必须与提供的列数组数量匹配
aggfunc	None	如果提供 values，则用于聚合的函数名
margins	False	布尔值，是否添加行和列的总计
margins_name	‘All’	总计行 / 列的名称
dropna	True	布尔值，是否删除包含 NaN 的行
normalize	False	布尔值，是否对结果进行标准化、归一化

例4-23 创建数据 dataframe，创建交叉表，统计性别和吸烟情况的关系。

```
import pandas as pd
data = {'Gender': ['Male', 'Female', 'Male', 'Female', 'Male'],
        'Smoker': ['Yes', 'No', 'Yes', 'No', 'Yes'],
        'Count': [10, 15, 20, 25, 30]}
df = pd.DataFrame(data)
crosstab_result = pd.crosstab(index=df['Gender'], columns=df['Smoker'],
values=df['Count'], aggfunc='sum', margins=True, margins_name='Total')
print(crosstab_result)
```

运行结果：

```
Smoker    No    Yes   Total
Gender
Female  40.0    NaN     40
Male     NaN   60.0     60
Total   40.0   60.0    100
```

例4-24 假设有一个关于学生课外活动参与情况的 DataFrame，我们想创建一个交叉表来展示不同班级学生参与不同类型活动的次数。

```
>>> activities = {
    'Class': ['A', 'B', 'A', 'A', 'B', 'B'],
    'Activity': ['Sports', 'Music', 'Sports', 'Art', 'Music', 'Art'],
}
>>> df_activities = pd.DataFrame(activities) # 创建 DataFrame
>>> crosstab_result = pd.crosstab(index=df_activities['Class'], columns=df_
activities['Activity'])
>>> print(crosstab_result)
Activity  Art  Music  Sports
Class
A           1      0       2
B           1      2       0
```

4.6.3 相关性分析

1. 相关性概念

在数据科学中，相关性分析是一个重要的工具，它能帮助我们理解两个或多个变量之间的关系。简单来说，相关性描述的是两个变量之间的共变趋势。如果一个变量增加时，另一个变量也相应增加，那么这两个变量之间可能存在正相关性；反之，如果一个变量增加时，另一个变量减少，则可能存在负相关性。当然，如果两个变量的变化没有明显的同步趋势，那么它们之间的相关性可能就很弱或者没有。

为了量化这种相关性，通常使用皮尔逊相关系数（Pearson correlation coefficient），它的值域在 -1 到 1 之间。值为 1 表示完全正相关，-1 表示完全负相关，0 表示没有线性相关性。

2. 相关性实现函数 corr()

在 Python 中，可以使用 Pandas 库中的 corr() 函数来计算数据的相关性。corr() 函数常用的语法格式：

```
DataFrame.corr(method='pearson',min-periods=1)
```

corr() 函数默认计算的就是皮尔逊相关系数。这个函数的详细参数说明见表 4-12。

表 4-12　相关性函数常用参数说明

参　数	类　型	描　述
method	str	相关系数类型，默认为'pearson'，可选'kendall'或'spearman'
min_periods	int	计算相关系数所需的最少观测值数目，默认为 1

使用 corr() 函数时，通常处理的是 DataFrame 类型的数据。下面将通过一个实际的数据分析案例来展示如何使用 corr() 函数进行相关性分析。

例4-25　假设有一份关于学生成绩和学习习惯数据集，保存在 Excel 文件中，结构如图 4-7 所示。请探究学生的学习习惯（每日学习时间和每周复习次数）是否与他们的成绩（数学和英语）存在相关性。

学生ID	数学成绩	英语成绩	每日学习时间（小时）	每周复习次数
1	85	78	2	3
2	92	87	3	4
3	76	68	1.5	2
4	69	75	1	1
5	95	90	3.5	5

图 4-7　学习习惯数据表

```
import pandas as pd
study = pd.read_excel('studytime.xlsx','Sheet1',index_col=0)
print(study)
# 计算相关性矩阵
correlation_matrix = study[['数学成绩', '英语成绩', '每日学习时间（小时）',
'每周复习次数']].corr()
# 打印相关性矩阵
print(correlation_matrix)
```

运行结果：

```
                    数学成绩      英语成绩      每日学习时间（小时）   每周复习次数
数学成绩              1.000000   0.909269     0.972083          0.964494
英语成绩              0.909269   1.000000     0.907753          0.859487
每日学习时间（小时）    0.972083   0.907753     1.000000          0.957936
每周复习次数           0.964494   0.859487     0.957936          1.000000
```

这段代码输出了一个 4×4 的矩阵，展示了每对变量之间的相关性系数。可以通过观察这些系数来了解变量之间的关系。例如，如果"每日学习时间"与"数学成绩"之间的系数接近 1，那么这可能意味着学习时间越长，数学成绩越高。

视频

综合案例讲解

4.7　综合案例

【综合案例】心脏疾病预测数据集处理与分析。心脏疾病预测数据集存放在一个"心脏疾病数据集 .csv"文件中，数据集字段说明见表 4-13。

表 4-13　数据集字段说明

字段名称	字段类型	字段说明
id	整型	序号

续表

字段名称	字段类型	字段说明
age_days	整型	年龄（天）
age_year	浮点型	年龄（年）
gender	整型	性别（1- 女性，2- 男性）
height	整型	身高（cm）
weight	浮点型	重量（kg）
ap_hi	整型	收缩压
ap_lo	整型	舒张压
cholesterol	整型	胆固醇（1：正常，2：高于正常，3：远高于正常）
gluc	整型	葡萄糖（1：正常，2：高于正常，3：远高于正常）
smoke	整型	患者是否吸烟（0＝否，1＝是）
alco	整型	是否饮酒（0＝否，1＝是）
active	整型	体育活动（0＝消极，1＝积极）
cardio	整型	是否患有心脏疾病（0＝否，1＝是）

请根据数据实现下列目标：

（1）统计血压正常的人数占比，假设收缩压 <140 且舒张压 <90 为正常。

（2）按 age_year 排序，统计老龄（大于等于 70）、中老年（小于 70，大于等于 50），青年（小于 50，大于等于 30）的平均收缩压及平均舒张压。

（3）分析性别、饮酒和吸烟习惯与心脏疾病发病率的相关性。

（4）分析胆固醇与心脏疾病发病率的相关性。

案例实现：

下面按步骤分段介绍分析方法及实现代码，程序代码是在 Anaconda Jupter 下完成。

（1）导入所需的方法库。

```
import pandas as pd
import numpy as np
```

（2）从 csv 文件中读取数据，生成 DataFrame 对象 df。

```
df = pd.read_csv('心脏疾病数据集.csv',header=0,encoding='ANSI')
print(df)
```

（3）了解数据信息，确保数据类型正确。

```
print(df.shape)          # 打印数据形状大小
df.info()                # 了解数据类型和缺失值情况
df.isnull().sum()        # df.isnull().any() 了解缺失项的情况
```

如果数据类型不正确可通过下列语句确保数据类型正确。

```
df['gender'] = df['gender'].astype(int)
df['smoke'] = df['smoke'].astype(int)
df['alco'] = df['alco'].astype(int)
df['active'] = df['active'].astype(int)
df['cardio'] = df['cardio'].astype(int)
```

（4）去除重复数据及缺失项较多（大于或等于 3）的数据行，再次检测是否还有缺失值，并填充缺失值。

```
df.drop_duplicates(inplace=True)
df.dropna(thresh=12,inplace=True)
df.isnull().sum()
df.fillna({'age_days':df['age_days'].mean()},inplace=True)
```

（5）统计血压正常的人数占比。

```
# 定义血压正常的条件
normal_blood_pressure = (df['ap_hi'] < 140) & (df['ap_lo'] < 90)
# 计算血压正常的人数占比
normal_bp_ratio = normal_blood_pressure.sum() / len(normal_blood_pressure)
print(f"血压正常的人数占比为：{normal_bp_ratio:.2%}")
```

（6）按年龄分组统计平均收缩压和舒张压。

```
# 定义年龄组分类函数
def age_group(age):
    if age >= 70:
        return '老龄'
    elif age >= 50:
        return '中老年'
    elif age >= 30:
        return '青年'
    else:
        return '其他'
# 添加年龄组列
df['age_group'] = df['age_year'].apply(age_group)
# 筛选特定年龄组并计算平均收缩压和舒张压
aged_stats = df[df['age_group'].isin(['老龄', '中老年', '青年'])].
groupby('age_group')[['ap_hi', 'ap_lo']].mean()
print(aged_stats)
```

（7）使用 crosstab 分析分析性别、饮酒和吸烟习惯与心脏疾病发病率的数量情况。

```
gender_cardio = pd.crosstab(df['gender'], df['cardio'])  #按性别分析
smoke_cardio = pd.crosstab(df['smoke'], df['cardio'])    #按吸烟习惯分析
alco_cardio = pd.crosstab(df['alco'], df['cardio'])      #按饮酒习惯分析
print("性别与心脏疾病发病率的交叉表：\n", gender_cardio)
print("吸烟习惯与心脏疾病发病率的交叉表：\n", smoke_cardio)
print("饮酒习惯与心脏疾病发病率的交叉表：\n", alco_cardio)
```

结果表明：性别与心脏疾病发病率的交叉表中可以看出，女性群体中（gender =1），有 22 912 人未患有心脏疾病（cardio=0），而有 22 616 人患有心脏疾病（cardio=1）。男性群体中（gender =2），有 12 107 人未患有心脏疾病，而有 12 363 人患有心脏疾病。可以看出，女性和男性患心脏疾病的比例大致相当。虽然女性未患病的人数多于男性，但患病的人数也相应较多。因此，在性别方面，没有明显的差异表明某一性别更容易患心脏疾病。

吸烟习惯与心脏疾病发病率的交叉表显示，不吸烟的人群中患心脏疾病的人数略高于未患病的人数。然而，在吸烟的人群中，未患病的人数略多于患病的人数。这可能表明吸烟与心脏疾病的发病率之间存在一定的关系，但需要进一步地分析来确认这一观察结果。 同理，饮酒习惯与心脏疾病发病率的交叉表可以看出，无论是否饮酒，患心脏疾病的人数与未患病的人数都相当接近。因此，在这个数据集中，饮酒习惯与心脏疾病的发病率之间没有明显的

相关性。

（8）分析胆固醇与心脏疾病发病率的相关性。

```
cholesterol_cardio2=df[['cholesterol','cardio']].corr()
cholesterol_cardio2
```

这个相关系数矩阵表明，在数据集 df 中，胆固醇水平和心血管疾病之间存在一定的正相关关系，但这种关系并不强烈。这可能意味着胆固醇水平是影响心血管疾病的一个因素，但并不是唯一的决定性因素。

这个案例提供了一个基本的数据分析流程，包括数据加载、清洗、预处理和目标分析。在实际应用中，可能还需要进行更深入的数据探索、可视化以及使用更复杂的统计或机器学习模型来进一步分析问题。

拓展与练习

1. 设定一个分析目标，尝试通过不同的数据来源获取数据。

2. 请简述爬虫的运行机制。

3. 创建并访问 Series 对象。具体要求如下：

（1）创建 Series 对象，数据为利用 np.random.randn(5) 生成的一维数据，将 ['one','two','three','four','five'] 作为索引标签。

（2）增加数据 34，索引为 'six'。

（3）修改索引为 four 的数据为 20。

（4）查询值大于 0 的数据。

（5）删除位置为 1 ～ 3 的数据。

4. 创建并访问 DataFrame 对象。具体要求如下：

（1）创建 50×7 的 DataFrame 对象，数据为 [10,99] 之间的随机整数；columns 为字符 a ～ g；【提示】使用 NumPy 的随机生成函数 randint() 生成数据。

（2）查询列索引为字符 a、c、d 的数据。

（3）查询第 0 行和第 3 行的数据。

（4）筛选 b 列的值大于 20，小于 40 的所有行。

（5）将 g 列数据修改为 100。

（6）删除第 1 行和第 4 行数据。

5. 读取 student2.txt 文件数据，设置列名为 ['性别','年龄','身高','体重','省份','成绩']，并显示前 2 条数据。

6. 根据图 4-8 中数据表创建 DataFrame，并将数据保存到 out.csv 文件中，不包含行索引。

	age	weight	height
1	19	68	170
2	20	65	165
3	18	65	175

图 4-8　数据表

7. 用字典{'A': [1, 2, np.nan, 4], 'B': [5, np.nan, 7, 8]}创建一个包含缺失值的DataFrame，使用isnull()识别缺失值，查看并统计缺失值情况。

8. 数据清洗，具体要求如下：

（1）从studentsInfo.xlsx文件的“Group1”表单中读取数据。

（2）将“案例教学”列数据值全改为NaN。

（3）滤除每行数据中缺失3项以上（包括3项）的行。

（4）滤除值全部为NaN的列。

9. 利用下列数据创建一个包含NaN值的DataFrame：

```
data = {
    '姓名': ['张三', '李四', '王五', '赵六'],
    '体重': [65.5, np.nan, 72.3, np.nan],
    '成绩': [85.0, 90.5, np.nan, 92.0]
}
```

（1）计算“体重”和“成绩”列的平均值。

（2）使用“体重”和“成绩”列的平均值填充NaN数据。

10. 数据合并，具体要求如下：

（1）读取“电子2101信息表.xlsx”，保存到df1对象中。

（2）读取“电子2102信息表.xlsx”，保存到df2对象中。

（3）将df1和df2两张信息表实现纵向连接。

11. 数据排序和排名，具体要求如下：

（1）读取“连锁2101班信息表1”，保存到df1对象中。

（2）读取“连锁2101班信息表2”，保存到df2对象中。

（3）完成连锁2101班的身份信息与高考信息合并。

（4）按年龄进行降序排序。

12. 根据新生数据信息，完成以下分析：

（1）读取新生数据newstudent.xlsx，并查看前5行，查看数据信息。

（2）将籍贯信息的数据类型改为category类型，使用astype()函数。

（3）使用data['籍贯'].describe()显示籍贯数据的基本统计信息，使用apply()方法完成对籍贯数据的清洗。

（4）将原始数据按性别和籍贯分组统计各个省份男女生人数。

（5）选中所有男生的数据，并新建一个数据对象male；检查male数据中身高是否有缺失，存在数据缺失时丢弃掉缺失数据；清除数据后，求男生的平均身高和身高中位数、标准差，及其他基本统计信息，并求每一位男生的BMI值。

（6）将所有男生按籍贯分组，计算男生的平均年龄和最高身高。

（7）分析男生的身高、体重和年龄之间的相关性。

（8）按男生身高降序排序，输出最高的前10名男生信息。

第5章 可视化数据挖掘

在数据科学中，数据可视化是数据的一种视觉呈现形式。近年来，金融、医疗、安全等行业及政府部门在大数据领域的投入持续增加，大数据可视化的需求也随之呈现爆发式增长。通过本章的学习，读者将能够理解数据可视化的重要性，并掌握一系列实用的数据可视化方法。

知识结构图

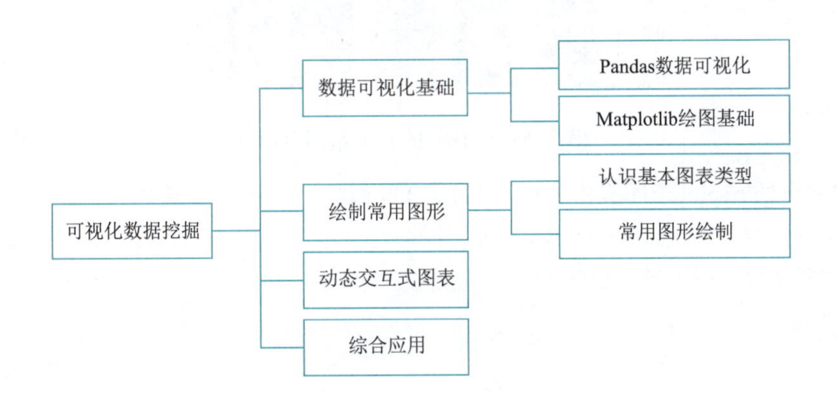

学习目标

◎了解可视化分析中常用图形的特点。
◎掌握 Python 的绘图库 Matplotlib 绘制基本图像的方法。
◎掌握 Pyecharts 绘制交互式图表的基本方法。

5.1 数据可视化基础

研究标明，大脑接收的信息 90% 以上是通过视觉获取的，人类对图形的接收和处理能力高于对文字和数字的处理能力，人类大脑处理图片的速度要比文字快 6 万倍，视觉内容能在短时间内产生更大的影响力。

在计算机科学中，利用人眼的感知能力对数据进行交互的可视表达来增强认知的技术称为可视化。数据可视化将不可见或者难以直接显示的数据转化成可感知的图形、符号、颜色、纹理等，利用图形、图像处理、计算机视觉及用户界面，对数据进行可视化展示，以提高数据识别效率，揭示数据隐藏的特征，传递图形化直观有效的信息，从而快速准确地作出决策，是数据分析和数据科学的关键技术之一。

5.1.1 Pandas 数据可视化

Pandas 不仅有强大的数据处理能力，能实现数据的统计分析，并且还集成了 Matplotlib 的基础组件，Series 和 DataFrame 都有 plot() 函数，用于绘制各类图表。Series 和 DataFrame 的 plot() 函数是按照数据的每一列绘制一条曲线，默认按照列 columns 的名称在适当的位置展示图例，且 DataFrame 格式的数据规范，更方便向量化及计算。Series 和 DataFrame 绘图示例如图 5-1、图 5-2 所示。

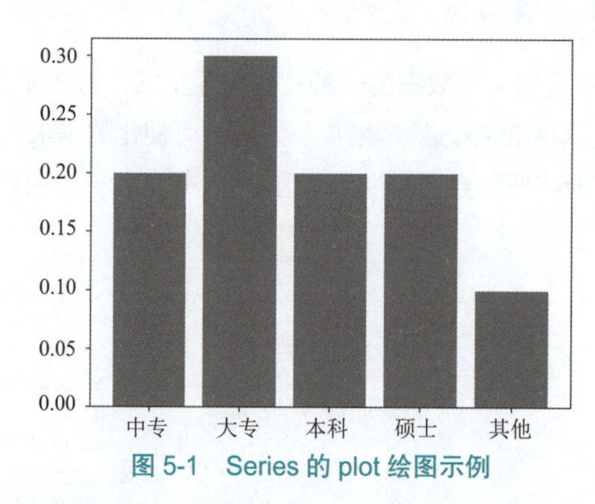

图 5-1 Series 的 plot 绘图示例

Matplotlib 的 pyplot 子库提供了与 MATLAB 类似的绘图 API，方便用户快速绘制 2D 图表，后续案例中都需要导入 matplotlib.pyplot 库，同时导入 numpy、pandas 库以设置绘图数据，因此本章案例默认都有以下导入语句：

```
import matplotlib.pyplot as plt
import pandas as pd
import numpy as np
```

显示图像必须使用以下语句：

```
plt.show()
```

同时，Matplotplot 默认字体不支持中文，会显示为方框，若图表（图形）中需要显示中文，则需要加入以下代码：

```
# 处理图表中文字体问题，否则中文显示乱码
plt.rcParams['font.sans-serif'] = ['Microsoft YaHei'] # 设置默认字体为微软雅黑
# 解决保存图像是负号 '-' 显示为方块的问题
plt.rcParams['axes.unicode_minus'] = False
```

例 5-1 Series 的 plot 绘图示例：显示某公司员工的学历构成。

```
s = pd.Series([0.2,0.3,0.2,0.2,0.1], index = ["中专","大专","本科","硕士","其他"])
s.plot.bar(width = 0.8, rot = 0)
```

运行结果如图 5-1 所示。

例 5-2　DataFrame 的 plot 绘图示例：显示各季度产品销量统计。

```
df = pd.read_excel('产品销售量统计表1.xlsx')             # 从 Excel 文件读数据
ax = df.plot()
ax.set_xticks(range(len(df)))                            # 设置刻度位置
ax.set_xticklabels(df['产品名称'])                        # 设置刻度标签
```

Excel 文件内容及运行结果如图 5-2 所示。

A	B	C	D	E
产品名称	第1季度	第2季度	第3季度	第4季度
空调	4090	5600	6800	7830
冰箱	4730	5690	6900	7200
彩电	5200	6750	7980	8703
洗衣机	7340	6823	5300	4600
电脑	8760	7892	6900	5930

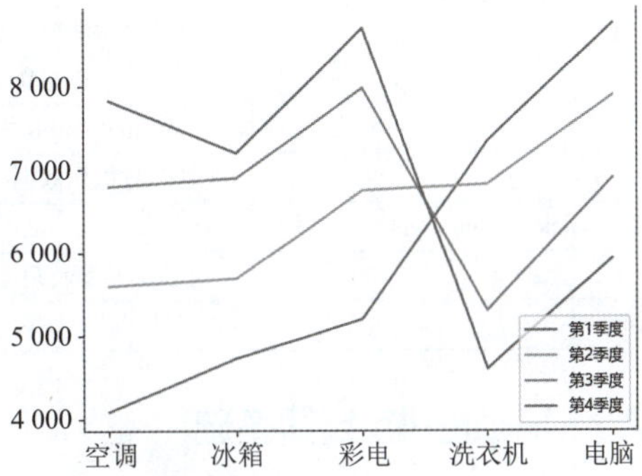

图 5-2　DataFrame 的 plot 绘图示例

从上面的例子可以看出，使用 Pandas 绘图的基本过程如下：

（1）导入模块 matplotlib、pandas、numpy。

（2）设置 Series 和 DataFrame 数据。

（3）使用 plot() 函数绘制图形。

（4）设置图像属性。

（5）使用 plt.show() 函数显示图像。

DataFrame 的 plot() 函数根据数据的每一列绘制一条曲线，图例为列 columns 的名称，函数原型如下：

```
DataFrame.plot(*args, **kwargs)
```

展开后如下：

```
DataFrame.plot(x=None, y=None, kind='line', ax=None, subplots=False,
               sharex=None, sharey=False, layout=None, figsize=None,
               use_index=True, title=None, grid=None, legend=True,
               style=None, logx=False, logy=False, loglog=False,
               xticks=None, yticks=None, xlim=None, ylim=None, rot=None,
               fontsize=None, colormap=None, position=0.5, table=False,
               yerr=None,
               xerr=None, stacked=True/False, sort_columns=False,
               secondary_y=False, mark_right=True, **kwds)
```

DataFrame 的 plot() 函数的基本参数见表 5-1。

表 5-1　DataFrame 的 plot() 函数的基本参数

参　数	描　述
x	横坐标的数据列，默认为 None
y	纵坐标的数据列，默认为 None。如果不指定 y，则默认绘制所有数值

续表

参　数	描　述
kind	绘图类型,默认为'line'(折线图),其他类型有:'bar'(条形图)、'barh'(水平条形图)、'hist'(直方图)、'box'(箱线图)、'kde'(核密度估计图)、'density'(同'kde')、'area'(面积图)、'pie'(饼图)、'scatter'(散点图)
title	标题，默认为 None
legend	是否显示图例，默认为 True
figsize=(width, height)	图形大小，元组
grid	是否显示网格，默认为 None
c	颜色值，也写作 color，可以是一个颜色名称、十六进制颜色值、RGB 元组等
ax	指定 matplotlib 的子图对象，默认为 None
subplots	是否对每列数据绘制子图，默认为 False
xticks、yticks、xlim、ylim	x 轴和 y 轴的刻度、范围，默认为 None
rot	x 轴标签旋转角度，默认为 None
fontsize	字号

5.1.2　Matplotlib 绘图基础

Python 有众多的绘图库，Matplotlib 是 Python 最著名的绘图库，它提供了一整套与 MATLAB 相似的命令 API，十分适合交互式地进行制图，是应用最广泛的 2D 绘图库之一，也是 Python 绘图中事实上的标准库。如果本机的 Python 环境通过 Anaconda 安装，则安装 Anaconda 时已经自动安装过了 Matplotlib 包，不需要另行安装，否则可以通过 pip 命令行安装：pip install matplotlib。

1. Matplotlib 快速绘图

调用 figure 创建一个绘图对象（画布），并且使成为当前的绘图对象：

```
>>>plt.figure(figsize=(8,4))
```

这里，figsize 设置画布的大小为 8×4 英寸。其他关键函数如下：

```
plot(x,y)：根据坐标 x、y 值绘图。
```

show()：将缓冲区的绘制结果在屏幕上显示出来。

不创建绘图对象直接调用绘图函数进行绘图，Matplotlib 会自动创建一个绘图对象。代码如下：

例 5-3　绘制以下函数曲线：

$$y_1=2x-1$$

$$y_2=x^2$$

```
plt.figure(figsize=(6,4))
x = np.linspace(-3,4,50)
y1 = 2 * x - 1
y2 = x ** 2
plt.plot(x, y1)
plt.plot(x,y2,c='red',linewidth=1.0,linestyle='--')
plt.ylabel('f(x)')
```

该例导入了 Python 的 NumPy 库，使用 linspace() 函数生成 x 轴样本数，默认绘图对象的大小是 6.4×4.8 英寸，plot() 函数绘制折线图，show() 函数显示图形，生成的图形如图 5-3 所示。

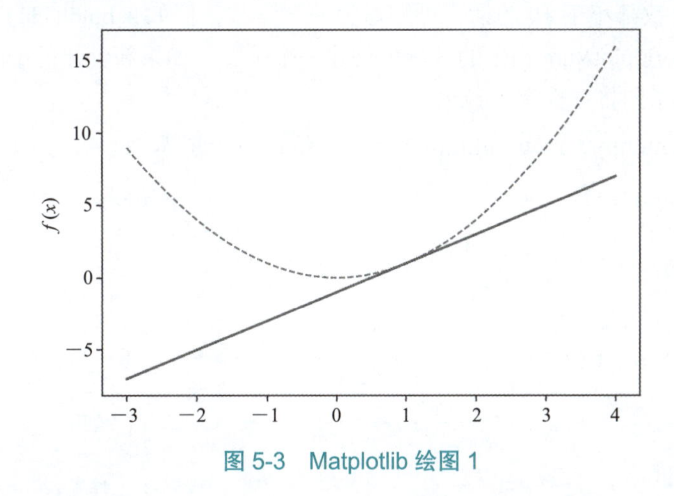

图 5-3　Matplotlib 绘图 1

从上面的例子可以看出，使用 Matplotlib 绘图的基本过程如下：

（1）导入模块 matplotlib、pandas、numpy。

（2）定义横轴标度并以横轴标度为自变量定义纵轴功能函数。

（3）使用 figure() 函数指定图像的长宽比。

（4）使用 plt.plot() 函数绘制功能函数。

（5）使用 plt 的属性函数设置图像属性。

（6）使用 plt.show() 函数显示图像。

pyplot 常用图像属性设置函数见表 5-2。

表 5-2　pyplot 常用图像属性设置函数

函　　数	说　　明
title()	为当前绘图添加标题
legend()	为当前绘图放置图例
annotate(s, xy, *args, **kwargs)	为指定数据点创建注释，s 为注释文本的内容，xy 为被注释的坐标点
xlabel(s)、ylabel(s)	设置 x、y 轴标签
xticks()、yticks()	设置 x、y 轴刻度位置和标签
xlim(xmin,xmax) 、ylim(ymin,ymax)	设置当前 x、y 轴轴取值范围
axhline(x=0, ymin=0, ymax=1)	绘制水平线，y 取值从 0 到 1 为整个区间
hlines()	绘制水平线
axvline(x=0, ymin=0, ymax=1)	绘制垂直线，y 取值从 0 到 1 为整个区间
vlines()	绘制垂直线

2. 绘制多子图

一个绘图对象（figure）可以包含多个轴（axis），在 Matplotlib 中用轴表示一个绘图区域即子图。上例子中，绘图对象只包括一个轴，因此只显示了一个子图。可以使用 subplot() 函数快速绘制有多个子图的图表。subplot() 函数的调用形式如下：

```
>>>plt.subplot(numRows, numCols, plotNum)
```

subplot 将整个绘图区域等分为 numRows 行和 numCols 列两个子区域，然后按照从左到右，从上到下的顺序对每个子区域进行编号，左上的子区域的编号为 1。如果 numRows、numCols

和 plotNum 这三个数都小于 10 的话，可缩写为一个整数，例如 subplot(211) 和 subplot(2,1,1) 是相同的。subplot 在 plotNum 指定的区域中创建一个子图。如果新创建的子图和之前创建的子图重叠，之前的子图将被删除。

例 5-4 导入 numpy、matplotlib.pyplot 库，绘制多子图示例。

```
x= np.linspace(0, 2*np.pi, 1000)            # 创建横轴 x
y1 = np.sin(x)                              # 创建数值 y
y2 = np.cos(x)
y3 = np.exp(x)
plt.figure(1)                               # 创建画布
ax1 = plt.subplot(3,2,1)                    # 第一行第一列图形
ax2 = plt.subplot(312)                      # 第二行图形
ax3 = plt.subplot(313, facecolor='y')       # 第三行，绘图区填充黄色
plt.sca(ax1)                                # 选择子图 ax1
plt.plot(x,y1,color='r')                    # 绘制红色曲线
plt.sca(ax2)                                # 选择子图 ax2
plt.plot(x,y2,'b--')                        # 绘制蓝色曲线
plt.sca(ax3)                                # 选择 ax3
plt.plot(x,y3,'m--')                        # 绘制品红色曲线
```

绘制的图形如图 5-4 所示。

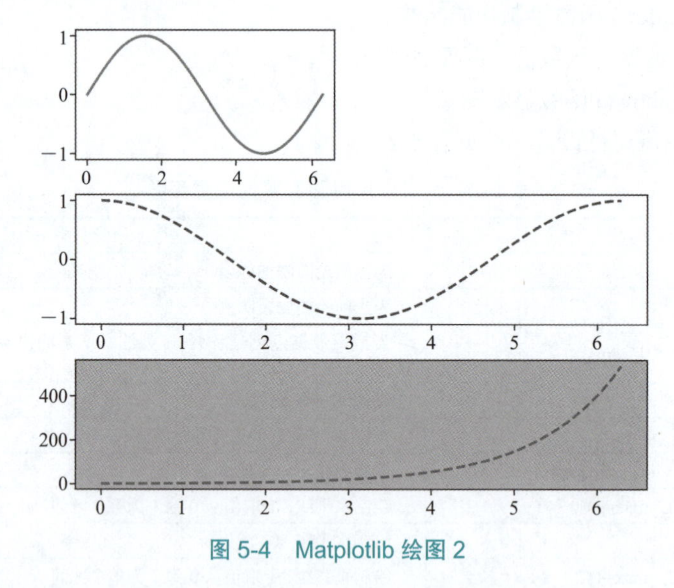

图 5-4 Matplotlib 绘图 2

Matplotlib 是基于 Python 语言的开源绘图工具包，其 Gallery 页面中提供了各类图表缩略图，到官方网站查看并复制源代码。

3. 保存绘制的图形到文件

使用以下命令可将绘制的图像保存到指定文件中：

```
plt.savefig("d:\\matplot.jpg",dpi=300, bbox_inches='tight'))
```

其中，该语句必须在图像绘制完成之后且在 plt.show() 语句之前，文件名可包含文件路径，否则保存在当前文件夹下，dpi 设置图像分辨率（像素 / 英寸），bbox_inches 为 tight 则设置将图表多余的空白区域裁剪掉，如果要保留图表周围多余的空白区域，可省略。

5.2 绘制常用图形

5.2.1 认识基本图表类型

数据分析中常使用各种图表来展示数据，例如，折线图、条形图、柱状图、散点图、箱线图等。各类图表功能及特点如下：

（1）折线图：用来描述数据的趋势，可以显示随时间变化的连续数据的数值变动，因此非常适用于展示在相等时间间隔下数据的趋势。

（2）条形图：用来描述数据的分布，可以对类别型数据进行绘图，也可以对连续数据绘图。当对类别数据绘图时，横轴表示数据的类别，纵轴表示类别的个数，也称为频数；当对连续数据进行绘图时，横轴表示区间，通过将连续数据划分为 n 个区间（组），分别计算落在区间（组）内的频数，这个频数即为纵轴的值。

（3）柱状图：用于描述不同分组不同类别数据的关系，柱子的高低表示数值的大小。与条形图的区别是，柱状图纵轴的含义是数值的大小，而条形图纵轴的含义是每个组中包含的数据量个数。

（4）散点图：在散点图中每个数据是用点来表示的，每个点有两个坐标，x 和 y，每个 x 对应一个 y，是一组二维信息数据。通过散点图中散点的疏密程度和变化趋势，清晰地描述两个变量之间的数量关系。

（5）饼图：用于展示每一项数据相对于所有项总和数据的占比。图例中每一个颜色代表了一项数据，或者一类数据，饼图常用于描述类别的数据，以直观形式了解每一项（类）占所有数据的百分比。

（6）箱线图：用于显示一组数据的分散情况。因形状如箱子而得名。它主要反映原始数据分布的特征，里面包含了分位数的概念，将分位数的概念以图形的形式展示。

5.2.2 常用图形绘制

1. 函数图

在数学中，函数 $y=f(x)$ 的图形（或图像）指的是所有有序数对 $(x, f(x))$ 组成的集合。绘制随着自变量 x 的变化而变化的函数值 y 的图形（或图像），是数学研究常用的方法。

例 5-5 绘制函数图形示例。

有以下函数：

$$x=-3\sin 3t+\sin t$$

$$y=-3\cos 3t+\cos t$$

其中，t 的取值范围为 0 ～ 2 p，步长为 0.02。

绘制函数图形代码如下：

```
import numpy as np
import matplotlib.pyplot as plt
t=np.arange(0,2*np.pi,0.02)
plt.plot(-3*np.sin(3*t)+np.sin(t),-3*np.cos(3*t)+np.cos(t))
```

绘图结果如图 5-5 所示。

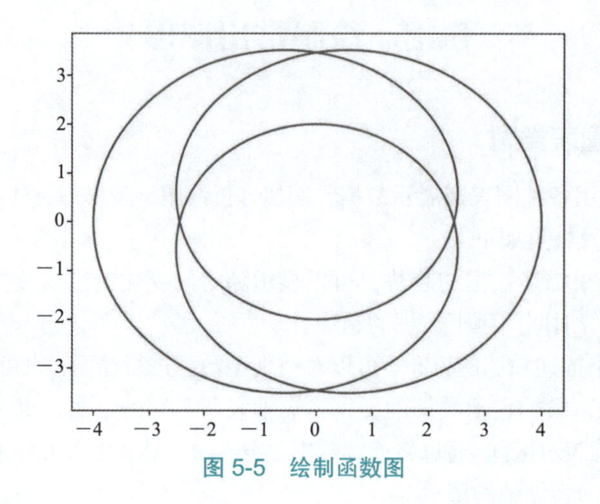

图 5-5 绘制函数图

plot() 函数原型如下：

```
plt.plot(x,y,format_string,**kwargs)
```

参数说明：

- x：x 轴数据，列表或数组，可选。
- y：y 轴数据，列表或数组。
- format_string：控制曲线的格式字符串，可选。
- **kwargs：第二组参数或更多参数，如 (x,y,format_string)。

注：当绘制多条曲线时，各条曲线的 x 不能省略。

2. 柱状图

柱状图利用柱子的高度来反映数据的差距，用于显示一段时间内的数据变化或者是说明各项数据之间的比较情况。

例 5-6 绘制各品牌 SKU 柱状图。SKU 即库存进出计量的单位，是 stock keeping unit 的简写，现已被引申为产品统一编号的简称。

数据表"beauty.xlsx"中有某年"双十一"期间各品牌的销售清单，清单包含 7 个特征数据（update_time：统计时间，id：产品编号，title：产品名称，price：交易价格，sale_count：销量，comment_count：评论数量，店名：店铺名称）。读取数据，统计各品牌 SKU 数，绘制柱状图，程序代码如下：

```
df=pd.read_excel('beauty.xlsx')          # 从 Excel 文件读数据
# value_counts() 统计数据表中 " 店名 " 列每个店名出现的次数，并降序排列
df=df[' 店名 '].value_counts().sort_values(ascending=False)
plt.figure(figsize=(10,6))               # 创建画布
df.plot.bar(width=0.6,alpha=0.8)         # 绘制柱状图，设置柱子宽度及透明度，使用默认
                                           颜色
plt.title(' 各品牌 SKU 数 ',fontsize=16) # 设置图表标题
plt.ylabel(' 商品数量 ',fontsize=14)     # 设置 y 轴标题
plt.savefig("sku.jpg",dpi=300)           # 保存图像到文件
```

绘制的图表如图 5-6 所示。

从图 5-6 中可见，品牌 6 的商品数量最多，其次为品牌 4、品牌 E。

当需要对比两组数据时，可绘制复式柱状图进行对比。

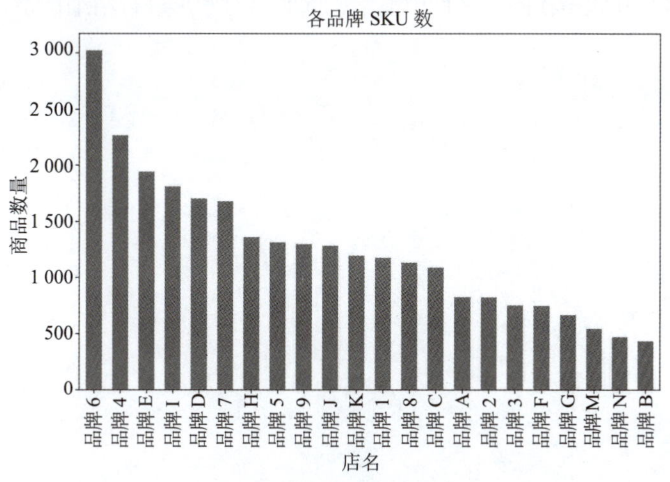

图 5-6　各品牌 SKU 图

例 5-7　学生成绩表里有两个班级各门课程的成绩，统计各班专业基础课的平均成绩。

学生成绩表特征数据如下：姓名，性别，班级，课程，学分，开设学院，课程类型，成绩，其中，不同课程的课程类型分为“专业基础课”和“公共基础课”。根据不同班级分别提取两个班的专业基础课数据集进行绘图，利用 Pandas 的绘图功能实现，程序代码如下：

```
df=pd.read_excel('学生成绩表.xlsx',usecols=['班级','课程类型','课程','成绩'])
data1=df[(df.班级=='1班')&(df.课程类型=='专业基础课')].groupby('课程')['成绩'].mean()
data2=df[(df.班级=='2班')&(df.课程类型=='专业基础课')].groupby('课程')['成绩'].mean()
datadict={'1班':data1.values, '2班':data2.values}
data=pd.DataFrame(datadict,index=data1.index)
data.plot(kind='bar',rot=0)
plt.show()
```

绘制图形如图 5-7 所示。

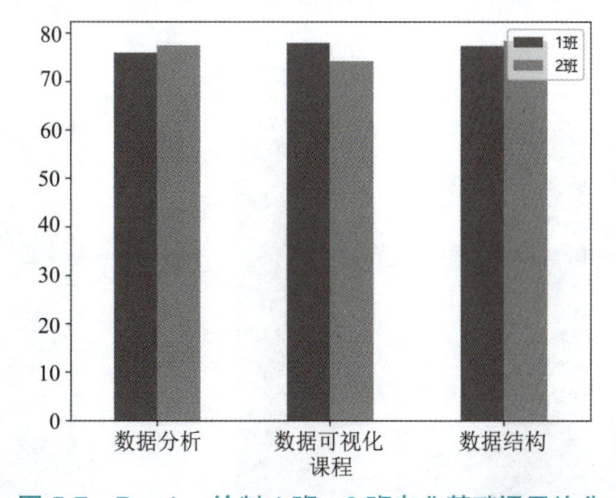

图 5-7　Pandas 绘制 1 班、2 班专业基础课平均分

Matplotlib 的 bar() 函数绘制复式的柱状图，可先绘制一个柱状图，再将第二个柱状图向右偏移，以实现多个柱状图在同一坐标中显示，同时可对图形进行精细调整，程序代码如下：

```
    import matplotlib.patches as mpatches
    import matplotlib
    plt.rcParams['xtick.direction']='in' # 将 x 轴的刻度线方向设置向内
    plt.rcParams['ytick.direction']='in'
    plt.figure(figsize=(6, 4), dpi=120)#
    df = pd.read_excel('学生成绩表.xlsx',usecols=['班级','课程类型','课程','成绩'])
    # 分别计算 1 班、2 班专业基础课成绩平均分
    data1 = df[(df.班级=='1 班')&(df.课程类型==' 专业基础课')].groupby('课程')['成
绩'].mean()
    data2 = df[(df.班级=='2 班')&(df.课程类型==' 专业基础课')].groupby('课程')['成
绩'].mean()
    xindex =data1.index
    # 先得到 xindex 长度，再得到下标组成列表
    x = range(len(xindex))
    plt.bar(x, data1, width=0.2,color='# EB6001')
    # 向右移动 0.2，柱状条宽度为 0.2
    plt.bar([i + 0.2 for i in x], data2, width=0.2, color='#0B7C3D ')
    # 底部汉字移动到两个柱状条中间(本来汉字是在左边蓝色柱状条下面，向右移动 0.1)
    plt.xticks([i + 0.1 for i in x], xindex)
    plt.ylabel('平均分',size=10)
    color = ['#EB6001', '#0B7C3D']
    labels = ['1 班 ','2 班']
    patches = [mpatches.Patch(color=color[i], label="{:s}".format(labels[i]))
for i in range(len(color))]
    ax=plt.gca()     # 创建坐标轴
    box = ax.get_position()
    ax.set_position([box.x0, box.y0, box.width , box.height* 0.9])
    # 下面一行中 bbox_to_anchor 指定了图例 legend 的位置
    ax.legend(handles=patches, bbox_to_anchor=(0.65,1.12), ncol=3) # 生成 legend
    # 为每个条形图添加数值标签
    for x1,y1 in enumerate(data1):
        plt.text(x1, y1+0.1, '%.1f'%y1,ha='center',fontsize=10)
    for x2,y2 in enumerate(data2):
        plt.text(x2+0.2,y2+0.1,'%.1f'%y2,ha='center',fontsize=10)
```

绘制的图表如图 5-8 所示，利用了图形的偏移实现在一个坐标轴上显示两个柱状图。

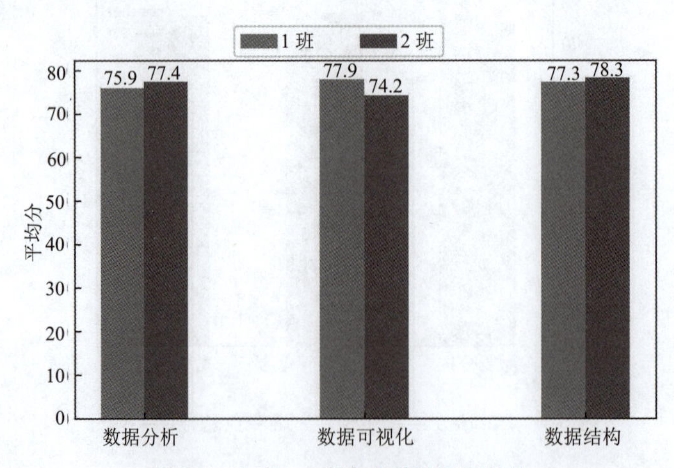

图 5-8　1 班、2 班专业基础课平均分

3. 条形图

条形图与柱状图都是用于显示各项目之间的数据差异，它与柱状图具有相同的表现目的，不同的是，柱状图是在水平方向上以此展示数据，条形图是在纵向方向上依次展示数据，更适合展示排行榜数据。

例 5-8　绘制各品牌总销量和总销售额排行榜。

数据表“beauty.xlsx”同例 5-6。程序代码如下：

```
    data=pd.read_excel('beauty.xlsx')
    # 创建一个画布对象和一个子图组
    fig,axes = plt.subplots(1,2,figsize=(10,8))
    #groupby('店名') 根据"店名"分组，sum() 统计每个店的销售量 sale_count 总和
    #sort_values() 排序，ascending=True 按升序排列（条形图的坐标原点在左下）
    data1=data.groupby('店名').sale_count.sum().sort_values(ascending=True)
# 获取数据源
    #kind='barh' 绘制条形图，ax=axes[0] 为子图 1
    ax1=data1.plot(kind='barh', ax=axes[0], width=0.6)
    ax1.set_title('各品牌总销售量', fontsize=12)
    ax1.set_xlabel('总销售量')
    data2=data.groupby('店名')['销售额'].sum().sort_values(ascending=True)
    ax2 = data2.plot(kind='barh', ax=axes[1], width=0.6)        # 子图 2
    ax2.set_title('各品牌总销售额', fontsize=12)
    ax2.set_xlabel('总销售额')
    plt.subplots_adjust(wspace=0.4)          # 调整子图间距
```

绘制图表如图 5-9 所示。

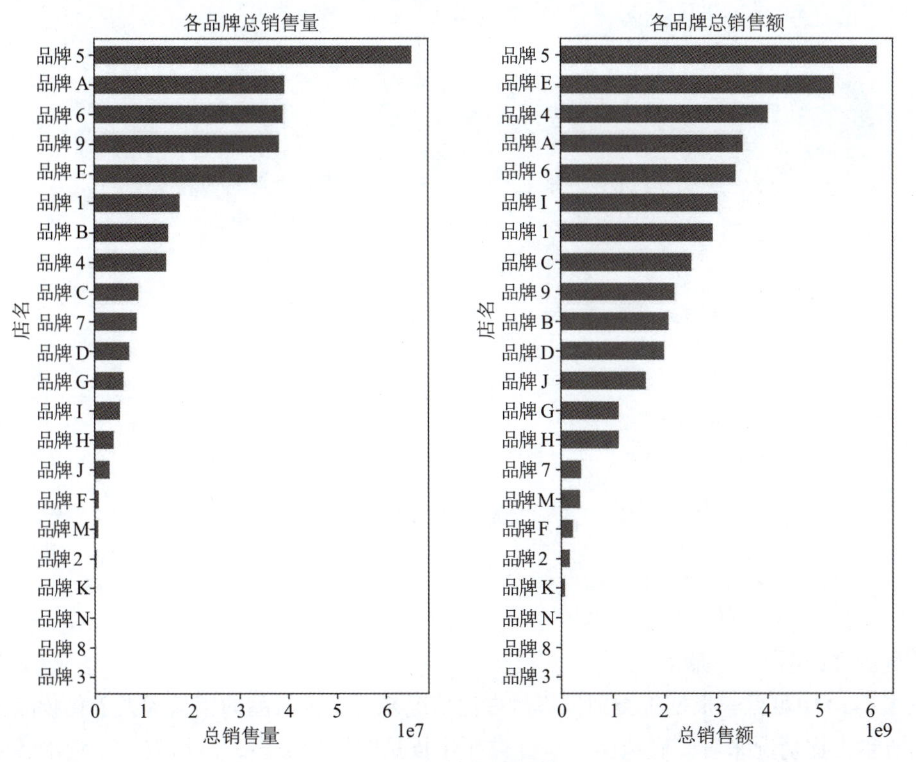

图 5-9　销售排行榜

从图 5-9 中可见，品牌 5 的销售量和销售额都是最高的。销量第二至第五，分别为品牌 A、品牌 6、品牌 9、品牌 E；销售额第二至第五，分别为品牌 E、品牌 4、品牌 A、品牌 6。品牌 A、品牌 6、品牌 E 都在销量、销售额前五中。

一般，绘制基于时间序列数据进行对比图，选择柱状图；当类别比较多时（超过 6 个），或当类别名称比较长的时候，使用条形图。

4. 饼图

饼图可以展示整体和构成的情况，适用于表达不同项目或者类别在整体中的"占比"。当需要描述数据在同一维度下的结构、占比关系，或具体反映某个比重时，适合使用饼图。

例 5-9 绘制各类别商品总销量和总销售额占比图。

数据表"beauty.xlsx"同例 5-6，统计不同类型的销售情况对公司制定新的决策有重要的意义。程序代码如下：

```
    data=pd.read_excel('beauty.xlsx')
    fig,axes = plt.subplots(1,2,figsize=(14,8))
    #groupby('main_type') 根据 "main_type" 列分组
    #sum() 统计不同主类别的 sale_count 总和，sort_values(ascending=True) 设置升序
    # 获取数据源 data1
    data1 = data.groupby('main_type')['sale_count'].sum().sort_
values(ascending =True)
    # 设置子图 1，kind='pie' 为绘制饼图
    ax1 = data1.plot(kind='pie',ax=axes[0],autopct='%.1f%%', #设置百分比的格式，
保留一位小数
        pctdistance=0.8,            # 设置百分比标签与圆心的距离
        labels= data1.index,
        labeldistance=1.05,         # 设置标签与圆心的距离
        startangle=60,              # 设置饼图的初始角度
        radius=1,                   # 设置饼图的半径
        counterclock=False,         # 是否逆时针，这里设置为顺时针方向
        wedgeprops={'linewidth': 1.2, },# 设置饼图内外边界的属性值
        textprops={'fontsize':12, 'color':'k','rotation':45},       # 设置文本
标签的属性值
    )
    ax1.set_title(' 主类别销售量占比 ',fontsize=14) # 子图 1 标题
    # 设置子图 2
    data2=data.groupby('sub_type')['sale_count'].sum()
    ax2=data2.plot(kind='pie',ax=axes[1],autopct='%.1f%%', pctdistance=0.8,
    labels=data2.index,labeldistance=1.05,startangle = 230,
    radius=1.2, counterclock=False, wedgeprops={'linewidth': 1.2, },
    textprops={'fontsize':10, 'color':'k','rotation':45},
    )
    ax2.set_title(' 子类别销售量占比 ',fontsize=14)
    plt.subplots_adjust(wspace=0.05)  # 调整子图间距
```

绘制图表如图 5-10 所示。

从图 5-10 中可见，根据主类别销售量占比情况来看，护肤品的销量远大于化妆品；从子类别销售量占比情况来看，底妆类、口红类在化妆品中销量最多，清洁类、化妆水、面霜类在护肤品中销量最多。

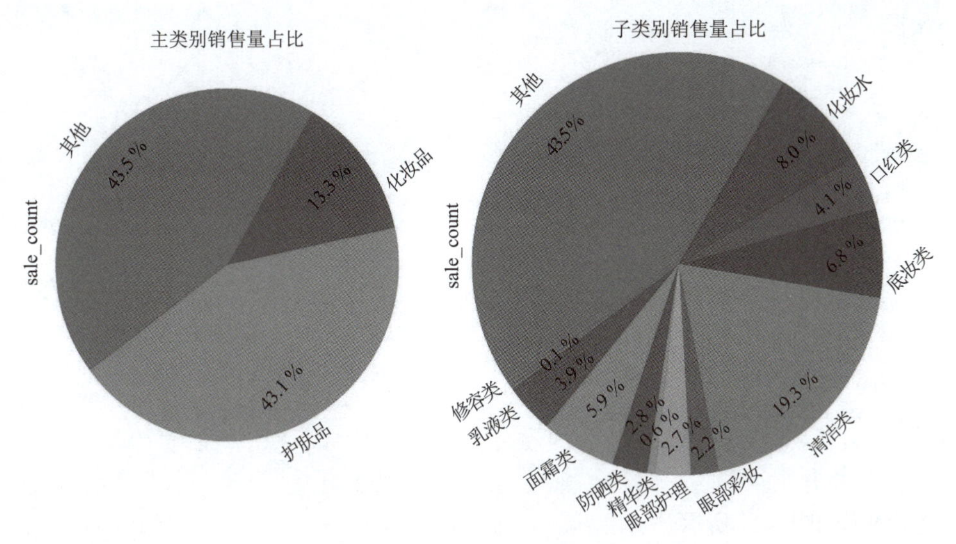

图 5-10　各类别销售情况图

Matplotlib 绘制饼图的 pie() 函数格式如下：

```
    plt.pie(x, explode = None, labels= None, colors= None, autopct= None,
pctdistance= 0.6, shadow = False, labeldistance= 1.1, startangle = 0,
radius = 1, counterclock= True…)
```

主要参数说明：

- explode：array 类型，指定饼图分片数及距圆心为 *n* 个半径，默认 *n* 为 None。
- colors：颜色，默认为 None。
- labels：array 类型，指定每个分片的标签。
- autopct：string 类型，标签中数字格式。
- pctdistance：float 类型，饼图的比例和距离圆心的半径，默认为 0.6。
- labeldistance：float 类型，标签距圆心距离。
- shadow：饼图阴影。
- startangle：若不为 None，从 *x* 轴起逆时针旋转。
- radius：饼的半径，默认为 1。

5. 散点图和气泡图

散点图通常用于显示两个变量之间的关系，显示 (x, y) 在二维或三维空间分布情况，可能有关系，也可能没有关系，主要通过图形的颜色、位置和大小的变化关系来展示数据的关联性。随着大数据的流行，为了找出某些规律，发现数据的潜在价值，在数据分析的相关领域广泛使用散点图。

气泡图可以显示三个变量，通常是两个连续变量和一个分类变量，显示 (x, y) 在二维或三维空间分布和各点取值大小情况，适用于不要求精确辨识第三维度数据的场合，而且适用于比较小的数据集，气泡过多会让气泡难以区分。

例5-10　绘制散点图与气泡图示例。

程序代码如下：

```
# 创建示例数据
```

```
np.random.seed(10)
x = np.random.rand(10)
y = np.random.rand(10)
plt.figure(1)
# 创建散点图
ax1=plt.subplot(211)
ax2=plt.subplot(212)
plt.sca(ax1)
plt.scatter(x, y)
plt.title(' 散点图 ')
# 创建气泡图
z = np.random.randint(0, 2, 10)# 假设 z 为分类变量
plt.sca(ax2)
plt.scatter(x, y, c=z, s=100, cmap='viridis')
plt.title(' 气泡图 ')
```

绘制图形如图 5-11 所示。

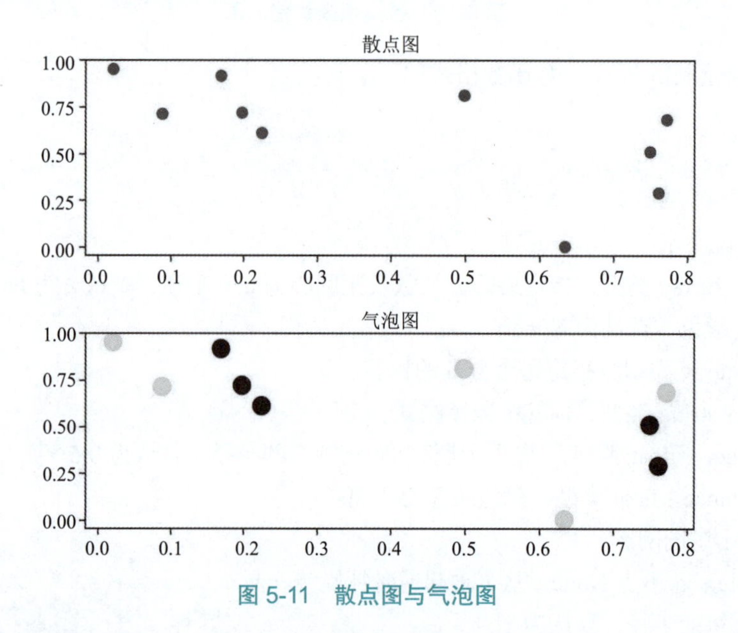

图 5-11　散点图与气泡图

scatter() 函数原型如下：

```
plt.scatter(x, y, s=None, c=None, marker=None, cmap=None, norm=None, vmin=None, vmax=None, alpha=None, linewidths=None, verts=None, edgecolors=None, *, data=None, **kwargs)
```

主要参数说明：

- x，y：表示散点图的数据点位置，x、y 的值相等，组成一个二维数组。
- s：是一个实数或者是一个一维数组，长度与 x 的值相等，是可选参数，表示散点的大小。
- c：颜色，可选项。默认是蓝色 'b'，表示的是标记的颜色。
- marker：表示的是标记的样式，默认的是 'o'。
- cmap：即 colormap，表示颜色映射，用于设置颜色渐变，仅当参数 c 是一个浮点数数组的时才有用。

例 5-11　展示各品牌热度。

数据表“beauty.xlsx”同例5-6，其中评论数量可体现品牌的热度，绘图展示热度与销量之间的关系。程序代码如下：

```
data=pd.read_excel('beauty.xlsx')
plt.figure(figsize=(12,8), dpi=200)
x = data.groupby('店名')['sale_count'].mean()     #计算销量均值
y = data.groupby('店名')['comment_count'].mean()  #计算热度均值
txt = data.groupby('店名').id.count().index
plt.scatter(x=x,y=y,c=y,cmap='viridis')     #c=y，设置数据点的颜色与热度值相关
for i in range(len(txt)):      #在数据点旁显示数据标签
    plt.annotate(txt[i],xy=(x[i],y[i]))
plt.ylabel('热度')      #y轴标题
plt.xlabel('销量')      #x轴标题
```

绘制图形如图5-12所示。

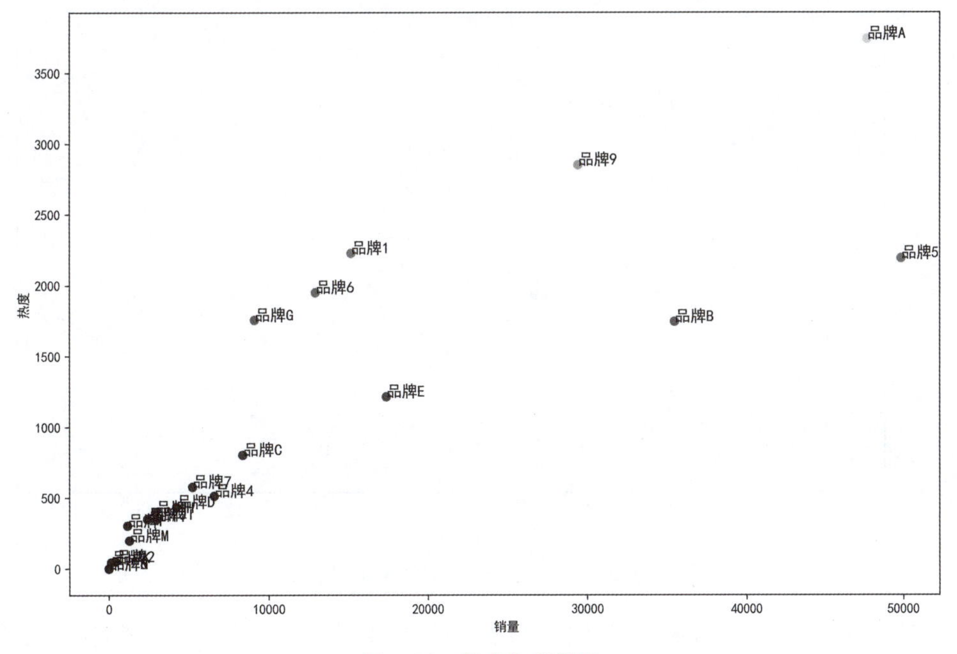

图5-12　热度与销量图

由图5-12可见，越靠上的品牌热度越高，越靠右的品牌销量越高，颜色越深圈越大价格越高，热度与销量呈现一定的正比；品牌A热度第一，销量第二，品牌9热度第二，销量第四，两者价格均相对较低；价格低的品牌热度和销量相对较高，价格高的品牌热度和销量相对较低，说明价格在热度和销量中有一定影响。

6. 折线图

折线图常用于可视化商务数据的趋势分析，展现随时间或有序类别而变化的趋势。虽然柱状图也可以表示时间序列的趋势，但它主要强调的是各数据点之间的差异，更适合于表示离散型的时间序列。而折线图强调起伏变化的趋势，适合表示连续型时间序列，特别是数据点比较多的时候。

例5-12 分析时间与销量之间的关系。

数据表“beauty.xlsx”同例 5-6，分析“双十一”期间销量的变化趋势。程序代码如下：

```
data=pd.read_excel('beauty.xlsx')
from matplotlib.pyplot import MultipleLocator
plt.figure(figsize = (12,6))
day_sale=data.groupby('day')['sale_count'].sum()  #计算每日的销量总和
day_sale.plot()#画图
plt.grid(linestyle="-.",color="gray",axis="x",alpha=0.5)  #显示网格线
x_major_locator=MultipleLocator(1)  #把x轴的刻度间隔设置为1，并存在变量里
ax=plt.gca()  #ax为两条坐标轴的实例
ax.xaxis.set_major_locator(x_major_locator)
#把x轴的主刻度设置为1的倍数
plt.xlabel('日期(11月)',fontsize=12)
plt.ylabel('销量',fontsize=12)
```

绘制图形如图 5-13 所示。

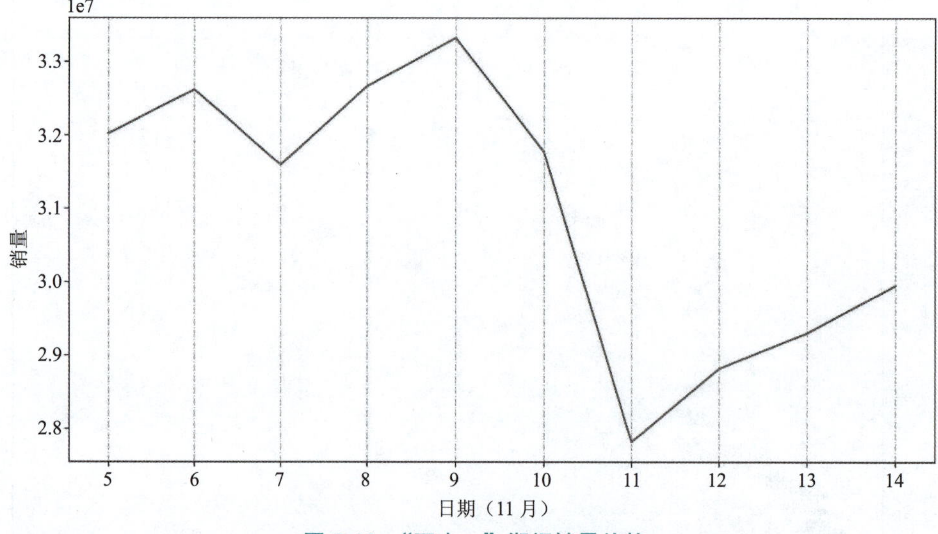

图 5-13 “双十一”期间销量趋势

由图 5-13 可见，由于商家在“双十一”提前预热，巨大的优惠力度和为了避免网络高峰，不少消费者选择提前消费，销量高峰出现在“双十一”前几天；“双十一”后 3 天商家持续打折优惠，消费者还保有购物余热，但远不如“双十一”之前。

7. 箱线图

箱线图因形状如箱子而得名，常见于品质管理，用于展示变量的分布，显示一组数据的最大值、最小值、中位数及上下四分位数，体现数据的分散情况。从箱线图可以直观地看到每个数据中心位置、散布范围以及异常值等信息。

箱线图由一个矩形箱子和两根线组成，箱子的上边界表示上四分位数，下边界表示下四分位数，箱子内部的水平线表示中位数（median），而两根线表示数据的范围，通常是 1.5 倍四分位距的距离。

例5-13 模拟随机数的分布图。

程序代码如下：

```
    lst=list(np.random.randn(1000))
    plt.figure(figsize = (6,4),dpi=100)
    # 画图
    plt.boxplot(x=lst,
                sym="+",  # 异常点形状
                showmeans=True,
                whis=1.5,
                boxprops={"color":"black"},
                flierprops={"marker":"o","markerfacecolor":"red","markersi
ze":3},
                meanprops={"marker":"o","markerfacecolor":"red","markersi
ze":3},
                medianprops={"linestyle":"-","color":"orange"},
                labels=[""]
                )
    plt.title("箱线图")
```

绘制图形如图 5-14 所示。

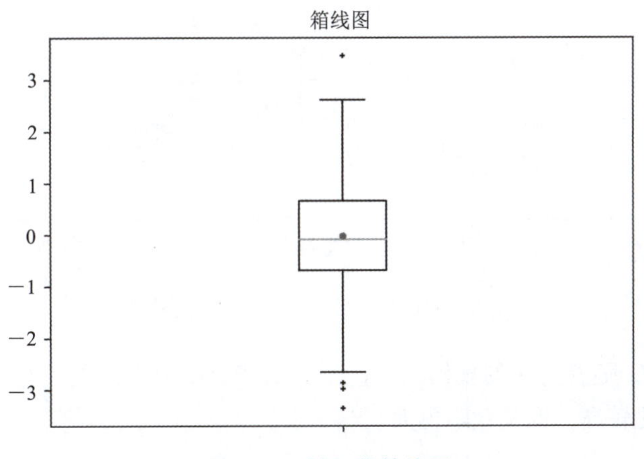

图 5-14　随机数箱线图

Matplotlib 的 boxplot() 函数中常用的参数说明：

• x，表示数据源；如果是一维的数组，则直接根据数组的数据产生一个箱线图，如果是二维数组，则按列的方向对数据进行统计，即有几列数据，就做几个箱线图。

• notch，设置是否绘制缺口形状的箱线图，默认 False，即箱框矩形。上例中省略即表示箱框默认为矩形。

例 5-14　有某市数据分析师岗位薪酬的模拟数据集，特征数据有 company：公司名称，figure：规模，job：岗位，salary：薪酬，experience：工作经验，education：教育程度，description：工作描述，address：所在区，bottomSalary：底薪，topSalary：最高薪酬，avgSalary：平均薪酬，试分析不同公司规模与平均薪酬的关系。可绘制分组箱线图展示不同公司规模的平均薪酬情况。

程序代码如下：

```
    data = pd.read_excel('salary.xlsx')
    # 提取不同 figure 的平均薪酬
```

```
    size1=data.loc[data['figure'] == '15-50人',['figure','avgSalary']]
    size2=data.loc[data['figure'] == '50-150人',['figure','avgSalary']]
    size3=data.loc[data['figure'] == '150-500人',['figure','avgSalary']]
    size4=data.loc[data['figure'] == '500-2000人',['figure','avgSalary']]
    size5=data.loc[data['figure'] == '2000人以上',['figure','avgSalary']]
    plt.figure(figsize = (12,4))
    plt.xlabel('公司规模')
    plt.ylabel('平均薪酬(万元/月)')
    plt.title('公司规模与平均薪酬')
    plt.boxplot((size1['avgSalary'],size2['avgSalary'],size3['avgSalary'],
size4['avgSalary'], size5['avgSalary']), labels=('15-50人','50-150人',
'150-500人','500-2000人','2000人以上'))
```

绘制图形如图 5-15 所示。

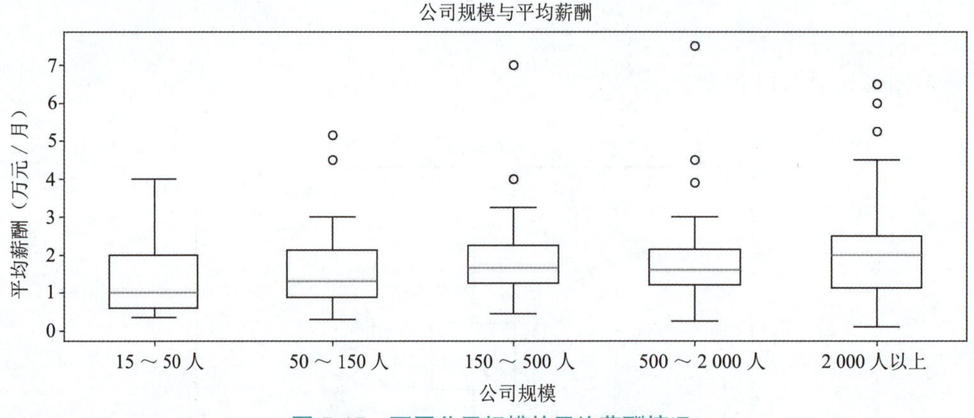

图 5-15　不同公司规模的平均薪酬情况

由图 5-15 可见，随着公司的规模增大，平均薪酬有明显上涨的趋势。另外 2 000 人以上公司工资待遇虽然比较高，但是差距也大。

5.3　动态交互式图表

Pyecharts 是一个基于 Echarts 的数据可视化库，由开源的 Echarts 与 Python 结合而成。Pyecharts 提供了丰富的图表类型和高度灵活的配置项，使得用户可以轻松地创建各种数据可视化图表。它的主要特点是：

（1）丰富的图表类型。Pyecharts 提供了 30 多种常见图表，包括柱状图、折线图、饼图、散点图、雷达图、地图、箱线图、K 线图、词云等，适用于各种数据展示和分析需求。

（2）高度灵活的配置项。用户可以对图表的各个方面进行详细配置，包括标题、坐标轴、图例、颜色、字体、线条样式等，支持设置交互功能，如提示框、缩放、滚动、点击事件等。

（3）良好的兼容性与可移植性。可以在 Jupyter Notebook 上使用，方便实时图表展示和交互操作。

（4）能够轻松集成至 Flask、Django 等 Web 框架中，实现数据的动态展示和交互。

例5-15　构造数据模拟 2018—2023 年，部分省市的地铁运营里程数，绘制动态折线图。

视 频

例5-15讲解

程序代码如下：

```
import pyecharts.options as opts
from pyecharts.charts import Line, Grid
from pyecharts.commons.utils import JsCode
 x_data = ["2018", "2019", "2020", "2021", "2022", "2023"]
y_data1 = [617,666,705,738.5,772,831]
y_data2 =[574,597,626,689,704,762]
y_data3=[287,366,454,491,507,629
]
y_data4=[108,179,226,302,410,518
]
y_data5=[181,234,301,335,356,432
]
y_data6=[294,321,348,375,412,431
]
y_data7=[258,302,340,359,378,428
]
background_color_js = (
    "new echarts.graphic.LinearGradient(0, 0, 0, 1, "
    "[{offset: 0, color: '#c86589'}, {offset: 1, color: '#06a7ff'}], false)"
)
area_color_js = (
    "new echarts.graphic.LinearGradient(0, 0, 0, 1, "
    "[{offset: 0, color: '#eb64fb'}, {offset: 1, color: '#3fbbff0d'}], false)"
)

c = (
    Line(init_opts=opts.InitOpts(bg_color=JsCode(background_color_js)))
    .add_xaxis(xaxis_data=x_data)
    .add_yaxis(
        series_name="城市A",
        y_axis=y_data1,
        is_smooth=True,
        is_symbol_show=True,
        symbol="circle",
        symbol_size=6,
        linestyle_opts=opts.LineStyleOpts(color="#fff"),
        label_opts=opts.LabelOpts(is_show=True, position="top", color="white"),
        itemstyle_opts=opts.ItemStyleOpts(
            color="red", border_color="#fff", border_width=3
        ),
        tooltip_opts=opts.TooltipOpts(is_show=False),
        areastyle_opts=opts.AreaStyleOpts(color=JsCode(area_color_js),
opacity=1),
    )
    .add_yaxis(
        series_name="城市B",
```

```
            y_axis=y_data2,
            is_smooth=True,
            is_symbol_show=True,
            symbol="circle",
            symbol_size=6,
            linestyle_opts=opts.LineStyleOpts(color="#fff"),
            label_opts=opts.LabelOpts(is_show=True, position="top", color="white"),
            itemstyle_opts=opts.ItemStyleOpts(
                color="red", border_color="#fff", border_width=3
            ),
            tooltip_opts=opts.TooltipOpts(is_show=False),
            areastyle_opts=opts.AreaStyleOpts(color=JsCode(area_color_js),
opacity=1),
        )
        .add_yaxis(
            series_name="城市C",
            y_axis=y_data3,
            is_smooth=True,
            is_symbol_show=True,
            symbol="circle",
            symbol_size=6,
            linestyle_opts=opts.LineStyleOpts(color="#fff"),
            label_opts=opts.LabelOpts(is_show=True, position="top", color="white"),
            itemstyle_opts=opts.ItemStyleOpts(
                color="red", border_color="#fff", border_width=3
            ),
            tooltip_opts=opts.TooltipOpts(is_show=False),
            areastyle_opts=opts.AreaStyleOpts(color=JsCode(area_color_js),
opacity=1),
        )
        .add_yaxis(
            series_name="城市D",
            y_axis=y_data4,
            is_smooth=True,
            is_symbol_show=True,
            symbol="circle",
            symbol_size=6,
            linestyle_opts=opts.LineStyleOpts(color="#fff"),
            label_opts=opts.LabelOpts(is_show=True, position="top", color="white"),
            itemstyle_opts=opts.ItemStyleOpts(
                color="red", border_color="#fff", border_width=3
            ),
            tooltip_opts=opts.TooltipOpts(is_show=False),
            areastyle_opts=opts.AreaStyleOpts(color=JsCode(area_color_js),
opacity=1),
        )
        .add_yaxis(
            series_name="城市E",
            y_axis=y_data5,
            is_smooth=True,
            is_symbol_show=True,
```

```
            symbol="circle",
            symbol_size=6,
            linestyle_opts=opts.LineStyleOpts(color="#fff"),
            label_opts=opts.LabelOpts(is_show=True, position="top", color="white"),
            itemstyle_opts=opts.ItemStyleOpts(
                color="red", border_color="#fff", border_width=3
            ),
            tooltip_opts=opts.TooltipOpts(is_show=False),
            areastyle_opts=opts.AreaStyleOpts(color=JsCode(area_color_js),
opacity=1),
        )
        .add_yaxis(
            series_name="城市 F",
            y_axis=y_data6,
            is_smooth=True,
            is_symbol_show=True,
            symbol="circle",
            symbol_size=6,
            linestyle_opts=opts.LineStyleOpts(color="#fff"),
            label_opts=opts.LabelOpts(is_show=True, position="top", color="white"),
            itemstyle_opts=opts.ItemStyleOpts(
                color="red", border_color="#fff", border_width=3
            ),
            tooltip_opts=opts.TooltipOpts(is_show=False),
            areastyle_opts=opts.AreaStyleOpts(color=JsCode(area_color_js),
opacity=1),
        )
        .add_yaxis(
            series_name="城市 G",
            y_axis=y_data7,
            is_smooth=True,
            is_symbol_show=True,
            symbol="circle",
            symbol_size=6,
            linestyle_opts=opts.LineStyleOpts(color="#fff"),
            label_opts=opts.LabelOpts(is_show=True, position="top", color="white"),
            itemstyle_opts=opts.ItemStyleOpts(
                color="red", border_color="#fff", border_width=3
            ),
            tooltip_opts=opts.TooltipOpts(is_show=False),
            areastyle_opts=opts.AreaStyleOpts(color=JsCode(area_color_js),
opacity=1),
        )
        .set_global_opts(
            title_opts=opts.TitleOpts(
                title="历年地铁运营里程数",
                pos_bottom="5%",
                pos_left="center",
                title_textstyle_opts=opts.TextStyleOpts(color="#fff", font_
size=16),
            ),
```

```
            xaxis_opts=opts.AxisOpts(
                type_="category",
                boundary_gap=False,
                axislabel_opts=opts.LabelOpts(margin=30, color="#ffffff63"),
                axisline_opts=opts.AxisLineOpts(is_show=True),
                axistick_opts=opts.AxisTickOpts(
                    is_show=True,
                    length=25,
                    linestyle_opts=opts.LineStyleOpts(color="#ffffff1f"),
                ),
                splitline_opts=opts.SplitLineOpts(
                    is_show=True, linestyle_opts=opts.LineStyleOpts(color="
#ffffff1f")
                ),
            ),
            yaxis_opts=opts.AxisOpts(
                type_="value",
                position="right",
                axislabel_opts=opts.LabelOpts(margin=20, color="#ffffff63"),
                axisline_opts=opts.AxisLineOpts(
                    linestyle_opts=opts.LineStyleOpts(width=2, color="#fff")
                ),
                axistick_opts=opts.AxisTickOpts(
                    is_show=True,
                    length=15,
                    linestyle_opts=opts.LineStyleOpts(color="#ffffff1f"),
                ),
                splitline_opts=opts.SplitLineOpts(
                    is_show=True, linestyle_opts=opts.LineStyleOpts(color="
#ffffff1f")
                ),
            ),
            legend_opts=opts.LegendOpts(is_show=True),
        )
    )

    (
        Grid()
        .add(
            c,
            grid_opts=opts.GridOpts(
                pos_top="20%",
                pos_left="10%",
                pos_right="10%",
                pos_bottom="15%",
                is_contain_label=True,
            ),
        )
    )
    c.render('地铁运营里程动态图.html')
    c.render_notebook()
    #C:\\Users\\地铁运营里程动态图.html
```

动态绘制图形如图 5-16 所示。

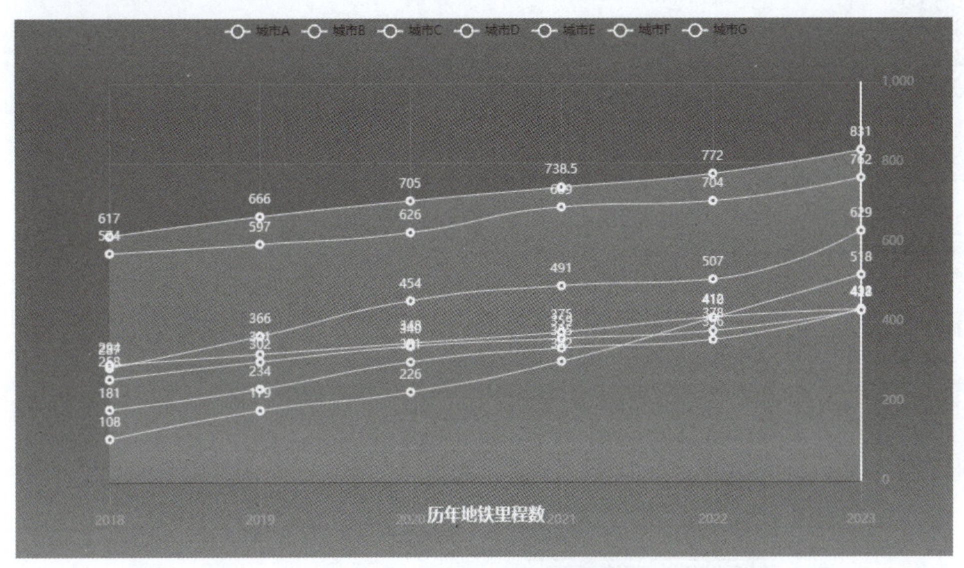

图 5-16　地铁运营里程动态图

例 5-16　通过某年全国各地区景点门票的售卖情况，制作热门景点销量情况动态图，分析 4A-5A 景点分布及热门景点销量。旅游数据集的特征数据有城市、名称、星级、评分、价格、销量、省 / 市 / 区、坐标、简介、是否免费、具体地址等。

热门景点销量情况动态图程序代码如下：

```
    from pyecharts.charts import Line,Pie,Scatter,Bar,Map,Grid
    from pyecharts import options as opts
    from pyecharts.globals import ThemeType
    from pyecharts.globals import SymbolType
    from pyecharts.commons.utils import JsCode
    df = pd.read_excel(' scenic_spots.xlsx')
    color_js = """new echarts.graphic.LinearGradient(0, 0, 1, 0,
        [{offset: 0, color: '#009ad6'}, {offset: 1, color: '#ed1941'}], false)"""
    sort_info = df.sort_values(by=' 销量 ', ascending=True)
    b1 = (
        Bar()
        .add_xaxis(list(sort_info[' 名称 '])[-20:])
        .add_yaxis(' 热门景点销量 ', sort_info[' 销量 '].values.tolist()[-20:],itemstyle_
opts=opts.ItemStyleOpts(color=JsCode(color_js)))
        .reversal_axis()
        .set_global_opts(
            title_opts=opts.TitleOpts(title=' 热门景点销量数据 '),
            yaxis_opts=opts.AxisOpts(name=' 景点名称 '),
            xaxis_opts=opts.AxisOpts(name=' 销量 '),
            )
        .set_series_opts(label_opts=opts.LabelOpts(position="right"))
    )
    # 将图形整体右移
```

视 频

例5-16热门景点排行

```
    g1 = (
        Grid()
            .add(b1, grid_opts=opts.GridOpts(pos_left='20%', pos_
right='5%'))
    )
    g1.render_notebook()
```

动态绘制图形如图 5-17 所示。

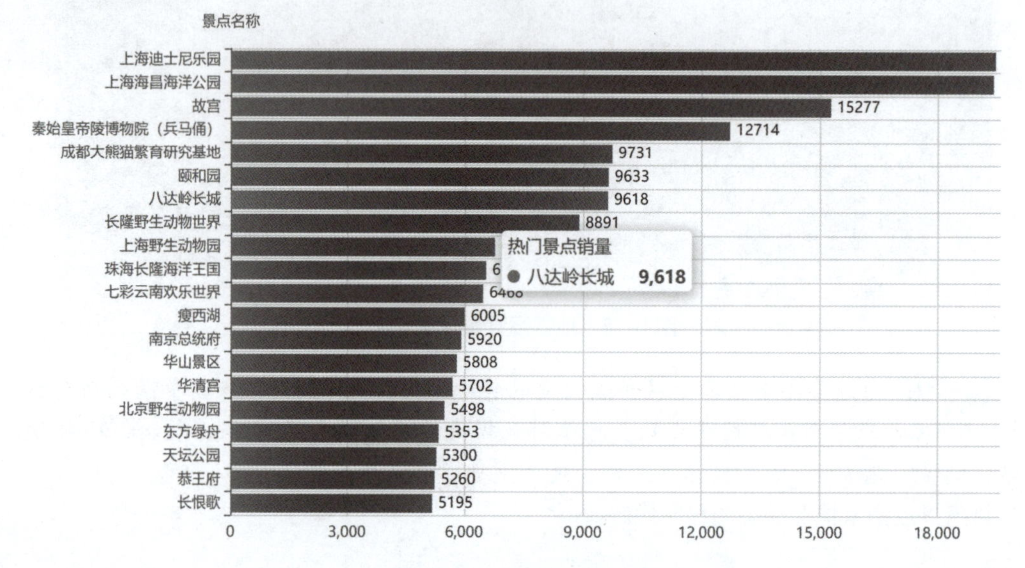

图 5-17 热门景点销量图

4A-5A 景点分布情况柱形动态图代码如下：

```
    color_js = """new echarts.graphic.LinearGradient(0, 1, 0, 0,
        [{offset: 0, color: '#009ad6'}, {offset: 1, color: '#ed1941'}], false)"""
    df_tmp2 = df[df['星级'].isin(['4A', '5A'])]
    df_counts = df_tmp2.groupby('城市').count()['星级']
    b2 = (
            Bar()
                .add_xaxis(df_counts.index.values.tolist())
                .add_yaxis('4A-5A 景区数量', df_counts.values.tolist(),itemstyle_
opts=opts.ItemStyleOpts(color=JsCode(color_js)))
                .set_global_opts(
                title_opts=opts.TitleOpts(title='部分省市 4A-5A 景区数量'),
                datazoom_opts=[opts.DataZoomOpts(), opts.DataZoomOpts(type_=
'inside')],
            )
        )
    b2.render_notebook()
```

动态绘制图形如图 5-18 所示。

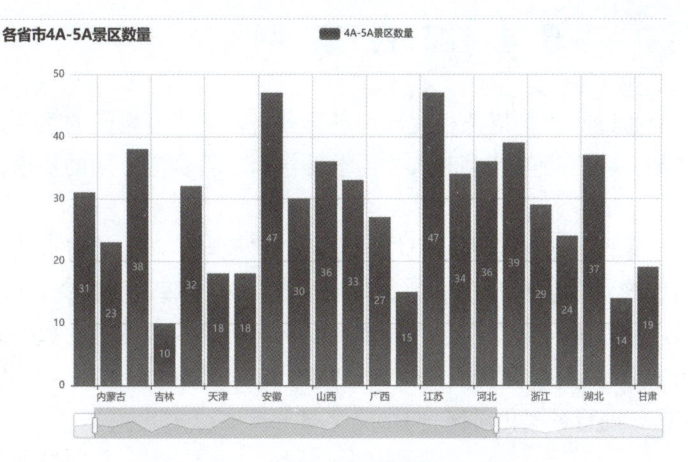

图 5-18　4A-5A 景点分布柱形图

视频

例5-16 柱形动态图

4A-5A 景点分布情况散点动态图代码如下：

```
    item_style = {'normal': {'shadowColor': '#000000',
                             'shadowBlur': 20,
                             'shadowOffsetX':5,
                             'shadowOffsetY':15
                             }
                  }
    s1 = (
            Scatter()
            .add_xaxis(df_counts.index.values.tolist())
            .add_yaxis('4A-5A 景区数量 ',  df_counts.values.tolist(), symbol_
size=50, itemstyle_opts=item_style)
            .set_global_opts(visualmap_opts=opts.VisualMapOpts(is_show=False,
                                                        type_='size',
                                                        range_size=[5,50]))
    )
    s1.render_notebook()
```

动态绘制图形如图 5-19 所示。

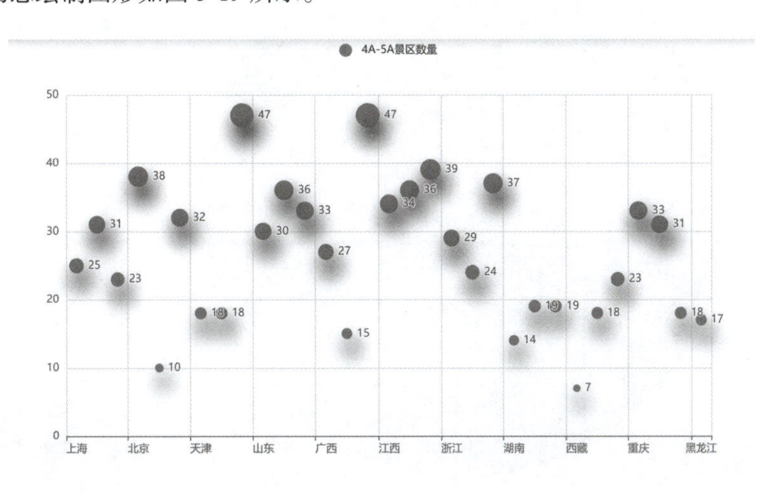

图 5-19　4A-5A 景点分布散点图

视频

例5-16散点动态图

5.4 综合案例

【综合案例】本案例通过对线上招聘相关数据进行分析，利用变量间的关系，基于招聘网站平台模拟并构造数据，分析当前社会对人才需求的学历、薪资等方面的要求，期望给求职者以实际参考价值。

本案例中的数据，将采用树形的数据逻辑结构。通过将地域、职业等特点构成节点，每个节点可以有多个后继，比如不同地域的薪资、学历要求；不同职业的薪资、区域分布等，形成树形结构分析。通过清洗整合数据，最终提取到以下与招聘内容相关的数据：全国招聘岗位对学历的要求分布；上海市招聘岗位对学历的要求分布；部分城市的平均薪资对比；不同学历的薪资情况等数据，进行可视化对比。

实现代码如下：

```
    import matplotlib.pyplot as plt
    import matplotlib
    from matplotlib.pyplot import MultipleLocator
    import pandas as pd
    import numpy as np
    from pandas import DataFrame,Series
    #1. 全国招聘岗位对学历的要求分布
    data=DataFrame(pd.read_excel('数据5.0.xlsx','Sheet1'))
    stdata=data['Job-limit'].value_counts()
    font={'family':'Microsoft YaHei'}
    matplotlib.rc('font',**font)
    stdata.plot(kind='pie',figsize=(10,10),title='全国招聘岗位对学历的要求分布',
shadow=True,autopct='%1.1f%%')
    plt.ylabel('学历要求')
```

运行结果如图 5-20 所示。

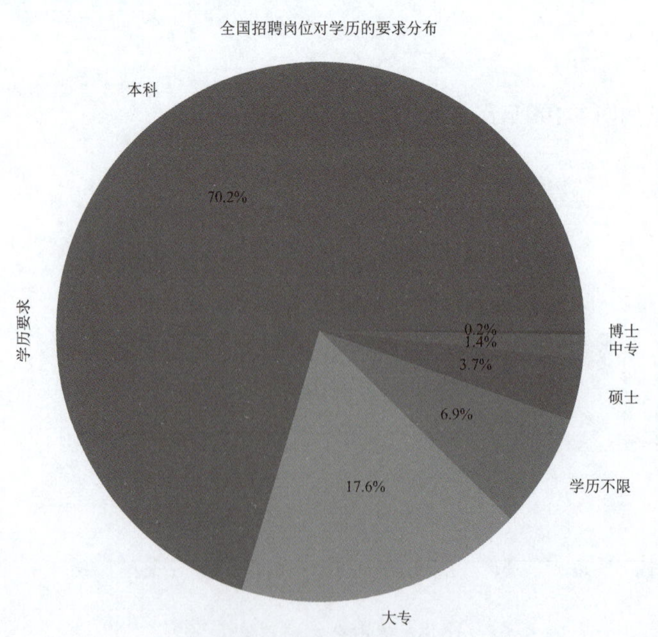

图 5-20　全国数据饼图

```
    #2. 上海招聘岗位对学历的要求分布
    data1=data[(data['Job-city']==' 上海 ')]
    data2=data1['Job-limit'].value_counts()
    data2.plot(kind='pie',figsize=(10,10),title=' 上海招聘岗位对学历的要求分布 ',
shadow=True,autopct='%1.1f%%')
    plt.ylabel(' 学历要求 ')
```

运行结果如图 5-21 所示。

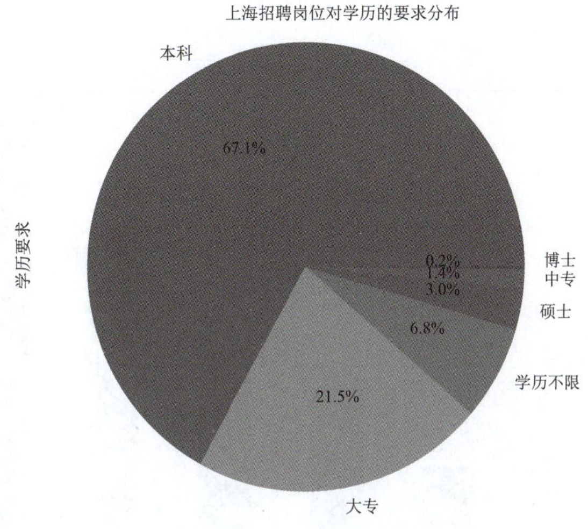

图 5-21　上海数据饼图

```
    #3. 部分城市平均薪资排名
    grouped=data.groupby(['Job-city'])
    stdata=grouped.aggregate({'Average Salary':np.mean})
    stdata.sort_values(by='Average Salary',ascending=True,inplace=True)
    stdata.plot(figsize=(10,10),title=' 各城市平均薪资 ',marker='o',linestyle=
'dashed',grid=True,use_index=True,ylim=[0,30])
    plt.xlabel(' 城市 ')
    plt.ylabel(' 平均薪资 /K')
```

运行结果如图 5-22 所示。

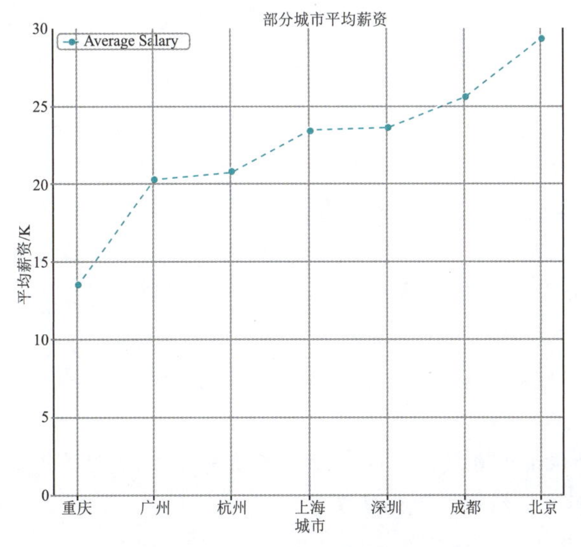

图 5-22　部分城市薪资折线图

```
#4. 学历与薪资间的关系
grouped=data.groupby('Job-limit')
stdata=grouped.aggregate({'Average Salary':np.mean})
stdata.sort_values(by='Average Salary',ascending=True,inplace=True)
stdata.plot(kind='bar',figsize=(10,10),title='学历与薪资间的关系',rot=45)
plt.xlabel('学历')
plt.ylabel('平均薪资/万元')
```

运行结果如图 5-23 所示。

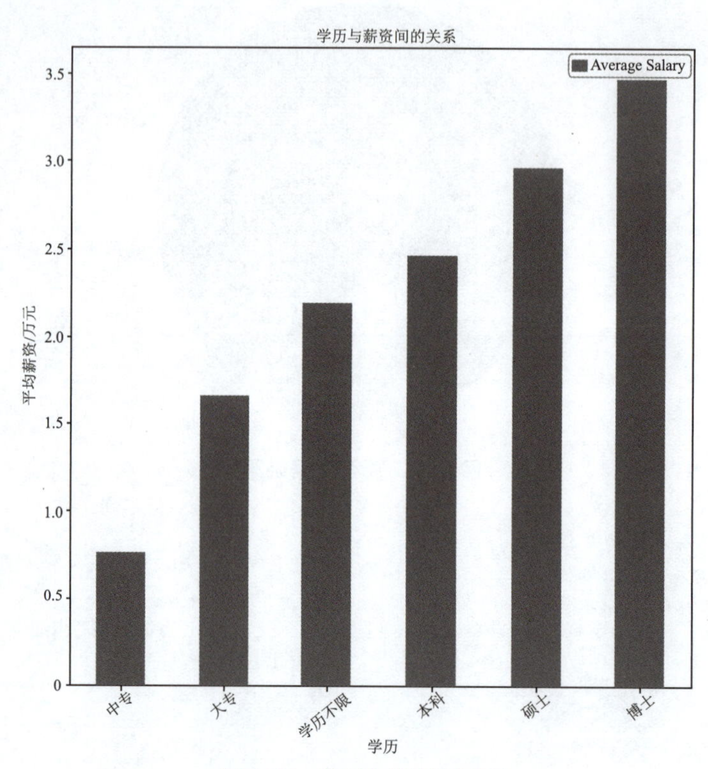

图 5-23　学历与薪资柱形图

拓展与练习

1. 选定自己喜欢的主题数据完成尝试数据的可视化显示。

2. 模拟设定学生信息，仿照完成折线图、柱形图、饼图等可视化分析。

3. 根据案例中的“双十一”销售数据，进一步分析购买化妆品的客户的关注度（评论数）是多少？各产品销量分布情况？哪些产品的卖得最好，哪些牌子最受欢迎，哪些化妆品是大家最需要的？不同商家之间的差异，及促销打折力度？模拟定价系统及推荐系统？各品牌价格区别？不同性别护肤品销量情况？分析时间与销量的关系，购买高峰期？并给出可视化结果。

4. 根据案例中的旅游景点数据，进一步分析销量前 20 热门景点数据、假期出行数据、门票价格区间占比等信息，给出可视化结果。

5. 自学完成动态图表多样化显示。

第6章 Web应用框架

本章简要描述和介绍Python的Web开发概念和框架，目的在于尝试将数据分析的结果显示在网页端，为将来深入学习基于Web网页的大数据统计和分析做铺垫，使得在数据科学统计分析结果的显示形式上更加灵活。

知识结构图

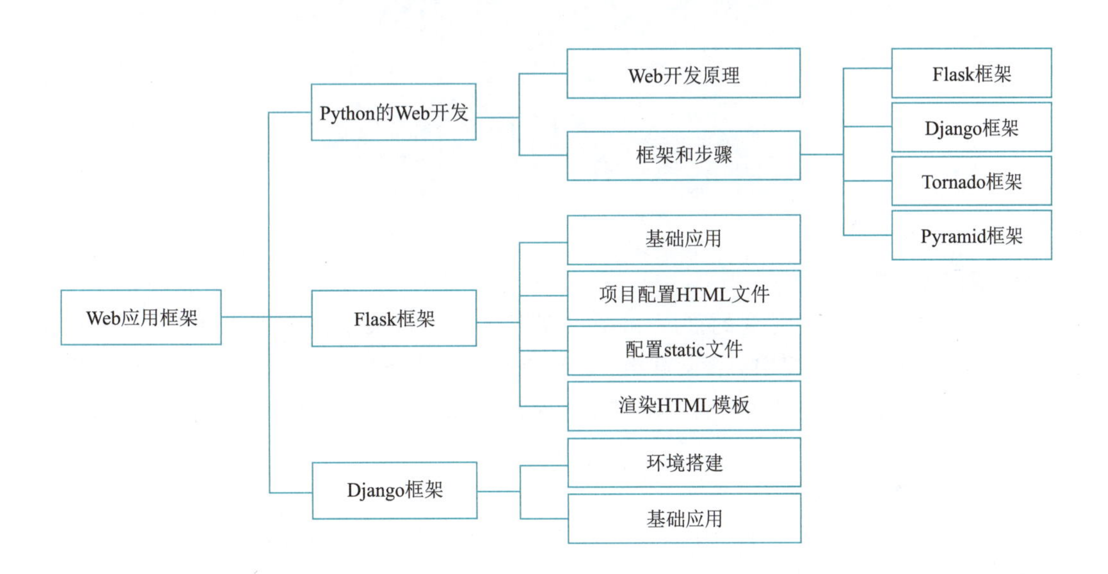

学习目标

◎了解Python的Web开发概念和常见框架。

◎掌握Flask框架基础应用和项目配置文件。

◎理解Django框架的环境和基本应用。

◎通过综合案例了解具体应用场景的Web实现。

6.1 Python 的 Web 开发

Web 开发包含一系列的技术，Web 开发是一种基于互联网标准的软件开发方式，主要涉及浏览器端的网页设计和服务器端的应用程序开发。如图 6-1 所示，Web 开发主要包括以下几个方面：

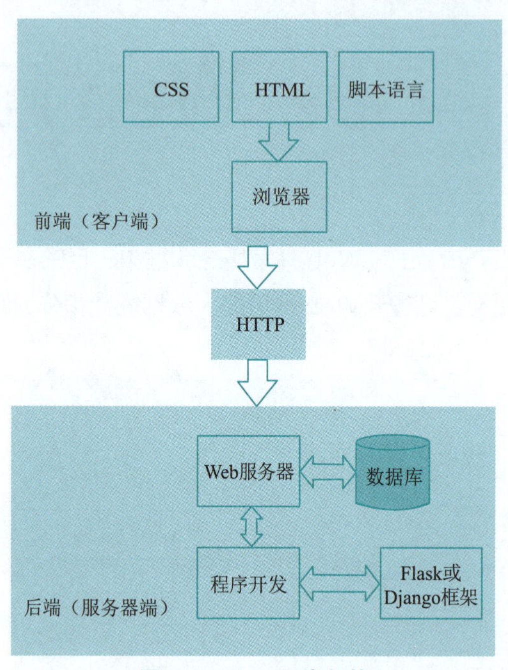

图 6-1 Web 开发架构

1. 前端开发

前端开发主要负责网页的展示和用户交互体验。开发者通过使用 HTML、CSS 和 JavaScript 等前端技术，创建用户在浏览器中看到的页面，以及这些页面的交互功能和动态内容。此外，前端开发者还需要熟悉各种前端框架和库，如 React、Angular 和 Vue 等，以提高开发效率和用户体验。

2. 后端开发

后端开发主要负责处理用户在浏览器端发起的请求，以及提供数据和服务给前端。开发者需要使用各种服务器端语言和数据库技术来构建服务器端的逻辑和数据处理功能。后端开发者还需要关注数据安全性、系统性能优化等方面的问题。

3. 全栈开发

全栈开发是指开发者既熟悉前端开发技术，又精通后端开发技术。全栈开发者能够独立完成从前端到后端的整个开发流程，包括需求分析、设计、开发和测试等各个阶段。全栈开发者在团队中扮演着非常重要的角色，能够极大地提高项目的开发效率和质量。

总之，Web 开发是一个涉及多个领域和技术的综合性工作。随着互联网技术的不断发展和进步，Web 开发的应用领域也越来越广泛，如电商网站、社交媒体、在线教育等各个领域都离不开 Web 开发技术的支持。因此，掌握 Web 开发技术对于从事互联网行业的开发者来说是非常重要的。

6.1.1　Web 开发原理

Web 开发包含了一系列的技术，从技术使用的场景来看，分为前端和后端技术。前端通常是运行在浏览器上的代码，用来和用户进行的交互，获取用户的输入，给用户展示服务器处理的结果等，最常见的开发技术是 HTML、CSS 和 JavaScript 的结合。后端技术是运行在服务器上的代码，主要负责处理数据，完成核心的业务逻辑、数据库和文件系统等，可以使用 Python 或 Java 等程序设计语言来完成后端服务的开发。

在前端的内容主要包含网页设计。浏览器访问一个 Web 网页，基本有三部分组成：第一部分内容，是网页展示的内容，有一定的结构组成，比如标题部分还是正文部分等分版块分类；第二部分样式，比如字体大小、颜色和排版样式等。第三部分交互，除了展示之外，还可以包括一些页面动态效果。

在 Web 开发中，前端和后端交互通信，使用网络协议中应用层的 HTTP 传输数据。HTTP（hyper text transfer protocol），一般使用在 Web 服务中，浏览器和服务器之间的通信通过该协议进行。浏览器和服务器之间的一次通信包括了客户端请求和服务器端响应。

Python 中提供了一个 HTTP 服务模块 http.server，使用这个模块更加便捷地创建 HTTP 服务。

Web 开发框架就是将网页访问和响应过程中抽象的功能封装起来。例如，开启一个 http 服务，处理 http 请求，做路径解析，与后台数据库交互，向前端发送响应数据。

框架是整个或部分系统的可重用的设计构件，实现了一些通用的功能。框架在使用过程中不断地改进和更新，拥有良好的性能。框架可以在团队开发时，降低重复功能的开发，提高开发的效率，让开发者更专注于业务逻辑的处理。

6.1.2　框架和步骤

Python 的 Web 开发是使用 Python 编程语言进行 Web 应用程序开发的过程。Python 提供了许多强大的框架和工具，使得 Web 开发变得简单和高效。

1. Python 的 Web 开发的一些关键要点和总结

（1）Python 的 Web 开发框架：Python 有多个流行的 Web 开发框架，包括 Flask、Django、Pyramid 等。这些框架提供了一系列工具和功能，用于处理路由、模板渲染、数据库集成等。

（2）前端开发：Python 的 Web 开发通常需要与 HTML、CSS 和 JavaScript 等前端技术进行交互。使用模板引擎，如 Jinja2，可以将动态数据插入到 HTML 模板中。

（3）数据库集成：Python 提供了多种数据库集成方式，包括使用 SQLAlchemy 进行关系型数据库操作，或使用 MongoDB 等 NoSQL 数据库。这些工具使得与数据库进行交互变得简单。

（4）身份验证和授权：Web 应用程序通常需要用户身份验证和授权功能。Python 提供了各种库和工具，如 Flask-Login 和 Django-Auth，用于处理用户认证和授权。

（5）RESTful+API 开发：Python 的 Web 开发也可以用于构建 RESTful+API。使用框架如 Django+Rest+Framework 和 Flask-RESTful，可以轻松创建和管理 API 端点。

（6）部署和扩展：Python 的 Web 应用程序可以部署到各种服务器环境中，如 Apache、Nginx、Heroku 等。还可以使用工具如 Gunicorn、uWSGI 等来扩展应用程序的性能和可靠性。

总而言之，Python 的 Web 开发是一种强大而灵活的方式来构建 Web 应用程序。它提供了丰富的工具和框架，使得开发过程更加简单和高效。无论是构建简单的应用程序还是复杂的企业级应用程序，Python 的 Web 开发都是一个理想的选择。

在 Python 中进行 Web 开发，可以使用多种框架，如 Flask、Django、Tornado、Pyramid 等。Python 附带了大量框架、集成开发环境和库来帮助开发人员完成工作。通过提供应用程序开发的结构，框架简化了开发人员的工作。通过自动执行基本解决方案并减少开发时间来提供帮助，使开发人员能够专注于逻辑而不是常规部分。

2. Python 框架

Python 框架有很多种，其中，最受关注的是 Flask、Django、Tornado 和 Pyramid 框架。

1）Flask 框架

Flask 是一个 Python 的 Web 开发的微框架，严格来说，它仅提供 Web 服务器支持，不提供全栈开发支持。然而，Flask 非常轻量、简单，基于它搭建 Web 系统都以分钟来计时，特别适合小微原型系统的开发。优点是花少时间、产生可用系统，是非常便捷的选择。缺点是对于大型网站开发，需要设计路由映射的规则，否则易导致代码混乱。

2）Django 框架

Django 是一个开放源代码的 Web 应用框架，由 Python 编写。它适用于快速开发，特色在于高度的抽象化和简洁易用的代码，强调代码复用，并提供了一个简单而强大的模型 - 视图 - 控制器（MVC）架构。

3）Tornado 框架

Tornado 是一个基于 Python 语言的高性能 Web 框架和异步网络库，它专注于提供快速、可扩展和易于使用的网络服务。由于其出色的性能和灵活的设计，Tornado 被广泛用于构建高性能的 Web 应用程序、实时 Web 服务、长连接的实时通信以及网络爬虫等领域。

Tornado 的主要特点包括：轻量级的 Web 框架、具有异步非阻塞的 I/O 处理方式、抗负载能力强，同时有优异的处理性能的能力。这些特点使得 Tornado 在处理大量并发连接和实时 Web 服务方面表现优异。

此外，Tornado 大致可分为四个主要部分：Web 框架（包括 RequestHandler 子类以创建 Web 应用程序，以及各种支持类）、异步网络库、WebSocket 支持以及工具类和适配器。

总之，Tornado 是一个高性能、可扩展、易于使用的 Python Web 框架和异步网络库，适用于构建各种 Web 应用程序和实时 Web 服务。

4）Pyramid 框架

Pyramid 是另一个著名的开源 Python 的 Web 应用程序框架，它与众多技术进步保持同步。运行该框架需要 Python 3。Pyramid 的主要目标是创建复杂性尽可能最低的 Web 应用程序。它是一个适应性很强的框架，开发人员可以将其用于复杂和简单的应用程序。此外，由于其高质量和透明性，它是最有经验的 Python 开发人员中众所周知且广泛使用的框架。它使开发人员能够从各种生成库、模板语言和数据库层中进行选择，Pyramid 社区非常活跃，自 2010 年以来共产生了十多个版本。

上述这些框架各有优势，可以根据项目需求选择合适的框架。例如，如果你需要一个快速且灵活的微框架，可以选择 Flask；如果你需要一个强大的全功能框架，可以选择 Django。其他框架可能在某些特定的场景应用中有优势，例如 Pyramid 的灵活性或 Tornado 的异步处理能力。

3. 使用 Python 的 Web 应用的步骤

使用 Python 的 Web 应用涉及多个步骤和工具，主要包括以下几个方面：

（1）选择开发环境：首先，需要安装 Python 解释器，可以从 Python 官方网站下载对应版本的开发软件。

（2）安装包进行安装。同时，选择一个适合的集成开发环境（IDE），如 Visual Studio Code 或 PyCharm，这些工具提供了代码编辑、调试和运行等功能，极大地简化了开发过程。

（3）安装必要的库和框架：在 Python 中开发 Web 应用通常需要使用到一些外部库来辅助开发，例如，Flask 或 Django 这样的 Web 框架。这些库可以通过 pip（Python 的包管理器）命令进行安装。例如，使用命令 pip install Flask 可以安装 Flask 框架。

（4）编写代码：使用选择的 Web 框架（如 Flask 或 Django），编写处理 HTTP 请求和响应的代码。这包括设置路由、处理表单提交 数据库交互等。

（5）运行和调试：在本地运行和调试 Web 应用是非常重要的步骤。可以使用 IDE 的内置调试工具，或者通过命令行运行应用并在浏览器中访问来测试应用的功能。例如，在使用 Flask 框架时，可以通过运行命令行 app.run() 来启动应用，并通过浏览器访问 http: //127. 0. 0. 1:5000/（默认端口为 5000，但可以在代码中更改）来查看应用效果。

（6）部署应用：应用开发完成后，可能需要将其部署到 Web 服务器上，以便其他人可以通过互联网访问。这通常涉及将应用打包并上传到 Web 服务器，配置服务器以运行 Python 应用，并确保其可以通过域名或 IP 地址访问。

通过上述步骤，可以有效地使用 Python 进行 Web 应用的开发、测试和部署。

6.2　Flask 框架

Flask 是轻量级 Python Web 框架，适合中小应用开发。本节主要通过案例阐述 Flask 框架的开发步骤，包括安装、创建应用、定义路由路径、视图函数和运行应用。

6.2.1　基础应用

以下是一个使用 Flask 框架创建简单 Web 应用的例子。首先，要确保安装了 Flask，可以使用 pip 命令检查：pip install Flask。

例 6-1　在浏览器网页中输出显示 hello world！。

代码如下：

```
from flask import Flask
app=Flask(__name__)
@app.route("/")
def index():
    return "hello world!"
app.run()
# 打开浏览器访问 http://127.0.0.1:5000/, 将看到显示 "Hello, World!"。
```

以上案例是最基础的 Web 应用，其中使用了 Flask 的装饰器 @app.route('/') 来指定访问路径。当访问根路径 '/' 时，函数会被调用并返回 "Hello, World!" 字符串。app.run() 启动了一个开发服务器，设置 debug=True 开启了调试模式。

例6-2 在浏览器的不同地址中分别输出 hello world！或 hi world！。

代码如下：

```
from flask import Flask
app=Flask(__name__)
@app.route("/hello",methods=['GET','POST'])
#methods 参数用于指定允许的请求格式
def hello():
    return "hello world!"
#路由路径不要重名，映射的函数也不要重名
@app.route("/hi",methods=['GET','POST'])
def hi():
    return "hi world!"
app.run()
#在浏览器中打开 http://127.0.0.1:5000/hello
#在浏览器中打开 http://127.0.0.1:5000/hi
```

例6-3 在浏览器中输入不同网址分别输出不同字符信息。

代码如下：

```
from flask import Flask
pp=Flask(__name__)
@app.route("/index/<int:id>",)
def index(id):
    if id==1:
        return 'first'
    elif id==2:
        return 'second'
    elif id==3:
        return 'three'
    elif id==4:
        return 'four'
    else:
        return 'hello world!'
if __name__=='__main__':
    app.run()
#在浏览器中Running on http://127.0.0.1:5000/index/1
#在浏览器中Running on http://127.0.0.1:5000/index/2
#在浏览器中Running on http://127.0.0.1:5000/index/3
#在浏览器中Running on http://127.0.0.1:5000/index/4
```

以下是一个 Flask 框架实现数据分析可视化的案例。

例6-4 从 data.csv 数据集中采集所需数据，实现数据可视化结果显示到网页的案例。

第一步：新建项目后，在项目的根目录下新建 app.py 文件，然后写入如下代码：

```
from flask import Flask, render_template, request
import pandas as pd
import numpy as np
import plotly.graph_objects as go
from plotly.io import to_html
app = Flask(__name__)
```

```
# 假设 data.csv 文件已经准备好，包含了所需的数据分析字段
df = pd.read_csv('data.csv')
# 示例数据处理函数，可以根据需要进行更改
def process_data(dataframe):
    # 示例数据处理，实际应用中替换为相应的数据处理逻辑
    return dataframe
# 首页路由
@app.route('/')
def index():
    return render_template('index.html')
# 数据分析和可视化的路由
@app.route('/visualize', methods=['POST'])
def visualize():
    # 假设表单中有一个名为 'data_type' 的选择框
    data_type = request.form.get('data_type')
    processed_df = process_data(df[data_type])
    # 创建一个新的图表
    fig = go.Figure()
    fig.add_trace(go.Bar(x=processed_df.index, y=processed_df.values))
    # 将图表转换为 HTML 字符串
    plot_div = to_html(fig, include_plotlyjs='cdn', full_html=False)
    # 渲染模板，并传递 plot_div 到前端
    return render_template('visualize.html', plot_div=plot_div)
if __name__ == '__main__':
    app.run(debug=True)
```

第二步：在项目根目录下创建 templates 文件夹，用来存放模板文件 .html。

第三步：在项目根目录下创建 static 文件夹，用来存放静态文件。

在这个简化的代码示例中创建了一个 Flask 应用，并实现了两个路由：/ 用于渲染首页模板，/visualize 用于处理表单提交并生成可视化结果，并展示了如何使用 Flask 和 Plotly 进行数据分析和可视化，并将结果嵌入到 HTML 页面中。在实际应用中，需要创建相应的 HTML 模板文件，并根据数据和分析需求调整数据处理函数。

6.2.2 项目配置文件

在 PyCharm 中创建 Flask 项目的步骤如下：

（1）打开 PyCharm，单击 File → New Project 命令，或者在欢迎界面中单击 Create New Project 选项。

（2）在打开的 New Project 对话框中，选择 Flask 作为项目模板。确保系统中已经安装了 Python 和 pip，并且 Flask 已经通过 pip 命令安装。填写项目的名称和位置，选择 Python 解释器。

（3）单击 Create 按钮创建项目。PyCharm 会自动生成一个基础的 Flask 项目框架。

1. 配置 HTML 文件

在 PyCharm 中创建 Flask 项目并使用 HTML 文件通常有以下步骤：

创建 Flask 项目，在项目结构中创建一个用于存放 HTML 文件的文件夹（如 templates）。在 templates 文件夹中创建 HTML 文件，在 Flask 应用中配置模板文件夹路径。使用 Flask 的 render_template() 函数渲染 HTML 并返回响应。

例6-5 创建Flask项目示例。

（1）在PyCharm中创建一个新的Flask项目，并在app.py中编写以下代码：

```
from flask import Flask, render_template
app = Flask(__name__)
@app.route('/')
def index():
    return render_template('index.html')
 if __name__ == '__main__':
    app.run(debug=True)
```

（2）在同一目录下创建一个templates文件夹，并在其中创建一个index.html文件：

```
<!DOCTYPE html>
<html lang="en">
<head>
    <meta charset="UTF-8">
    <title>Flask Example</title>
</head>
<body>
    <h1>Hello, Flask!</h1>
</body>
</html>
```

（3）运行app.py文件，然后在浏览器中访问http://127.0.0.1:5000/，将看到渲染好的HTML页面。

2. 配置static文件

个别应用场景下，Flask默认会在static文件夹内寻找静态文件，还需要在项目结构中创建一个名为static的文件夹，并将静态文件放入其中。

如果需要自定义静态文件的访问路径，可以在Flask应用中配置：

```
from flask import Flask
app = Flask(__name__)
# 自定义静态文件的URL前缀
app.url_map.add(Rule('/my_static/<path:filename>',
                     build_only=True,
                     endpoint='static'))
```

访问静态文件可以在HTML模板中，可以使用特殊的url_for()函数来生成静态文件的URL，例如：

```
<link rel="stylesheet" type="text/css" href="{{ url_for('static', filename='style.
css') }}">
```

要确保static文件夹被标记为Resources Root，这样PyCharm应用就知道是用来存放静态文件的。

3. 渲染HTML模板

在项目的根目录中，编写一个Python文件作为Flask应用程序，并使用render_template()函数来渲染HTML模板。

例 6-6　以下是一个简单的 Flask 应用程序代码，渲染一个 HTML 模板。

```
from flask import Flask, render_template
app = Flask(__name__)
@app.route('/')
def index():
    return render_template('index.html')
if __name__ == '__main__':
    app.run(debug=True)
```

在 templates/index.html 文件中，你可以编写 HTML 代码：

```
<!DOCTYPE html>
<html lang="en">
<head>
    <meta charset="UTF-8">
    <title>Flask App</title>
</head>
<body>
    <h1>Hello, Flask!</h1>
</body>
</html>
```

运行 Flask 应用程序后，访问 http://127.0.0.1:5000/ 将显示 index.html 模板渲染的页面。

6.3　Django 框架

Django 是一个高层次 Python 的 Web 开发框架，特点是开发快速、代码较少、可扩展性强。Django 采用 MTV（Model 模型、Template 模板、View 视图）模型组织资源，如图 6-2 所示，框架功能丰富，模板扩展选择最多。对于专业人员来说，Django 是很受欢迎的 Web 开发框架之一。

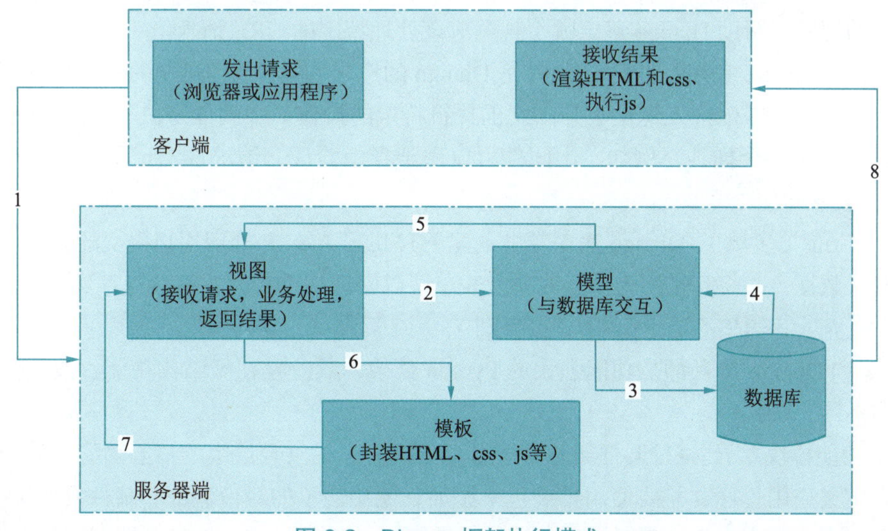

图 6-2　Django 框架执行模式

1. Django 框架的特性

Django 框架的一些主要特性如下：

强大的数据库 API：Django 自带 ORM（object-relational mapping），可以轻松管理数据库。

管理后台：只需几行代码，就可以创建一个功能齐全的管理界面。

模板系统：使用 Django 模板语言（DTL），可以轻松设计和生成 HTML。

缓存系统：提供缓存机制，以提高应用的性能。

认证系统：支持用户认证，可以很容易地创建登录、注册等功能。

国际化：内置国际化支持，可以让你的应用支持多种语言。

丰富的第三方库：Django 带有大量的第三方库的工具包和应用，可以轻松扩展功能。

2. Django 框架的核心组件

（1）Models（模型）：模型定义了应用程序中使用的数据结构和数据库表的结构。它们通过 Django 的 ORM（对象关系映射）与进行交互。通过定义模型类，可以创建数据库表以及与之相关的字段和方法。Django 的 ORM（对象关系映射）提供了方法来操作数据库，无须编写原始的 SQL 查询语句。

（2）Views（视图）：视图负责处理 HTTP 请求，并返回 HTTP 响应。它们从模型中获取数据，并将其传递给模板进行渲染。在 Django 中，视图函数或基于类的视图处理 URL 的请求，从模型层获取所需的数据，然后将其传递给模板层渲染出 HTML 页面、JSON 数据或其他类型的响应。

（3）Templates（模板）：模板层负责生成最终的用户界面。模板是用于呈现数据的 HTML 文件。它允许将动态数据嵌入到静态 HTML 中，并使用 Django 的模板语言来处理逻辑和控制流。Django 使用模板引擎将动态数据与静态 HTML 代码分离。可以在模板中使用变量、循环、条件语句等，以便根据需要动态生成页面。

（4）URLconf（URL 配置）：URLconf 负责将 URL 映射到视图函数。它定义了 URL 模式和对应的视图函数。URL 调度器（或路由）URL 映射到相应的视图函数或类。在 Django 中，可以通过在 URL 配置文件中定义 URL 模式来设置路由规则。URL 调度器根据请求的 URL 确定要执行的视图，帮助 Django 确定哪个视图应该处理特定的 URL 请求。

（5）Middleware（中间件）：中间件是 Django 的请求 / 响应处理机制的一部分。它可以在请求到达视图之前或响应发送给客户端之前执行特定的操作。中间件是位于 Django 请求和响应处理过程中的一个插件。例如，中间件可以用于身份验证、请求日志记录、跨站点请求伪造 (CSRF) 防护等。

（6）Forms（表单）：Django 表单帮助创建 HTML 表单，并处理用户提交的数据。它们可以验证输入数据，并将其转换为模型对象。表单可以验证用户输入并将其保存到数据库中。

3. Flask 框架与 Django 框架的区别

Flask 和 Django 二者都是功能强大的 Python 框架，其差异在于结构功能、数据模型和路由系统的不同。

（1）功能模块差异。Flask 框架是基于微框架模式，提供轻量级的核心功能，鼓励开发人员构建自定义应用程序，需要使用扩展包来添加其他功能（如身份验证、邮件发送）。Django 框架则采用全栈解决方案，遵循模型 - 视图 - 模板（MTV）架构，提供开箱即用的广泛功能，内置了许多特性，如用户管理、模板语言和管理界面，无须额外的扩展包，需要的强大功能和结构化开发环境，学习门槛和要求相对较高。

（2）数据模型差异。前者不强制使用特定的对象关系映射器（ORM），允许开发人员选择最适合他们需求的 ORM（如 SQLAlchemy、Peewee）。后者内置 ORM（称为 Django ORM），提供对数据库的抽象层，简化数据模型管理。

（3）路由系统差异。前者使用灵活的路由系统，支持动态 URL 和自定义路由规则。后者采用正则表达式路由，提供更结构化的路由处理，但灵活性较低。

6.3.1　环境准备

在 Windows 环境下搭建 Django 项目的操作步骤如下：

（1）使用 pip 命令安装 Django，首先要确保计算机上安装了 Python。可以访问 Python 官网下载并安装最新版本，推荐使用 Python 3.x。

（2）为了保持项目环境的独立性，推荐使用虚拟环境（venv 或 conda）。在命令行中，进入项目目录，然后运行以下命令创建虚拟环境：python3 -m venv myenv, 其中 myenv 是虚拟环境名称。接着激活虚拟环境：在 Windows 操作系统中，运行 myenv\Scripts\activate 命令，在 UNIX 或 Mac 操作系统中，运行 source myenv/bin/activate 命令。

（3）在激活的虚拟环境中，使用 pip 命令安装 Django：pip install Django，安装完成后，确认 Django 版本：django-admin -version。

（4）创建一个新的 Django 项目，使用命令：django-admin startproject myproject 将创建一个名为 myproject 的文件夹，其中包含 Django 项目的基本结构，如 myproject、myproject/settings.py、myproject/urls.py、myproject/wsgi.py 等。

（5）确保已激活虚拟环境（如果使用了虚拟环境）：确保已经通过相应命令（如 Windows 的 myenv\Scripts\activate 或 UNIX/Mac 的 source myenv/bin/activate）激活了虚拟环境。

（6）打开终端或命令提示符：在包含项目的文件夹中打开终端或命令提示符。

（7）进入项目目录：项目创建后，使用 cd 命令进入项目目录 cd myproject。

（8）使用以下命令启动 Django 的开发服务器，它将在本地运行：python manage.py runserver。

（9）在浏览器中访问 http://127.0.0.1:8000/ 进入 Django 的默认页面。

以上就是创建一个 Django 项目的基础步骤。

6.3.2　基础应用

例 6-7　在 Windows 环境下 Django 项目的可视化图表显示。

（1）搭建一个 django 项目。创建 django 项目 django-admin startproject helloworld，其中包含的默认配置文件如下：

```
__init__.py: 一个空文件，告诉 Python 该目录是一个 Python 包。
asgi.py: 一个 ASGI 兼容的 Web 服务器的入口，以便运行项目。
settings.py: 该 Django 项目的设置 / 配置。
urls.p: 该 Django 项目的 URL 声明，对应输入网址的后面路径。
wsgi.p: 一个 WSGI 兼容的 Web 服务器的入口，以便运行项目。
manage.py: 一个命令行工具，可让用户以各种方式与该 Django 项目进行交互。
```

（2）创建一个应用：python manage.py startapp dashboard。

（3）启动项目：python manage.py runserver 8000。

（4）创建一个 html 页面，修改配置文件 settings.py 代码：

```
# HelloWorld/HelloWorld/settings.py 文件代码:
import os
TEMPLATES = [
    {
        'BACKEND': 'django.template.backends.django.DjangoTemplates',
        'DIRS': [os.path.join(BASE_DIR, 'templates')],        # 修改位置
        'APP_DIRS': True,
        'OPTIONS': {
            'context_processors': [
                'django.template.context_processors.debug',
                'django.template.context_processors.request',
                'django.contrib.auth.context_processors.auth',
                'django.contrib.messages.context_processors.messages',
            ],
        },
    },
]
# 关联 js,css
STATICFILES_DIRS = [
    os.path.join(BASE_DIR, 'static')          # BASE_DIR 当前项目的路径
]
```

（5）添加可视化信息目录。

在 helloworld 目录下创建一个 templates 和 static 目录，templates 和 static 两个目录主要存放页面相关的数据，一般来说 templates 存放 html，static 存放 js、css、图片等，与 settings 配置一一对应。在 templates 目录下新建一个 index.html 文件，代码如下：

```
<!DOCTYPE html>
<html lang="en">
<head>
    <meta charset="UTF-8">
    <title>Title</title>
</head>
<body>
<h1> 多练习多实践多学习 </h1>
</body>
</html>
```

（6）配置一个访问路径。

```
# 1. 在项目也就是 helloworld 目录下（与 settings 同级），找到 urls.py 文件
## HelloWorld/HelloWorld/urls.py
from django.contrib import admin
from django.urls import path,include
urlpatterns = [
    path('admin/', admin.site.urls),
path('', include('dashboard.urls')),
```

```
    ''' 新增一行，这一行中的 '' 代表当前无路径，include('dashboard.urls')) 代表进入
dashboard 应用的 urls，dashboard 是前面创建的 app 应用，你会发现 dashboard 目录下并没有
urls，所以需要手动在该目录新建一个 urls.py'''
    # 2.HelloWorld/dashboard/urls.py 添加如下内容
    from django.urls import path
    from . import views
    urlpatterns = [
    path('', views.index, name='index'),
    ''' 这一行中的 '' 代表当前无路径（前面的 urls 配置也是 ''，最后拼接起来其实就是
127.0.0.1:8000/）；views 是视图，对应本目录下的 views.py 文件，views.index 就是
django 要找什么内容（找 index.html）;name 表示起一个别名 '''
    #3. HelloWorld/dashboard/views.py ，声明 index.html 的位置所在，内容如下：
    from django.shortcuts import render, HttpRespons
    def index(request):
    return render(request, 'index.html')
    '''' 其中 'index.html' 声明 index.html 文件所在的位置，#django 默认 index.html 在
emplates 目录下 ''''
```

（7）运行 runserver，刷新页面将会显示 index.html 的内容页面。

6.4 综合案例

【综合案例 6-1】电子书的开发。

如果想使用 Flask 来开发一个电子书应用，需要考虑以下几个步骤：

（1）设计数据库模型：电子书应用需要存储电子书信息、章节内容和可能的用户数据。

（2）创建 Flask 应用和路由：设置应用的基本路由，例如，首页、书籍列表、书籍详情等。

（3）使用 SQLAlchemy 定义模型：创建书籍、章节和用户的数据库模型。

（4）创建视图函数：处理书籍内容的展示和用户交互。

（5）使用 Jinja2 模板：设计 HTML 模板来展示电子书内容。

（6）部署应用：如果需要，可以部署到 Web 服务器。

以下是一个简单的 Flask 电子书开发应用框架示例：

```
from flask import Flask, render_template
from flask_sqlalchemy import SQLAlchemy
app = Flask(__name__)
app.config['SQLALCHEMY_DATABASE_URI'] = 'sqlite:///ebooks.db'
db = SQLAlchemy(app)
class Book(db.Model):
    id = db.Column(db.Integer, primary_key=True)
    title = db.Column(db.String(80))
    author = db.Column(db.String(80))
    def __repr__(self):
        return f"<Book {self.title}>"
@app.route('/')
def index():
    return render_template('index.html')
@app.route('/books/')
```

```
def books():
    books = Book.query.all()
    return render_template('books.html', books=books)
if __name__ == '__main__':
    db.create_all()
    app.run(debug=True)
```

在这个例子中，定义了一个简单的电子书应用，有一个 Book 模型和两个路由：/ 显示首页，/books/ 显示电子书列表。这只是一个开发的开始，后续需要为每本书提供详情页面、用户注册登录功能、购买功能等。

请注意，这个代码假定已有了基本的 HTML 模板和相关的样式。实际开发中，您还需要设计数据库的进一步细节，并添加用户认证、电子书内容管理和购买流程等功能完善功能模块。

【综合案例6-2】 Django实现图表可视化。

使用 Django 进行 Web 开发时，经常有需要展示图表的需求，以此来丰富网页的数据展示。Django 结合 Echarts、Pyecharts 实现图表可视化的具体流程如下：

Echarts 是百度开源的一个非常优秀的可视化框架，它可以展示非常复杂的图表类型。以图 6-3 所示的简单的柱状图为例，讲解 Django 集成 Echarts 动态图表的流程。

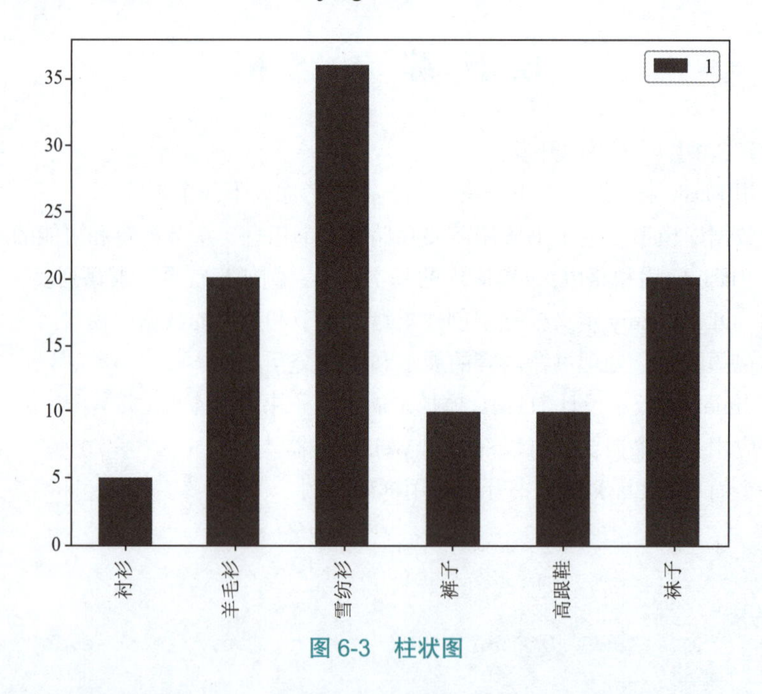

图 6-3　柱状图

（1）在当前项目 App 的 views.py 编写视图函数，当请求方法为 POST 时，定义柱状图中的数据值，然后使用 JsonResponse 返回数据，代码示例如下：

```
from django.http import JsonResponse
from django.shortcuts import render
def index_view(request):
if request.method == "POST":
# 柱状图的数据
datas = [5, 20, 36, 10, 10, 20]
# 返回数据
```

```
return JsonResponse({'bar_datas': datas})
else:
return render(request, 'index.html', )
# 在模板文件中，导入 Echarts 的依赖，可以使用本地 JS 文件或 CDN 加速服务
{# 导入 js 和 echarts 依赖 #}
<script src="
https://cdn.bootcdn.net/ajax/libs/jquery/3.6.0/jquery.js"></script>
<script src="
https://cdn.bootcdn.net/ajax/libs/echarts/5.0.2/echarts.common.js"></script>
```

（2）重写 window.onload() 函数，发送一个 Ajax 请求给后端，利用 Echarts 将返回结果展示到图表中。

```
<script>
// 柱状图
function show_bar(data) {
//控件
var bar_widget = echarts.init(document.getElementById('bar_div'));
//设置 option
option = {
title: {
text: '简单的柱状图'
},
tooltip: {},
legend: {
data: ['销量']
},
xAxis: {
type: 'category',
data: ["衬衫", "羊毛衫", "雪纺衫", "裤子", "高跟鞋", "袜子"]
},
yAxis: {
type: 'value'
},
series: [{
data: data,
type: 'bar'
}]
};
bar_widget.setOption(option)
}
//显示即加载调用
window.onload = function () {
//发送 post 请求，地址为 index（Jquery）
$.ajax({
url: "/",
type: "POST",
data: {},
success: function (data) {
// 柱状图
show_bar(data['bar_datas']);
```

```
//后端返回的结果
console.log(data)
}
})
}
</script>
```

（3）编写路由 URL，运行项目。

```
from django.contrib import admin
from django.urls import path, include
urlpatterns = [
path('',include('index.urls')),
path('admin/', admin.site.urls),
]
```

（4）打开浏览器输入 http://127.0.0.1:8000，首页展示了代码运行后生成的柱状图。

拓展与练习

1. 查询并了解关于 Python 的 Web 开发框架不同的优缺点及应用场景。
2. 自主拓展学习并了解关于 Web 开发的 HTML 和 CSS 等网页前端开发技术。
3. 尝试安装并实现 Pycharm 环境下的 Flask 项目的环境搭建和 Hello 案例的运行。
4. 自主拓展了解 Flask 高级应用及案例开发。
5. 尝试安装并实现 Pycharm 环境下的 Django 项目的环境搭建和 Hello 案例的运行。
6. 自主拓展了解 Django 高级应用及案例开发。

第7章 文本数据处理

文本数据是数据科学中非结构化数据的重要一环，其蕴含的信息和知识量巨大。因此，文本分析技术成为了提取这些信息的核心手段，在情感分析、主题提取等多个领域都有深入应用。随着互联网的迅速发展，网络文本数据呈现爆炸式增长，如何高效地从这海量信息中筛选并利用所需知识,已成为人工智能研究的热点。尽管计算机尚不能完全理解自然语言文本，但借助统计模型，已在知识发现上取得显著进步，并在知识检索、舆论监控等方面实现广泛应用。本章将简要阐述文本数据处理的基础方法，并探讨如何利用第三方库分析文本数据。

知识结构图

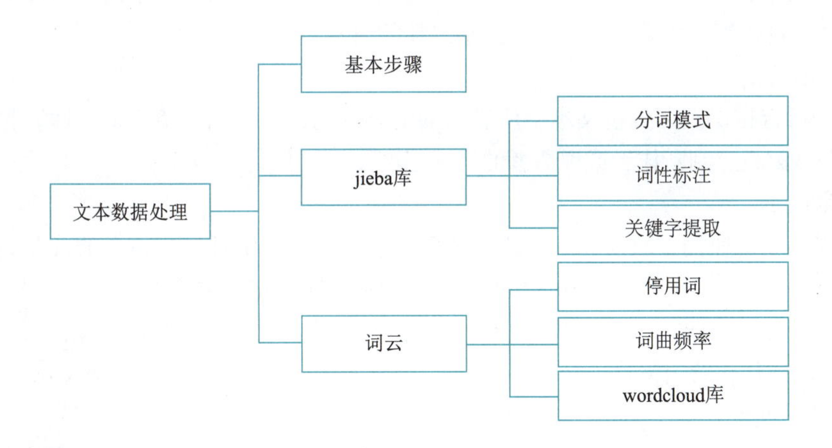

学习目标

◎了解文本处理的常见任务和基本步骤。

◎掌握中文文本处理的第三方库。

◎学会运用 Jieba 库实现简单的文本处理及词云可视化。

7.1 文本处理概述

本部分将简要介绍文本处理的基本概念、发展历程以及在实际应用中的价值。通过概述文本处理的常见任务和基本步骤，为后续深入学习打下基础。

7.1.1 文本处理的常见任务

文本处理作为数据科学领域中的一个重要分支，涉及对文本数据进行提取、分析和利用等一系列任务。这些任务不仅有助于我们从海量的文本数据中挖掘出有价值的信息，还能为各种应用场景提供强有力的支持。常见任务包括文本分类、信息检索、信息抽取、自动问答、文本生成等，实际应用通常需要集成多种任务来实现。

1. 文本分类

文本分类（text categorization）是文本处理中最基础也最重要的任务之一。它的目标是将文本数据按照预设的类别进行划分。文本分类按照一定的分类体系，将文档判别为预定的若干类中某一类或某几类。典型的文本分类应用包括垃圾邮件短信分类、新闻分类、网页分类等。

应用举例：

垃圾邮件识别：邮箱系统通过文本分类技术，将邮件分为正常邮件和垃圾邮件两类，有效过滤垃圾信息。当邮箱系统收到一封邮件时，会从邮件的发件人、收件人、标题、附件、邮件正文等文本中提取特征，自动判断其是否为垃圾邮件，并放入用户的垃圾箱或收件箱。

新闻分类：新闻网站利用文本分类技术，将新闻报道自动归类到不同的新闻类别中，如体育、财经、科技等，便于用户快速找到感兴趣的内容。

2. 情感分析

情感分析旨在识别和分析文本中所表达的情感倾向，如正面、负面或中性。它通过对文本内容的深度解析，判断作者或说话者的情感态度。

应用举例：

社交媒体舆情监测：政府和企业通过情感分析技术，监测社交媒体上的公众舆论，了解公众对某个事件、产品或服务的看法和态度，进而为决策制定提供依据。

产品评论分析：电商平台利用情感分析技术，分析用户对产品的评论，了解产品的优缺点，从而改进产品或优化营销策略。

3. 信息检索

信息检索（information retrieval,IR）是指将信息（这里主要指文本）按一定的方式组织起来，根据用户的需求将相关信息查找出来。其核心在于提高信息获取的准确性和效率。

应用举例：

搜索引擎：百度、搜狗等搜索引擎收集互联网上的网页文本，对文本中的词建立索引。当用户输入查询关键词时，搜索引擎会检索出所有包含这些关键词的网页，计算网页与查询内容的相关度，并按相关度排序展示给用户。

企业内部知识库检索：企业通过构建内部知识库，将员工编写的文档、报告等资料进行索引和存储。员工在需要时，可以通过信息检索技术快速找到所需的信息，提高工作效率。

4. 信息抽取

信息抽取（information extraction,IE）是从文本中提取出关键信息的过程，这些信息可能包括实体（如人名、地名、组织机构名等）、关系（如实体之间的关系）、事件（如某个事件的发生时间、地点和参与者等）。通过信息抽取，可以将非结构化的文本数据转换为结构化的信息，便于后续的存储、查询和分析。

应用举例：

知识图谱构建：信息抽取技术被广泛应用于知识图谱的构建中。通过从文本中提取实体和关系，可以构建出结构化的知识库，为智能问答、推荐系统等应用提供支持。

智能问答：在智能问答系统中，信息抽取技术用于从文本中抽取关键信息，以回答用户的问题。例如，当用户询问“四大发明中的造纸术是谁发明的？”时，系统可以从相关文本中抽取出“蔡伦”作为答案。

5. 文本生成

文本生成是基于给定的条件或主题，生成符合语法和语义规则的文本内容。它是文本处理中的一个高级任务，涉及自然语言生成、机器翻译等多个领域。

应用举例：

机器翻译：机器翻译是将一种自然语言文本自动转换为另一种自然语言文本的技术。百度翻译、必应翻译等工具利用文本生成技术，实现了多语言之间的自动翻译，为用户提供了极大的便利。文本生成任务的核心在于理解文本的语言规律和语义信息，以生成自然流畅的文本内容。

自动写作：在新闻报道、广告文案等领域，自动写作技术已经得到了初步应用。通过输入关键词或主题，系统可以自动生成符合要求的文章或报道，提高写作效率和质量。

6. 自动摘要

自动摘要（automatic summarization）任务是从一份或多份文本中提取出部分文字，这些文字包含了原文本中的重要信息，且长度不超过或远少于原文本的一半。自动摘要技术有助于用户快速了解文本的主要内容。

应用举例：

新闻标题生成：在新闻网站中，自动摘要技术被用于生成新闻标题。系统会从新闻正文中提取关键信息，生成简洁明了的标题，吸引用户点击阅读。

搜索结果预览：在搜索引擎中，自动摘要技术被用于生成搜索结果预览。当用户输入查询关键词时，搜索引擎会返回相关网页的摘要信息，帮助用户快速判断网页内容是否符合需求。

7.1.2　文本处理的基本步骤

文本处理在数据科学中占据重要地位，它涉及从原始文本数据中提取有用信息、进行结构化处理以及应用这些信息的一系列步骤。尽管不同的文本处理任务采用的方法可能有所不同，但基本流程和方法是一致的。文本处理通常包括以下几个基本步骤：文本收集、文本预处理、特征提取、特征选择、模型训练与评估分析，如图 7-1 所示。这些步骤相互关联，共同构成了文本处理的完整框架。在实际应用中，需要根据具体问题和需求选择合适的步骤和方法。

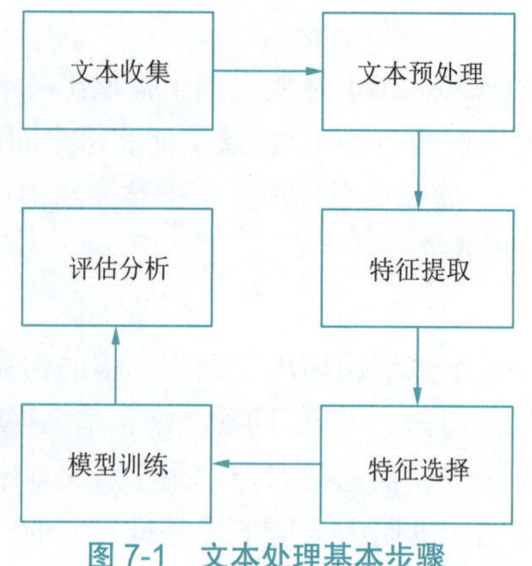

图 7-1 文本处理基本步骤

1. 文本收集

文本数据可以来源于整理好的文献资料，但更多情况下是从网页中爬取。利用爬虫工具，如主题爬虫或通用爬虫，可以从相关网站中抓取所需数据。网页中常包含与文本内容无关的数据，如 HTML 标签、JavaScript 代码等，这些都需要在数据清洗阶段去除。数据清洗是文本处理的关键步骤，旨在去除原始文本中的噪声，如特殊字符、无关词汇等，以提高后续分析的准确性。清洗后的文本可以根据需求按篇章、段落或句子等不同级别进行编号并保存。

2. 文本预处理

文本预处理是文本处理的核心步骤之一，包括分词、词性标注和停用词过滤等。分词是将文本切分为一个个独立的词语或短语，有些语言文本句子中没有词语分割的标记，如中文，分析前就需要首先进行词语切分。词性标注是为每个词语分配词性，如名词、动词等；停用词过滤则是去除文本中常见但无实际意义的词语，如“的”“是”及一些标点符号等。还可以根据应用的领域、分析目标等添加相应的停用词。这些预处理步骤为后续的特征提取和模型训练奠定了基础。

此外，根据分析任务的不同，可能还需要对文档集进行标注，以获得带有任务结果标签的数据集。例如，在情感分析任务中，需要标注文本的情感倾向（正面、负面或中性）；在文本分类任务中，需要标注文本所属的类别。

3. 特征提取与特征选择

特征提取旨在将文本数据转换为计算机可以处理的数值型特征。常用的特征提取方法包括词袋模型（bag of words, BoW）和 TF-IDF（term frequency-inverse document frequency）等。词袋模型将文本表示为词频向量，忽略词语间的顺序关系；而 TF-IDF 则评估词语在文档集中的重要性。文本预处理后，即可将文本转为特征表示集合，包括词频、词性、词上下文及词位置等，具体选用的特征通常会根据文本处理的任务来选择。特征选择是从提取的特征中选择出对任务最有用的特征子集。通过特征选择，可以降低特征维度，提高模型的效率和准确性。

4. 模型训练与评估分析

在文本处理中，模型训练与评估分析是关键步骤。首先，需要选择合适的算法进行模型训练，常用的文本处理算法包括朴素贝叶斯、支持向量机、决策树、神经网络等。然后，使用测试数据评估模型的性能，常用的评估指标包括准确率、召回率和 F1 值等。通过评估分析，可以了解模型的优劣，并针对不足之处进行优化。

最后，需要对模型输出进行解释，并应用于实际场景。例如，在情感分析任务中，可以根据模型输出判断文本的情感倾向，并应用于产品评论分析或社交媒体舆情监测；在文本分类任务中，可以根据模型输出将文本归类到不同的类别中，并应用于新闻分类或垃圾邮件识别等场景。

7.2 中文文本处理

中文文本处理相较于英文文本处理，具有其特有的复杂性。由于中文文本中的词语间缺乏明显的分隔符，如空格，中文分词因此成为中文文本处理的首要环节。分词的质量对后续的文本分析效果产生直接影响。本节将深入阐述中文分词的基本概念、其重要性，以及利用 Jieba 库进行中文分词的具体操作。

7.2.1 中文分词

在英文的行文中，单词之间是以空格作为自然分界符的，而中文只是字、句和段能通过明显的分界符来简单划界，唯独词没有一个形式上的分界符，分词过程就是找到这样分界符的过程。为了理解中文语义，首先需要将句子划分为以词为基本单位的词串，这就是中文分词（Chinese word segmentation）。中文分词是将连续的中文文本切分成一个个独立的词语的过程。分词算法需要依据一定的规则和上下文信息来确定词语的边界。中文分词是中文自然语言处理（NLP）的基础任务之一，对于后续的文本分析、信息抽取、情感分析等任务具有重要意义。

中文分词的重要性主要体现在以下几个方面：

（1）提高文本处理的准确性：分词是文本处理的第一步，其准确性直接影响到后续任务的效果。错误的分词结果可能导致信息抽取不准确、情感分析偏差等问题。

（2）支持后续 NLP 任务：分词是许多 NLP 任务的基础，如词性标注、命名实体识别、句法分析等。准确的分词结果能够为这些任务提供有力的支持。

（3）提升信息检索的效率：在信息检索系统中，分词是构建索引和查询匹配的关键步骤。准确的分词能够提高检索的准确性和效率。

现有的分词方法主要分为两种：一种是基于词典的分词方法，将句子按照一定的策略与词典进行匹配识别；另一种是基于统计的分词方法，统计文档中上下文相邻的字联合出现的概率，概率高的识别为词。Python 的中文分词工具包比较多，包括 Jieba、SnowNLP、THULAC、NLPIR 等。不同的分词库效果有所不同，用户可根据实际应用选择适合的工具。下面以 Jieba 库为例，介绍分词的实现。

7.2.2 中文分词库 Jieba

1. Jieba 分词功能

Jieba 库是一款优秀的中文分词库，它支持三种分词模式：精确模式、全模式和搜索引擎模式，其分词函数见表 7-1。

- 精确模式：试图将句子最精确地切开，适合文本分析。
- 全模式：把句子中所有的可以成词的词语都扫描出来，速度非常快，但是不能解决歧义。

• 搜索引擎模式：在精确模式的基础上，对长词再次切分，提高召回率，适合用于搜索引擎分词。

表 7-1 Jieba 库分词函数

函数声明	参数说明
jieba.cut(s，cut_all=False，HMM=True)	s：待分词的文本字符串。cut_all：控制分词模式，默认为 False 表示精确模式，True 表示全模式。HMM：控制是否使用隐马尔可夫模型（HMM）来识别未登录词，默认为 True。返回可迭代器
jieba.cut_for_search(s，HMM=True)	s：待分词的文本字符串。HMM：控制是否使用隐马尔可夫模型（HMM）来识别未登录词，默认为 True。此函数适用于搜索引擎的分词
jieba.lcut(s，cut_all=False，HMM=True)	与 cut() 函数类似，此函数返回的是词列表
jieba.lcut_for_search(s，HMM=True)	与 cut_for_search 类似，此函数返回的是词列表，适用于搜索引擎的分词

此外，Jieba 库还提供了词性标注、关键词提取、加载用户自定义词典、添加 / 删除词典中的词汇等功能函数，广泛应用于中文文本处理领域。

例 7-1 利用 Jieba 进行不同模式下的中文分词，了解不同模式的特点。

```
import jieba
text = "我爱北京天安门"
#精确模式分词
seg_list = jieba.cut(text,  cut_all=False)
print("精确模式：" + "/ ".join(seg_list))
#全模式分词
seg_list = jieba.cut(text,  cut_all=True)
print("全模式：" + "/ ".join(seg_list))
#搜索引擎模式分词
seg_list = jieba.cut_for_search(text)
print("搜索引擎模式：" + "/ ".join(seg_list))
```

运行结果如图 7-2 所示。

```
精确模式: 我/ 爱/ 北京/ 天安门
全模式: 我/ 爱/ 北京/ 天安/ 天安门
搜索引擎模式: 我/ 爱/ 北京/ 天安/ 天安门
```

图 7-2 不同模式分词

2. Jieba 库进阶功能

除了基本的分词功能外，Jieba 库还提供了词性标注、关键词提取等进阶功能。

1）词性标注

词性标注以分词为基础，是对文本语言的另一个角度的理解，因此也常常成为 AI 解决 NLP 领域高阶任务的重要基础环节。Jieba 库可以标注出每个词语的词性，词性（part of speech，POS）是词汇基本的语法属性，如名词、动词、形容词等，这对于后续的文本分析任务非常有用。词性标注通常和分词同时完成，不同分词工具使用的标记略有不同。例如，Jieba 词性标注时，使用了一个包含 99 个标记的集合，由中国科学院计算技术研究所研制的汉语词法分析系统 ICTCLAS（Institute of Computing Technology, Chinese Lexical Analysis System）给出。标记集按树状结构分为 3 个层级，第 1 个层级包括 22 个标记，第 2 个层级包括 66 个标记，第 3 个层级包含 11 个标记。例如，“名词”是 1 类词性，下面包括 6 个 2 类及 5 个 3 类词性。更多标记集详见 ICTCLAS 官方说明文档。

例 7-2 使用 Jieba 中 posseg 类完成词性标注。

```
import jieba.posseg as pseg
text = "我爱北京天安门"
words = pseg.cut(text)
for word, flag in words:
print(f'{word} {flag}')
```

运行结果：

```
我 r          #r——人名
爱 v          #v——动词
北京 ns   #ns——地名
天安门 ns        # ns——地名
```

2）关键词提取

Jieba 库提供了基于 TF-IDF 算法的关键词提取功能，可以帮助我们从文本中提取出最重要的词语。

TF-IDF（term frequency - inverse document frequency）模型表示“词频 - 逆文档频率”，用于评估一个词对于一篇文档的重要程度。词频 TF 表示某个词在文档中出现的次数或频率，如果某个词在某文档中出现多次，则说明这个词可能比较重要或者是文档常用词，如停用词“的”“是”“在”等。逆文档频率 IDF 是对一个词语普遍重要性的度量，计算方法是将文档集中总文档数量除以包含该词语的文档数量，再将得到的商取对数。IDF 主要用来去除文档常用词，如停用词等的 IDF 值就会很低。

TF-IDF 值是 TF 和 IDF 的乘积。如果词语在某一特定文档中是高频率词，且该词语在整个文档集合中出现频率较低，则 TF-IDF 值较高。因此，TF-IDF 倾向于过滤掉常见的词语，保留重要的词语。

例 7-3 利用 Jieba 中 analyse 类完成关键词提取。

```
import jieba.analyse
text = "我爱北京天安门，天安门上太阳升。"
keywords = jieba.analyse.extract_tags(text, topK=3)
print("关键词：" + ", ".join(keywords))
```

运行结果：

```
关键词：天安门, 北京, 太阳
```

7.3 综合案例

视频

综合案例讲解

【综合案例】《钢铁是怎样炼成的》是一部脍炙人口的经典小说，讲述了主人公保尔·柯察金不屈不挠的奋斗历程。本案例将运用 Python 中的 Pandas、Matplotlib、Jieba 和 wordcloud 库，对这部杰作进行词云统计分析，揭示其文本特色。

案例分析：

（1）对《钢铁是怎样炼成的》的文本进行预处理，包括数据清洗、分词、统计词频，并绘制全书词云图，直观展现高频词汇。

词云（word cloud）是一种文本可视化技术，它通过不同大小、颜色和形状的字体来展示文本中不同词语的重要性。词云模型在文本分析、信息可视化等领域有着广泛的应用。

词云模型是一种将文本数据转换为视觉图像的技术。在词云中，每个词语的大小表示其在文本中的重要程度（通常通过词频来衡量），颜色和形状则可以根据需要进行自定义。词云模型能够直观地展示文本中的关键信息，帮助用户快速理解文本的主题和内容。

通常包括以下几个步骤：

① 文本预处理：对原始文本进行分词、去除停用词、自定义词典等预处理操作，得到干净的词语列表。

② 词频统计：统计每个词语在文本中出现的次数，得到词频列表。

③ 词频过滤：根据需要设置词频阈值，过滤掉词频过低的词语。

④ 布局生成：采用合适的布局算法（如随机布局、网格布局等）将词语放置在图像中。

⑤ 视觉渲染：根据词频调整词语的大小、颜色和形状，生成最终的词云图像。

（2）利用 TF-IDF 矩阵对全书章节进行聚类分析，通过 K-Means 算法识别不同章节间的相似性和差异性，实现可视化展示。构建语料库，并计算“文档词”的 TF-IDF 矩阵，使用 TfidfVectorizer () 函数将原始文本转化为 TF-IDF 的特征矩阵，为后续的文本相似度计算、主题模型和文本搜索排序等一系列应用奠定基础。

案例实现：

（1）绘制《钢铁是怎样炼成的》全书词云图，直观展现高频词汇。

```
#模块加载
import numpy as np
import pandas as pd
import jieba
from wordcloud import WordCloud
import matplotlib.pyplot as plt
from PIL import Image
import jieba.analyse
#加载文档
with open('data/book.txt') as f:
    txt=f.read()
#自定义字典
jieba.load_userdict('data/newdic.txt')
#初始化jieba
jieba.initialize()
wordlist = jieba.lcut(txt,cut_all=False) # 分词
result_list = []
#读取停用词库
with open(‘data/stops.txt’, encoding=’utf-8’) as f:   #可根据需要打开停
用词库，然后加上不想显示的词语
    con = f.readlines()
    stop_words = set()
    for i in con:
```

```
        i = i.replace("\n", "")    # 去掉读取每一行数据的 \n
        stop_words.add(i)
# 去除停用词并且去除单字
for word in wordlist:
    if word not in stop_words and len(word) > 1:
        result_list.append(word)
wordlist_space_split=" ".join(result_list)
keywords = jieba.analyse.extract_tags(wordlist_space_split,topK=100)
# topK 参数用来设置分词结果中频率最高的关键词个数
print(" 关键词 : " + ",  ".join(keywords))
# 指定云词的图片模板
image = np.array(Image.open("liandao.jpg"))
# 生成词云
wordcloud = WordCloud(font_path='simhei.ttf',         # 设置字体，解决中文显示问题
                      width=800,
                      height=400,
background_color='white',stopwords=stop_words,mask=image,max_words=200)
wordcloud.generate(wordlist_space_split)
# 显示词云
plt.figure(figsize=(10,5))
plt.imshow(wordcloud,interpolation='bilinear')
plt.axis("off")  # 不显示坐标轴
plt.show()
# 保存词云图片文件
wordcloud.to_file("z0.png")
```

运行结果如图 7-3 所示。

图 7-3　词云图

在上述代码中，首先使用 Jieba 库定义了自己的字典，可以添加 Jieba 库识别不了的网络新词，避免将一些新词拆开，然后对原始文本进行分词处理，并将分词结果转换为空格分隔的字符串格式。然后，读取停用词库文件，去除掉文章中的语气词，量词等无关词语，同时去除掉文章中单个字。最后使用 wordcloud 库生成词云，并通过 Matplotlib 库进行显示，同时将结果保存为图片文件。需要注意的是，由于 wordcloud 库默认不支持中文显示，所以常需要设置字体路径参数 font_path 来指定支持中文的字体文件（如 simhei.ttf）。

从词云图像中可以看出，“保尔”“朱赫来”“冬妮亚”“同志”“工作”等词语的字体较大，表示它们在文本中的重要程度较高。通过词云模型，我们可以直观地了解文本的主题和内容。

（2）模型运用。在（1）的基础上，对全书各章节生成 TF-IDF 矩阵，通过 K-Means 算法识别不同章节间的相似性和差异性。首先将文本分割成章节（假设每章节以“第 × 章”开始），生成以章节字符串为元素的列表，然后对每章节生成 TF-IDF 矩阵，然后对矩阵数据通过 K-Means 算法进行聚类分析，分析不同章节的相似性和差异性，并用图表显示。

```
    from sklearn.feature_extraction.text import TfidfVectorizer
    from sklearn.cluster import KMeans
    plt.rcParams['font.sans-serif']=['SimHei']
    plt.rcParams['axes.unicode_minus'] = False
    # 将文本分割成章节
    chapters = txt.split('第')
    chapters = ['第' + chapter for chapter in chapters if chapter.startswith(('1',
'2', '3', '4', '5', '6', '7', '8', '9', '10', '11', '12', '13', '14', '15',
'16', '17', '18'))]
    split_chapter=[]
    for c in chapters:
        s=" ".join(jieba.lcut(c))
        split_chapter.append(s)
    # 使用 TF-IDF 进行特征提取
    vectorizer = TfidfVectorizer( token_pattern=r'(?u)\b\w+\b')
    X = vectorizer.fit_transform(split_chapter)
    print(X.toarray())
    # 使用 KMeans 进行聚类分析
    true_k = 3  # 假设我们将其分成 3 类
    model = KMeans(n_clusters=true_k, init='k-means++', max_iter=100, n_init=1)
    model.fit(X)
    # 获取聚类标签
    labels = model.labels_
    # 可视化聚类结果
    data = pd.DataFrame({
        '章节': [f'第{i}' for i in range(1, len(chapters)+1)],
        '聚类': labels
    })
    print(data)
    # 使用 Seaborn 绘制聚类结果的热力图
    plt.figure(figsize=(10, 8))
    sns.heatmap(data=pd.crosstab(data['章节'], data['聚类']), annot=True,
cmap='viridis', linewidths=.5)
    plt.title('《钢铁是怎样炼成的》章节聚类分析')
    plt.xlabel('聚类')
    plt.ylabel('章节')
    plt.show()
```

运行结果如图 7-4 所示。

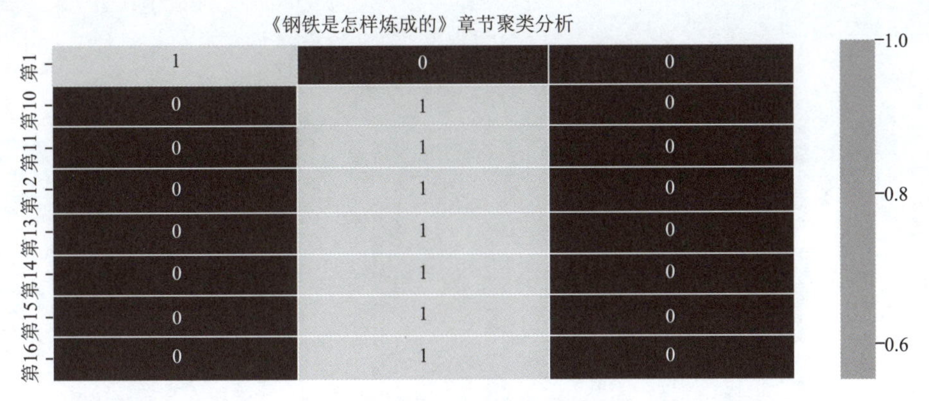

图 7-4　章节聚类分析

文本的分析其实没有想象的那么简单，这里案例只是很粗略地描述了一下数据模型在文本分析中的应用，其实还可以通过每章的关键词词性的分析，来进行文本的情感分析，这些就留待后续同学们的完善了。

拓展与练习

1. 请解释什么是 TF-IDF，它在文本分析中有何作用？

2. 在文本分析中，如何处理停用词（如“的”“是”等常见但意义不大的词）？

3. 假设你正在处理一个大型新闻数据集，该数据集包含了来自不同新闻源的新闻报道。每条新闻报道都包含了标题、正文、发布日期、新闻源以及相关的标签（如政治、经济、体育、科技等）。现在的任务是基于这些特征来训练一个新闻分类器，以便自动将新的新闻报道分类到正确的类别中。

第8章 机器学习

数据科学与传统的数据处理的本质区别在于，对于数据处理的结果必须进行预测建模分析。机器学习正是一种将分析模型构建自动化的数据分析方法，它是人工智能的一个分支，它的核心功能是可以从数据中自我学习，并以最少的人工干预做出决策。Python 语言提供的机器学习算法库 scikit-learn 可以实现数据建模和预测分析。

本章主要介绍了 scikit-learn 库中的线性回归、决策树、聚类分析等多种机器学习模型的使用方法，通过案例详细展示如何在 Python 中进行数据预处理、模型训练和评估的过程。

知识结构图

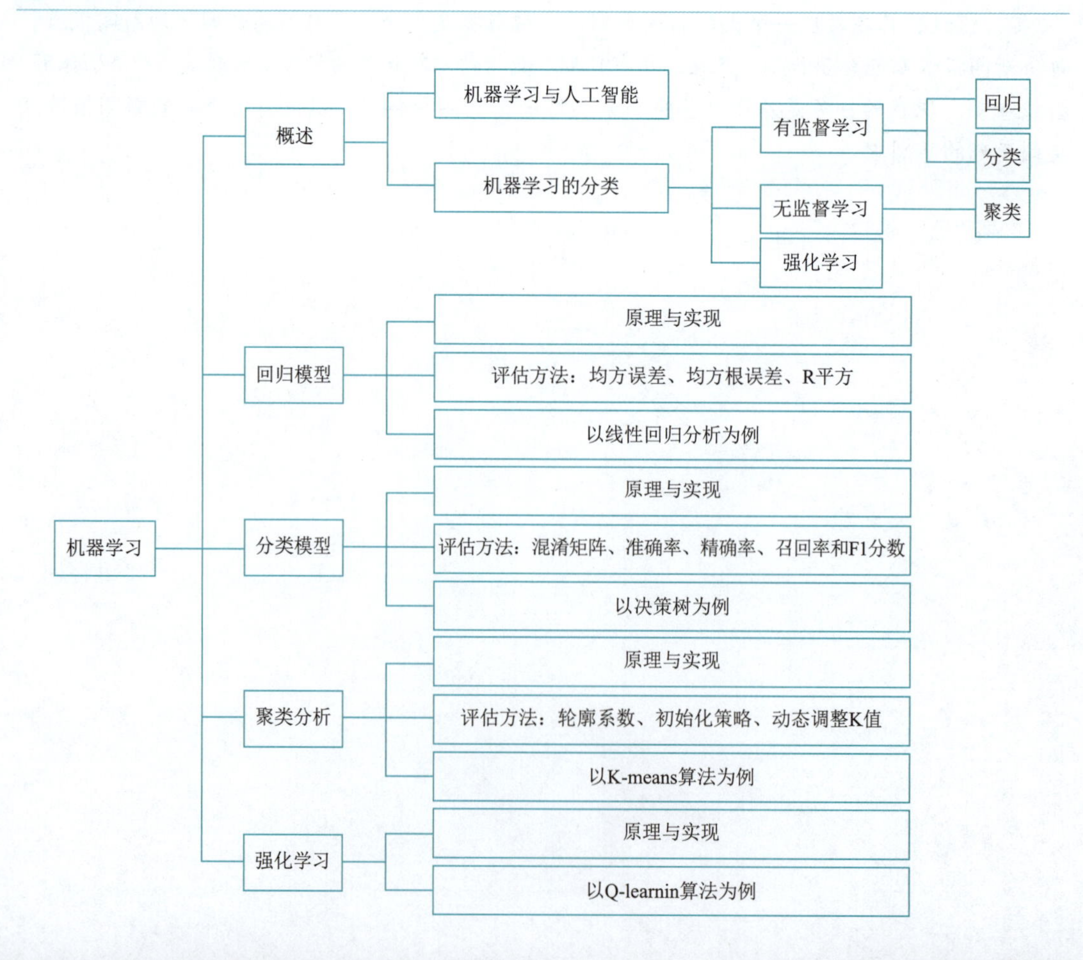

学习目标

◎了解机器学习的基本概念，熟悉机器学习的三大分类。

◎理解回归分析模型的原理和评估方法，通过案例熟练掌握线性回归分析模型。

◎理解分类模型的原理和评估方法，通过案例理解决策树二分类问题。

◎理解聚类分析模型的原理和评估方法，通过案例理解 K-means 算法。

◎了解强化学习中智能体的训练和学习流程。

8.1　机器学习概述

机器学习是一门多领域交叉学科，涵盖了多个领域和行业，包括但不限于概率论、统计学、数学等学科。它研究计算机怎样模拟或实现人类的学习行为，以获取新的知识或技能，并重新组织已有的知识结构，从而不断改善自身的性能。

机器学习通过使用算法和统计模型，使计算机系统能够在大量数据中找到规律，然后使用这些规律来预测或描述新数据。具体来说，机器学习通过分析数据、学习数据，从而对现实世界中的某些内容做出预测或判断。与传统的程序化或基于规则的系统不同，机器学习系统不需要明确的编程，而是通过训练数据来自动创建模型。

机器学习模型构建的过程通常包括数据预处理、特征处理、训练模型、模型评估和数据预测等步骤，如图 8-1 所示。

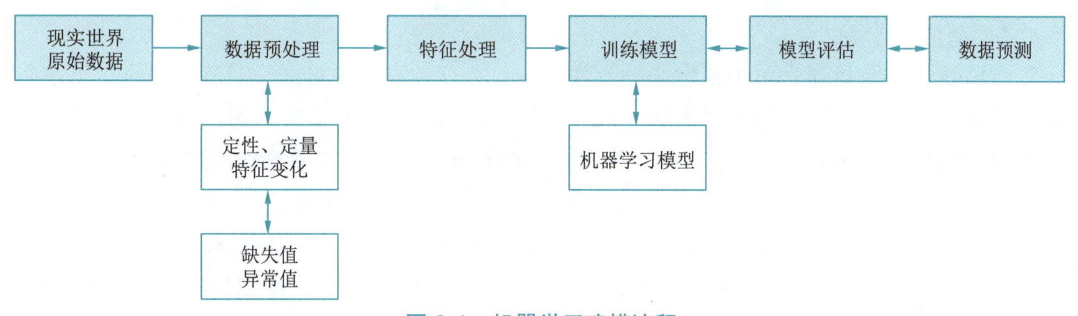

图 8-1　机器学习建模流程

机器学习的应用非常广泛，不限于金融服务、物流、供应链、边缘计算等领域。在符合隐私保护、数据安全和政府法规的要求下，它能够进行数据使用和机器学习建模。

8.1.1　机器学习与人工智能

21 世纪，人工智能掀起了新一波科技浪潮，越来越多的个人和企业投身到了人工智能的开发与应用中，Python 就是其中应用最为广泛的开发语言之一。

依托人工智能技术，各类智能生活平台应运而生，人们足不出户便能了解社区附近生活信息和数据，享受各类智能化服务：智能健康终端产品自动检测收集身体健康数据，云平台的专家及时会诊病例数据；定时智能门锁汇报当天的访客数据；冰箱将随时提醒采购项目和对应的健康指数，指导实现合理饮食。

现阶段的人工智能主要包含机器学习和深度学习两个核心模块，而 Python 语言拥有 Matplotlib、NumPy 和 scikit-learn 等丰富的库，机器学习中需要的数据的爬取、数据的处理和分析、数据的可视化和数据的建模等各个环节在 Python 中都能找到对应的库来进行处理。

8.1.2 机器学习的分类

机器学习按照模型分类主要包括有监督学习、无监督学习和强化学习三个大类，如图 8-2 所示。

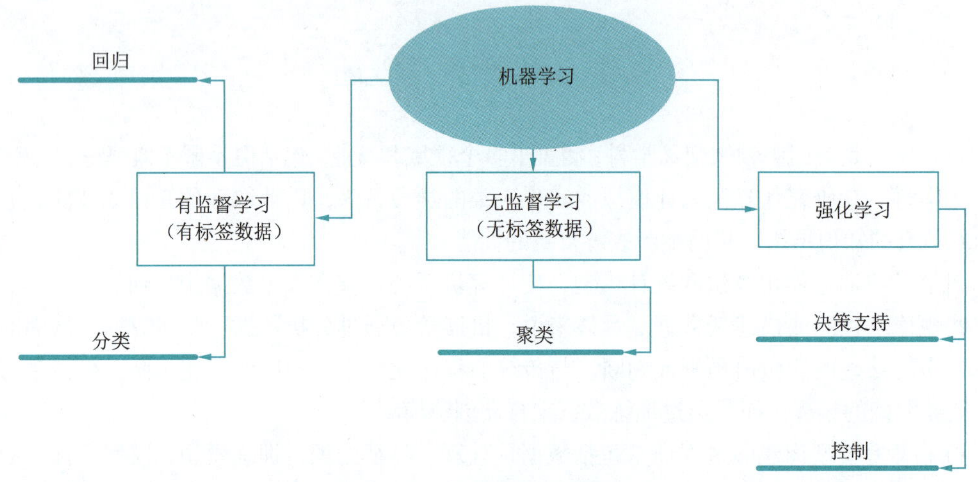

图 8-2 机器学习模型常见分类

1. 有监督学习

有监督学习是机器学习中最常用的方法之一。在这种方法中机器学习算法接收一组带有标签的训练样本，并学习如何预测新样本的标签。在本质上，有监督学习的目标在于构建一个由输入到输出的映射，该映射用模型来表示，模型属于由输入空间到输出空间的映射集合，而如何在空间中找到最好的映射，这就是有监督学习的最大动机所在。

如图 8-3 所示，有监督学习的流程过程主要包括数据集的输入和预期输出，算法通过比较预测结果与真实标签来调整模型参数，以提高预测准确性。常见的应用场景包括图像分类、文本分类、回归分析和数值预测分析等。例如，在图像分类任务中，算法会接收大量带有猫、狗或其他动物标签的图像，并学习如何预测新图像是哪种动物。例如，股票价格预测和房价预测都属于有监督学习应用场景。

有监督学习通常是利用带有的标签训练集数据学习，学习一个从多个输入变量 X 到输入变量 Y 的函数映射。调整模型 $Y=f(X)$ 系数，训练数据通常是 $(n*x,y)$ 的形式，其中 n 代表训练样本的大小，x 和 y 分别是变量 X 和 Y 的样本值。然后构建的模型在测试集中进行预测验证。因此，训练集通常用如下公式的方式进行描述：

$$T=\{(x_1,y_1),(x_2,y_2),\cdots,(x_j,y_j),\cdots,(x_m,y_m)\}$$

在学习过程中需要使用训练数据，而训练数据往往是人们认为给出的。在这个训练集中，系统的预期输出已经事先给定，如果模型的实际输出与预期有差距，那么模型就有责任“监督”学习系统重新调整模型参数，直至二者的误差在可接受的范围之内。

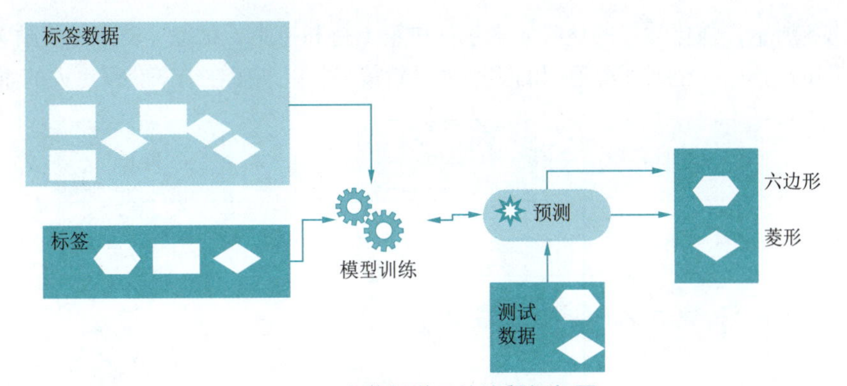

图 8-3　有监督学习的流程框架图

有监督学习可以分为两类：

（1）回归问题：预测某一样本的所对应的实数输出（连续的）。比如预测某一地区人的平均身高。

（2）分类问题：预测某一样本所属的类别（离散的）。比如判断性别、身体是否健康等。

2. 无监督学习

无监督学习是指算法只接收输入数据，而不接收任何标签或标注的信息。其目的是发现数据中的潜在结构或模式，其主要特点在于数据集没有标签或标注，算法需要自动从数据中提取有用的信息或特征。一个无监督学习算法可能会被用来发现数据中的聚类，即将相似的数据分到同一类中，而无关这些类的具体含义，例如，邮件聚类分析（垃圾邮件、工作邮件、有用的邮件）、新闻聚类（体育、娱乐、时事）等应用场景，如图 8-4 所示。

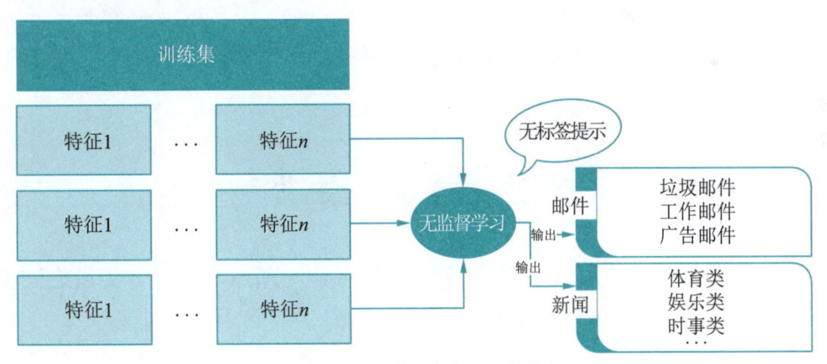

图 8-4　无监督学习流程图

监督学习和无监督学习的区别和联系主要体现在以下两点：

（1）主要区别：监督学习使用带有标签的数据进行训练，目的是预测新数据的标签；而无监督学习使用没有标签的数据，目的是发现数据中的潜在结构或模式。

（2）互为补充：两者都是机器学习的重要分支，各自适用于不同的应用场景，但都可以通过训练数据来优化模型性能。

3. 强化学习

强化学习是机器学习的分支，它通过试错的方式学习最优策略，以最大化某种奖励信号的累积。与监督学习不同，强化学习中没有明确的标签或者目标输出，而是通过与环境的交互获得反馈信号，从而调整决策策略。

如图 8-5 所示，强化学习的核心元素包括决策支持和控制（状态、动作、奖励）。智能体通过不断尝试动作，并根据环境返回的奖励来更新策略，以期望在未来获得更大的累积奖励。

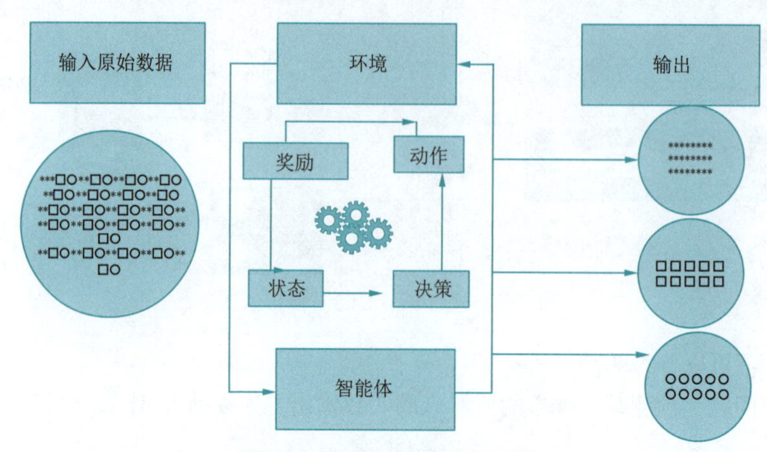

图 8-5　强化学习的核心元素

强化学习的应用场景包括以下几个方面：

（1）自动驾驶汽车：强化学习在自动驾驶汽车中有着广泛的应用，例如，轨迹优化、运动规划、动态路径规划、控制器优化和基于场景的高速公路学习策略。通过强化学习，可以实现自动停车、变道、超车等操作，避免碰撞并保持稳定的速度。

（2）游戏 AI：强化学习在游戏 AI 中取得了显著成就，最著名的例子是 AlphaGo，它在围棋比赛中击败了世界冠军。这展示了强化学习在复杂策略游戏中的强大能力，并引发了对其在其他领域应用的广泛兴趣。

（3）智能推荐系统：强化学习可以优化推荐策略，动态调整推荐内容，以提高用户满意度和参与度。

8.2 回归模型

回归是指研究一组随机变量（$Y_1,Y_2,\cdots,Y_i$）和另一组（$X_1,X_2,\cdots,X_k$）变量之间关系的统计分析方法。通常 Y 是因变量，X 是自变量。

回归分析可以根据不同的标准进行分类：

• 按照涉及的变量的多少可以分为一元回归和多元回归分析。

• 按照因变量的多少，可分为简单回归分析和多重回归分析。

• 按照自变量和因变量之间的关系类型，可分为线性回归分析和非线性回归分析。

因回归分析分类方法多样化、复杂化的特点，本节主要围绕线性回归模型的原理和应用展开。

8.2.1 原理与实现

线性回归是指完全由线性变量组成的回归模型。在线性回归分析中，只包括一个自变量和一个因变量，且二者的关系可用一条直线近似表示，这种回归分析称为一元线性回归分析。如果回归分析中包括两个或两个以上的自变量，且因变量和自变量之间是线性关系，则称为多元线性回归分析。线性回归分析中的重要因素如下：

1. 因变量和自变量

在回归分析中，变量通常有两类：因变量和自变量。

• 因变量：通常是指实际问题中所关心的指标，用 Y 表示。

• 自变量：是影响因变量取值的一个变量，用 X 表示，如果有多个自变量则表示为 X_1,X_2,X_n。

2. 步骤

回归分析包括如下几个步骤：

（1）确定因变量 Y 与自变量 $X_1,X_2,\cdots,X_n$ 之间的定量关系表达式，即回归方程。

（2）对回归方程的可信度评估。

（3）判断自变量 X_n（n=1,2,$\cdots$,m）对因变量的影响。

3. 预测

利用回归方程进行预测。假设 X 和 Y 的关系是线性，可以用公式表示为 $Y=a+bX+c$。

• Y 为因变量。

• X 为自变量。

• a 为截距（intercept）。

• b 为自变量系数或回归系数。

• $a+bX$，表示 Y 随 X 的变化而线性变化的部分。

• c 为随机误差，是其他一切不确定因素影响的总和，它的值不可提前预测。

4. 性能评估

使用 scikit-learn 进行线性回归分析是一个简单而有效的机器学习任务。其中，评估线性回归模型的性能是一个重要的步骤，它可以帮助人们了解模型的预测能力。以下是常用的三种评估方法：

（1）均方误差（MSE）：这是最常用的评估指标之一，它衡量了预测值与实际值之间的平均平方差。MSE 越小，说明模型的预测能力越强。

$$\text{MSE}=\frac{1}{n}\sum_{i=1}^{n}(y_i-\hat{y}_i)^2$$

式中，y_i 是真实值，$\hat{y}_i$ 是预测值，n 是数据值的数量。

（2）均方根误差（RMSE）：这是 MSE 的平方根，它可以更好地反映模型的预测能力。RMSE 越小，说明模型的预测能力越强。

（3）R 平方（R-squared）：它是一个统计量，是衡量回归模型解释数据变化能力的重要指标。R 平方值介于 0 ～ 1，越接近 1 说明模型的解释能力越强。

$$R^2=\frac{\text{SSR}}{\text{SST}}=\frac{\sum_{i=1}^{n}(\hat{y}_i-\bar{y})^2}{\sum_{i=1}^{n}(y_i-\bar{y})^2}$$

式中，y_i 是真实值，$\hat{y}_i$ 是预测值，$\bar{y}$ 是真实值的平均值，n 是数据值的数量。SSR 是残差平方，SST 是总平方和。

例 8-1　某市医院研究糖尿病患者的总胆固醇和甘油三酯对空腹血糖的影响，研究者调查多名糖尿病患者的总胆固醇、甘油三酯和空腹血糖的测量值，请根据模拟构造的 8 名患者的数据做统计分析。

在 scikit-learn 中使用 LinearRegression 类构建空腹血糖回归模型和模型评估。

```
    import numpy as np
    import pandas as pd
    import matplotlib.pyplot as plt
    from sklearn.model_selection import train_test_split
    from sklearn.linear_model import LinearRegression
    from sklearn.metrics import mean_squared_error
    # 创建数据
    m=np.array([[5.7,1.1,7.5],[6.6,0.9,7.0],[7.1,1.3,6.8],[7.0,2.3,7.2],
[6.8,2.3,7.7],[6.1,2.0,7.8],[8.9,2.7,7.3],[8.7,1.3,7.0]])
    print(m)
    X=m[:,0:2]        # 第 1、2 列分别为总胆固醇和甘油三酯的值
    y=m[:,2:3]        # 第 3 列为空腹血糖的值
    # 将数据分为训练集和测试集
    X_train, X_test, y_train, y_test = train_test_split(X, y, test_size=0.2,
random_state=42)
    # 创建线性回归模型并训练
    model = LinearRegression()
    model.fit(X_train, y_train)
    # 输出线性回归模型的截距和回归系数
    print('截距和回归系数:')
    print(model.intercept_,model.coef_)
    # 在测试集上进行预测
    y_pred = model.predict(X_test)
    # 计算均方误差
    mse = mean_squared_error(y_test, y_pred)
    print(f'Mean Squared Error: {mse}')
```

运行结果：

```
    截距和回归系数:
    [7.94383234] [[-0.16795254  0.29640986]]
    Mean Squared Error: 0.046644926234594264
```

在上例中，首先导入所需的模块和库。然后创建了一些模拟数据，包括输入特征 X 和目标值 y。其次，将数据分为训练集和测试集，以便评估模型的性能，并进一步创建一个 LinearRegression 对象，使用训练数据拟合模型。最后，在测试集上进行了预测，并计算了均方误差（MSE）来评估模型的性能。

需要注意的是，在进行线性回归分析时，数据预处理是非常重要的，数据分析者需要确保输入特征是数值型，并且可能需要归一化或标准化数据。此外，还需要考虑特征选择和特征工程，以确定哪些特征对预测目标最有影响。

视频

线性回归分析案例

8.2.2 应用案例

例8-2 某学生社团开展研究推理类剧情主题月活动，学生以《柯南》电影为主题背景模拟构造一系列数据，进行回归分析和预测分析。

1. 数据集准备

（1）导入库，并读取 out.txt 文件中的数据，文本文件中前 11 条数据格式（见

图 8-6），实现代码如下：

```
import pandas as pd
import numpy as np
from pandas import Series
from pandas import DataFrame
import matplotlib.pyplot as plt
from pylab import mpl
mpl.rcParams['font.sans-serif'] = ['SimHei']       # 指定默认字体
mpl.rcParams['axes.unicode_minus'] = False # 解决保存图像是负号 '-' 显示为方块的问题
data=pd.read_csv('out.txt',sep='\t')    # 导入数据集数据
print(data)
```

	电影	评分	评论数	时长	导演	票房	时间
0	名侦探柯南：绯色的子弹	5.9	78563	110	永冈智佳	59.2	2021
1	名侦探柯南：纯黑的恶梦	6.2	66955	112	静野孔文	63.3	2016
2	名侦探柯南：业火的向日葵?	6.0	69989	113	静野孔文	44.8	2015
3	名侦探柯南：贝克街的亡灵	9.0	173755	107	儿玉兼嗣	34.0	2002
4	名侦探柯南：绀青之拳	5.9	135221	110	永冈智佳	91.8	2019
5	[illegible]	5.8	103515	110	[illegible]	21.7	2018
6	[illegible]	8.6	108051	100	[illegible]	29.0	2001
8	[illegible]	8.4	112032	95	[illegible]	11.0	1997
9	[illegible]	6.9	55129	112	[illegible]	68.9	2017
10	名侦探柯南：迷宫的十字路口	8.4	100475	107	儿玉兼嗣	32.0	2003

图 8-6　数据集 out.txt 中数据格式

（2）数据清洗。

```
data=data.dropna()
```

（3）散点图矩阵观察特征项之间的关系。

```
xdata=data[['评分','评论数','时长','票房','时间']]
pd.plotting.scatter_matrix(xdata,diagonal='hist',color='b')
```

运行结果如图 8-7 所示。

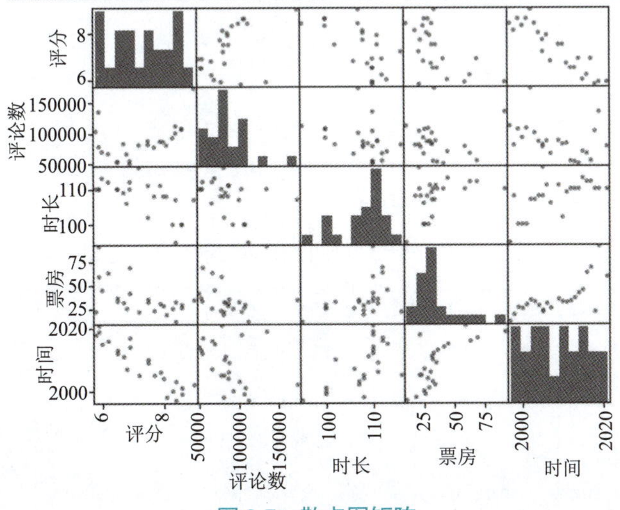

图 8-7　散点图矩阵

从图8-7中可以观察到时间与评分、时间与票房的线性关系呈正相关性。

2. 票房回归分析模型的构建、性能评估

构建自变量（时间），因变量（票房）的回归模型，并评估性能。

```
x=data.iloc[:,6:7].values.astype(float)# 时间
y=data.iloc[:,5:6].values.astype(float)# 票房
from sklearn import model_selection
from sklearn.linear_model import LinearRegression
x_train,x_test,y_train,y_test=model_selection.train_test_split(x,y,test_size=0.5,
random_state=1)
linregTr=LinearRegression()
linregTr.fit(x_train,y_train)
print(linregTr.intercept_,linregTr.coef_)
from sklearn import metrics
from sklearn.metrics import mean_squared_error
y_train_pred=linregTr.predict(x_train)
y_test_pred=linregTr.predict(x_test)
train_err=mean_squared_error(y_train,y_train_pred)
test_err=mean_squared_error(y_test,y_test_pred)
print('the mean squar rrror of train and test are:{:.2f},{:.2f}'.format(train_err,
test_err))
predict_score=linregTr.score(x_test,y_test)
print('the decision coeficient is:{:.2f}'.format(predict_score))
'''
```

运行结果：

```
[-3043.45765243] [[1.53252504]]
the mean squar rrror of train and test are:144.22,169.33
the decision coeficient is:0.56
'''
```

3. 票房回归模型的预测

```
import joblib
joblib.dump(linregTr,'linregTr.pkl')
load_linreg=joblib.load('linregTr.pkl')
new_X=np.array([[2022]])
print('预期2022票房：',load_linreg.predict(new_X)) #预测2022年票房
#运行结果：预期2022票房： [[55.30797751]]
```

4. 评分回归模型的构建、性能评估

构建自变量（时间），因变量（评分）的回归模型，并评估性能。

```
x=data.iloc[:,6:7].values.astype(float)# 时间
y=data.iloc[:,1:2].values.astype(float)# 评分
from sklearn import model_selection
from sklearn.linear_model import LinearRegression
x_train,x_test,y_train,y_test= model_selection.train_test_split(x,y,test_size=
0.4,random_state=1)
linregTr=LinearRegression()
linregTr.fit(x_train,y_train)
print(linregTr.intercept_,linregTr.coef_)
```

```
from sklearn import metrics
from sklearn.metrics import mean_squared_error
y_train_pred=linregTr.predict(x_train)
y_test_pred=linregTr.predict(x_test)
train_err=mean_squared_error(y_train,y_train_pred)
test_err=mean_squared_error(y_test,y_test_pred)
print('the mean squar rrror of train and test are:{:.2f},{:.2f}'.format
(train_err,test_err))
predict_score=linregTr.score(x_test,y_test)
print('the decision coeficient is:{:.2f}'.format(predict_score))
'''
```

运行结果：

```
[250.53393219] [[-0.12109533]]
the mean squar rrror of train and test are:0.14,0.19
the decision coeficient is:0.80
'''
```

5. 评分回归模型的预测

```
import joblib
joblib.dump(linregTr,'linregTr.pkl')
load_linreg=joblib.load('linregTr.pkl')
new_X=np.array([[2022]])
print('预期 2022 评分：',load_linreg.predict(new_X))
# 运行结果：预期 2022 评分：  [[5.67916546]]
```

6. 绘制回归图得到拟合线

```
tips=data.iloc[:,1:7]
plt.figure(figsize=(14, 4))
ax1=plt.subplot(1,3,1)
sns.regplot(x='时间', y='票房', data=tips)
ax2=plt.subplot(1,3,2)
sns.regplot(x='时间', y='评分', data=tips)
```

回归拟合线运行结果如图 8-8 所示。

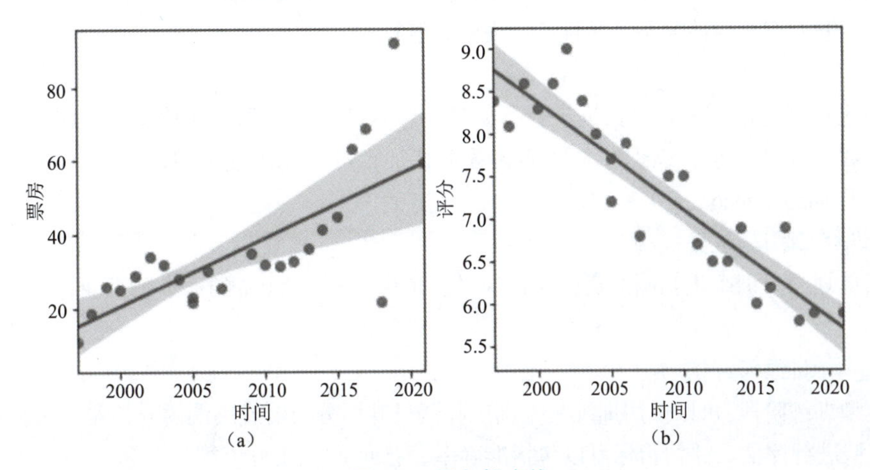

图 8-8　回归拟合线

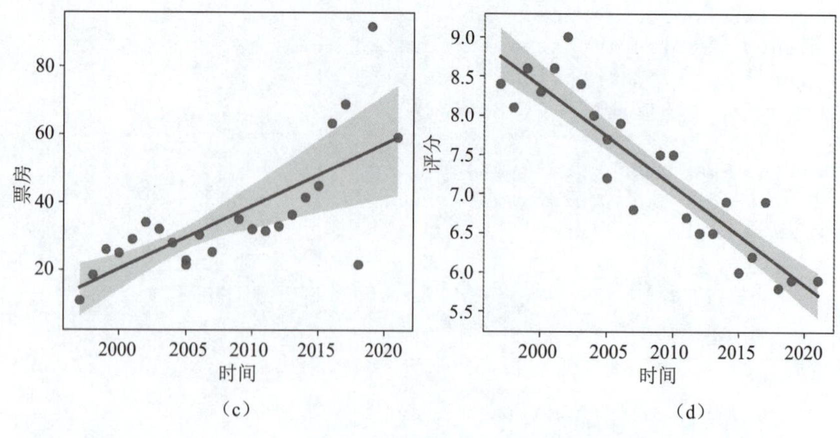

图 8-8 回归拟合线（续）

8.3 分类模型

分类模型是机器学习中的一种重要类型，主要用于处理输出变量结果为分类或离散值的任务。此类模型通过学习样本的特征来预测样本的类别。常见的机器学习分类模型包括决策树、支持向量机（SVM）、随机森林、朴素贝叶斯等。

例如，机器学习模型可以帮助农户或商家更好地挑选西瓜。通过分析西瓜的色泽、大小、纹理和含糖量等特征，模型可以预测西瓜是不是甜，从而帮助用户挑选出更好的西瓜，此外，一些研究已经展示了使用机器学习方法挑选西瓜的实际效果，例如，通过声学特征检测来判断西瓜的成熟度和甜度。

以判断西瓜是否甜为例进行机器学习分类模型分析。

1. 模型选择

在机器学习中，选择合适的模型对于预测西瓜的甜度至关重要。朴素贝叶斯分类器是一个常用的选择，因为它基于贝叶斯定理和特征条件独立假设，尽管这个假设在现实中往往不成立，但在许多情况下仍然能够取得很好的分类效果。此外，决策树分类器也是一个不错的选择，它能够处理非线性关系，并且易于理解和解释。

2. 数据预处理

在构建模型之前，需要对数据进行预处理，包括特征选择和特征转换。例如，可以将分类特征（如色泽、大小、纹理等）转换为数值特征，可以使用独热编码（one-hot encoding）或标签编码（label encoding）来实现。

3. 训练集和测试集

数据集划分为训练集和测试集，通常的做法是将 60% ～ 80% 的样本用于训练，剩余的用于测试。

4. 模型训练与评估

在模型训练阶段，可以使用训练集来训练朴素贝叶斯分类器或决策树分类器。训练完成后，需要对模型进行评估。评估指标可以包括准确率、召回率、F1 分值等。

8.3.1　原理与实现

本节内容主要围绕决策树分类模型展开案例分析和应用。

1. 决策树分析步骤

如图 8-9 所示，判断西瓜是否甜的决策树分析可以通过以下步骤进行：

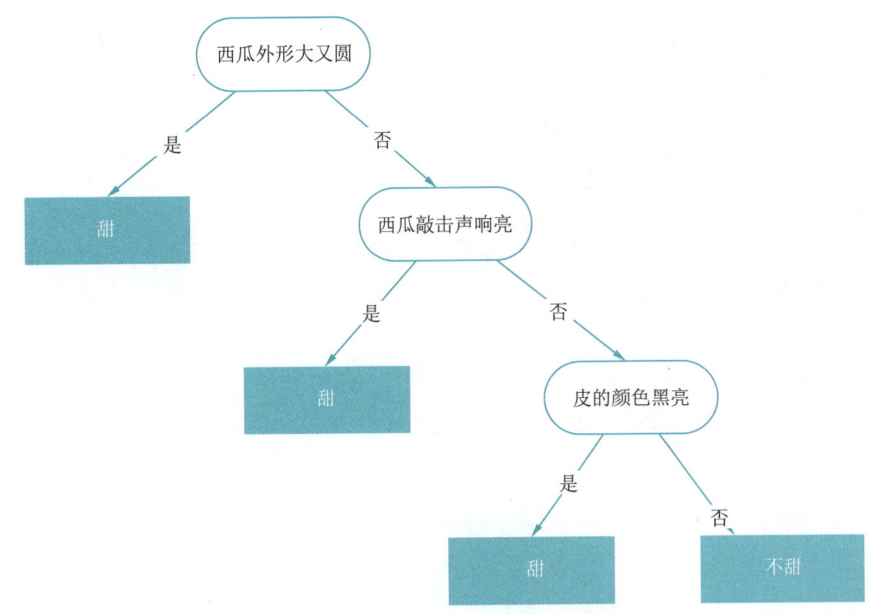

图 8-9　决策树分类模型示例图

（1）数据准备：首先，需要收集关于西瓜的各种属性数据，如色泽、根蒂、敲声等，并标记每个西瓜是否好瓜（甜或不甜）。这些数据将用于构建决策树模型。

（2）决策树构建：使用决策树算法来构建模型。决策树通过递归地选择最优属性来划分数据集，直到满足停止条件（如所有样本属于同一类别、属性集为空或所有样本在某个属性上取值相同）。

（3）属性选择：在构建决策树时，需要选择一个最优的属性作为根节点。通常，选择信息增益最大的属性作为根节点。信息增益是信息熵与属性剩余价值的差值，表示该属性对分类的贡献大小。

（4）决策树结构：决策树的结构包括根节点、内部节点和叶节点。根节点包含所有样本，内部节点表示一个属性的测试，叶节点表示最终的分类结果（甜或不甜）。

假设有一个西瓜样本，其属性为“乌黑、蜷缩、沉闷、清晰、凹陷、硬滑”，可以通过决策树从根节点开始，根据每个节点的属性测试逐步向下判断，最终到达叶节点，从而判断这个西瓜是否甜。

（5）模型评估：构建完决策树后，可以通过交叉验证等方法评估模型的性能。如果模型表现不佳，可能需要调整属性选择策略或使用其他算法。

（6）未来的研究方向可以包括改进特征选择方法，以提高模型的准确性和性能。此外，可以探索更多机器学习算法，如支持向量机（SVM）、随机森林等，以寻找更适合西瓜甜度预测的模型。

通过以上步骤，可以构建一个用于判断西瓜是否甜的决策树模型，并利用该模型进行预测和分析。

以上西瓜是否甜的应用场景可以看作二分类问题，最终结果是具有两个类别标签的分类任务。

通常，二分类问题涉及一个正常状态的类别和一个异常状态的类别。例如，“表皮光滑”是正常状态，而“表皮凹陷”是异常状态，正常状态的类别标签为 0，状态异常的类为类别标签 1。分类模型中可以用于二分类的流行算法包括：决策树（decision tree）、逻辑回归（logistic regression）、支持向量机（support vector machine）、朴素贝叶斯（naive Bayes）。其中，逻辑回归和支持向量机算法只能解决二分类问题。

2. 决策树常用的性能评估方法

决策树常用的性能评估方法包括混淆矩阵、准确率、精确率、召回率和 F1 分数等，下面分别介绍不同评估方法的含义。

1）混淆矩阵

混淆矩阵是二分类问题的多维衡量指标，其中，在决策树中，少数类是正例看作 1，多数类是负例看作 0。标准二分类的混淆矩阵如图 8-10 所示。

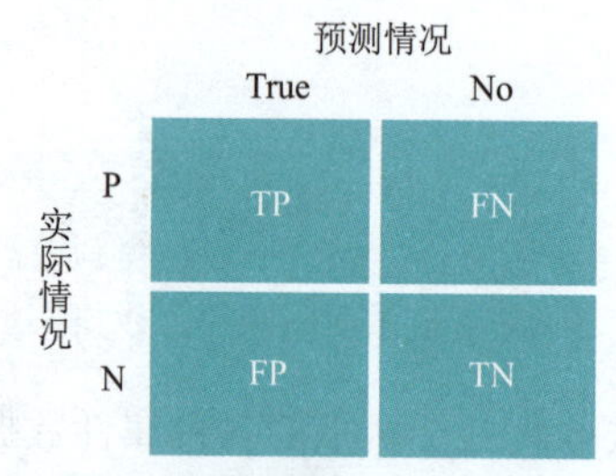

图 8-10　混淆矩阵（二分类问题）

其中，行代表预测情况，列表示实际情况，P（positive）表示真，N（negative）表示假。因此，矩阵中四个元素分别表示：

- TP（true positive）：真实为 1，预测也为 1。
- FN（false negative）：真实为 1，预测为 0。
- FP（false positive）：真实为 0，预测为 1。
- TN（true negative）：真实为 0，预测也为 0。

基于混淆矩阵的评估指标可以应用于多种机器学习模型，评估指标的范围都在 (0,1] 之间，都是越接近 1 越好。

2）准确率（accuracy）

准确率是指模型预测正确的样本数占总样本数的比例，计算公式为

$$\text{Accuracy}=\frac{\text{TP+TN}}{\text{TP+TN+FP+FN}}$$

3）精确率（precision）

精确率是指模型预测为正类的样本中实际为正类的比例，计算公式为

$$\text{Precision}=\frac{\text{TP}}{\text{TP+FP}}$$

4）召回率（recall）

召回率是指实际为正类的样本中被模型正确预测为正类的比例，计算公式为

$$\text{Recall}=\frac{\text{TP}}{\text{TP+FN}}$$

5）F1 分数（F1 score）

F1 分数是精确率和召回率的调和平均数，计算公式为

$$\text{F1 Score}=2\cdot\frac{\text{Precision}\cdot\text{Recall}}{\text{Precision+Recall}}$$

scikit-learn 库的 DecisionTreeClassifier 类可以实现决策树模型的构建，支持二分类和多分类问题。分类性能评估通常使用 metrics 类实现。

例8-3　使用鸢尾花数据集实现决策树模型的构建和评估。

```
from sklearn.datasets import load_iris
from sklearn.model_selection import train_test_split
from sklearn.tree import DecisionTreeClassifier
# 加载 Iris 数据集
iris = load_iris()  # 数据载入
X = iris.data           # 数据切片
y = iris.target         # 数据切片
# 划分数据集为训练集和测试集
X_train, X_test, y_train, y_test = train_test_split(X, y, test_size=0.3,
random_state=42)
# 创建决策树模型实例
tree_clf = DecisionTreeClassifier(criterion='entropy')
# 训练模型
tree_clf.fit(X_train, y_train)
# 预测测试集
y_pred = tree_clf.predict(X_test)
# 打印分类性能报告
from sklearn.metrics import classification_report
print(classification_report(y_test, y_pred))
```

8.3.2　应用案例

随着交通出行的便利，我国民宿行业已经形成了以在线预订平台为依托，乡村、城市民宿并行发展的市场结构，并且在未来几年内，随着消费者对个性化旅游体验的需求持续上升民宿经济会更加向好，本案例通过分析民宿的价格、地段和评分特征项构建决策树模型。

1. 数据预处理

需要对民宿类型特征项进行预处理，可以将分类特征（如简约型、舒适型、品质型、豪华型等）转换为数值特征，可以使用独热编码（one-hot encoding）或标签编码（label encoding）来实现。

```
yc1 = pd.read_excel("ms.xlsx",'Sheet4')
yc = yc1.dropna()
yc.loc[yc['lx'] == '简约型', 'lx'] =1
yc.loc[yc['lx'] == '舒适型', 'lx'] =2
yc.loc[yc['lx'] == '品质型', 'lx'] =3
yc.loc[yc['lx'] == '豪华型', 'lx'] =4
```

```
yc['lx'] = pd.to_numeric(yc['lx'],errors='coerce')
yc['dd'] = pd.to_numeric(yc['dd'],errors='coerce')
```

2. 训练集

将数据集中的“地段”和“价格”特征项作为特征属性值，“类型”作为分类值。

```
import pandas as pd
from sklearn.tree import DecisionTreeClassifier as DTC
from sklearn.tree import export_graphviz
#取data前2列数据作为特征属性值，最后一列作为分类值
X = yc.loc[ :, ['dd','jg'] ].values.astype(float)  #dd代表地段，jg代表价格
y = yc.loc[ :, ['lx']].values.astype(int)  #lx代表类型
```

3. 训练模型

```
#训练模型，预测样本分类
from sklearn import tree
clf = tree.DecisionTreeClassifier()
clf = clf.fit(X, y)
clf.score(X,y)
```

4. 评估模型

```
#评估分类器性能，计算混淆矩阵、精确率和召回率
predicted_y = clf.predict(X)
from sklearn import metrics
print(metrics.classification_report(y, predicted_y))
print('Confusion matrix:' )
print( metrics.confusion_matrix(y, predicted_y) )
featureName =['dd', 'jg']
className = ['1','2','3','4']
from graphviz import Source
graph = Source( tree.export_graphviz(clf, out_file=None, feature_names=
featureName,class_names=className))
with open( 'tree.dot','w') as f:
    f=export_graphviz(clf, out_file=None, feature_names=featureName,class_
names=className)
tree.plot_tree(clf)
plt.savefig('jcs.svg')
```

运行结果如图 8-11 所示。

```
              precision    recall  f1-score   support

           1       1.00      1.00      1.00       779
           2       1.00      0.99      0.99        98
           3       1.00      1.00      1.00         5
           4       1.00      1.00      1.00        54

    accuracy                           1.00       936
   macro avg       1.00      1.00      1.00       936
weighted avg       1.00      1.00      1.00       936

Confusion matrix:
[[779   0   0   0]
 [  1  97   0   0]
 [  0   0   5   0]
 [  0   0   0  54]]
```

图 8-11 决策树模型运行结果

8.4 聚类分析

聚类是一种搜索簇的无监督学习过程，它是将数据分类到不同的类或者簇（cluster）的一个过程，同一个簇中的对象有很大的相似性，而不同簇间的对象则有很大的差异性。聚类分析时不需要依赖预先定义的类或带类标记的训练实例，它是一种探索性的分析，具体在分类的过程中，不必事先给出一个分类的标准，聚类分析就可以从样本数据出发，自动进行分类。

聚类分析使用的方法不同，常常会得到不同的结论。不同研究者对于同一组数据进行聚类分析，所得到的聚类数也未必一致。聚类分析的方法主要包括基于划分的聚类、基于层次聚类、基于网络的聚类、基于密度的聚类和基于模型的聚类方法等。

聚类分析可以应用在商业、生物、地理、电子商务等许多领域，例如，在电子商务领域，通过分组聚类出具有相似浏览行为的客户，分析客户的共同特征，通过购买模式刻画不同的客户群的特征，可以帮助电子商务的用户更好地了解客户，并向客户提供更合适的服务。

8.4.1 原理与实现

以下通过经典的 K-means 聚类算法介绍聚类分析的主要过程。

K-means 聚类是一种常见的基于距离的聚类算法，它将数据集合分成预定义的 k 个簇（或组），使得每个簇内的点尽可能接近其簇中心（即簇内所有点的均值），而不同簇之间的点则尽可能远离。每个聚类的中心是通过聚类中最中心的点确定的。基本过程如下：

（1）首先任取 k 个样本点作为 k 个簇的初始中心。

（2）对每一个样本点，计算它们与 k 个中心的距离，把它归入距离最小的中心所在的簇。

（3）等到所有的样本点归类完毕，重新计算 k 个簇的中心。

（4）重复以上过程直至样本点归入的簇不再变动。

例 8-4　K-means 聚类的简单示例。

```
    from sklearn.cluster import KMeans
    from sklearn.datasets import make_blobs
    import matplotlib.pyplot as plt
    # 生成样本数据
    X, y = make_blobs(n_samples=300, centers=4, random_state=1)
    # 定义 K-means 模型
    kmeans = KMeans(n_clusters=4, random_state=1)
    # 训练模型
    kmeans.fit(X)
    # 获取聚类中心
    centers = kmeans.cluster_centers_
    # 绘制聚类结果
    plt.scatter(X[:, 0], X[:, 1], c=kmeans.labels_, s=50, cmap='viridis')
    # 绘制聚类中心
    plt.scatter(centers[:, 0], centers[:, 1], marker='^', s=150, c='w', alpha=0.5, 
zorder=10)
    plt.show()
```

在例子中，首先使用 make_blobs() 函数生成一个包含 300 个样本的数据集，有 4 个聚类中心。然后定义了一个 KMeans 实例，设置 n_clusters 为 4，并用生成的数据训练模型。训练完毕后，获取了每个聚类的中心，并使用 plt.scatter 绘制数据点和聚类中心，运行结果如图 8-12 所示。

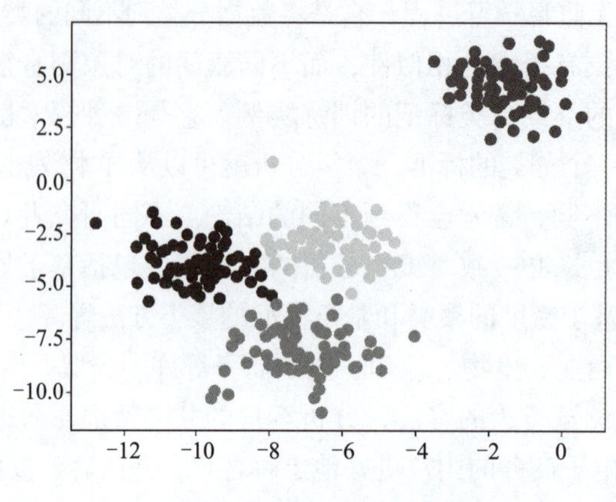

图 8-12 K-means聚类

K-means 聚类方法适用于连续型数值数据、大规模数据和高维数据，思路简单，速度快，但对初始中心的选择比较敏感，K 值的确定没有固定的方法，需要通过实验或评估指标来确定。在 Python 中，可以使用 sklearn.metrics.silhouette_score 来评估 K-means 算法的性能，其中轮廓系数就是常用到的一个性能评估指标。

例 8-5 使用 K-means 算法并评估其性能的示例。

```
from sklearn.cluster import KMeans
from sklearn.metrics import silhouette_score
import numpy as np
# 生成示例数据
np.random.seed(42)
X = np.random.rand(100, 2)
# 定义 k-means 算法
kmeans = KMeans(n_clusters=3)  # 假设希望分成 3 个簇
kmeans.fit(X)
# 计算轮廓系数
silhouette_avg = silhouette_score(X, kmeans.labels_)
print("Coefficient: \t%.3f" % silhouette_avg)
```

这段代码首先导入必需的库，生成了一个示例数据集，然后使用 KMeans 进行聚类，最后使用 silhouette_score() 函数评估聚类性能。输出的 silhouette_avg 是平均轮廓系数，运行结果显示：

```
Coefficient:      0.430
```

轮廓系数的取值范围为 [−1,1]，值越大表示聚类效果越好，其中 1 表示最佳聚类，−1 表示最差的聚类。对于聚类分析在实际应用中存在的聚类结果不稳定，计算效率低等问题，还可以采用以下的方法来优化 K-means 算法以提高聚类结果的准确性和效率。

（1）初始化策略：传统的 K-means 算法随机选择初始聚类中心，这可能导致局部最优解。改进的初始化策略如 K-means++ 通过选择第一个初始点后，后续点选择距离当前所有聚类中心最远的点作为新的聚类中心。

（2）动态调整 K 值：根据数据的结构动态调整聚类数量 K，以获得更好的聚类效果。

8.4.2 应用案例

例8-6 使用 scikit-learn 的 K-means 算法对酵母数据集进行聚类分析。

酵母数据集（yeast dataset）是一个在生物信息学和机器学习领域广泛使用的数据集，主要用于基因表达分析和蛋白质功能预测。数据集包含了 2 417 个酵母基因的表达数据，每个基因对应 8 个特征，这些特征涵盖了细胞周期不同阶段的表达水平。

```
# 导入所需的库
from sklearn import datasets
from sklearn.cluster import KMeans
from sklearn.preprocessing import StandardScaler
from sklearn.decomposition import PCA
from sklearn.metrics import silhouette_score
import matplotlib.pyplot as plt
#1. 加载酵母数据集
yeast = datasets.fetch_openml('yeast')
X = yeast.data
y = yeast.target
#2. 特征缩放
scaler = StandardScaler()
X_scaled = scaler.fit_transform(X)
#3. 应用 K-means 算法，选择合适的 K 值，这里使用轮廓系数来评估不同的 K 值
silhouette_scores = []
k_values = range(2, 11)          # 测试 2 到 10 个簇
for k in k_values:
    kmeans = KMeans(n_clusters=k, random_state=42)
    kmeans.fit(X_scaled)
    silhouette_scores.append(silhouette_score(X_scaled, kmeans.labels_))
                        # 绘制曲线图表示轮廓系数与簇数的关系运行结果，如图 8-13 所示
plt.plot(k_values,silhouette_scores,'r*-')
plt.xlabel('k')
plt.ylabel('Silhouette Coefficient')
plt.title('the optimal K-value')
# 找到轮廓系数最高的 K 值
optimal_k = k_values[silhouette_scores.index(max(silhouette_scores))]
print(f" 最优的 K 值是 : {optimal_k}")
# 使用最优的 K 值进行聚类
kmeans_optimal = KMeans(n_clusters=optimal_k, random_state=42)
kmeans_labels = kmeans_optimal.fit_predict(X_scaled)
#4. 评估聚类结果
print(f"K-means 的轮廓系数得分是：{silhouette_score(X_scaled, kmeans_labels)}")
#5. 可视化聚类结果
# 使用 PCA 降维到 2 维
pca = PCA(n_components=2)
X_pca = pca.fit_transform(X_scaled)
# 绘制聚类结果，如图 8-14 所示
plt.figure(figsize=(10, 6))
plt.scatter(X_pca[:, 0], X_pca[:, 1], c=kmeans_labels, cmap='viridis')
plt.title('K-means Clustering of Yeast Dataset')
plt.xlabel('Principal Component 1')
plt.ylabel('Principal Component 2')
plt.colorbar(label='Cluster')
plt.show()
```

运行结果：

```
最优的K值是:6
K-means 的轮廓系数得分是:0.23071017862092122
```

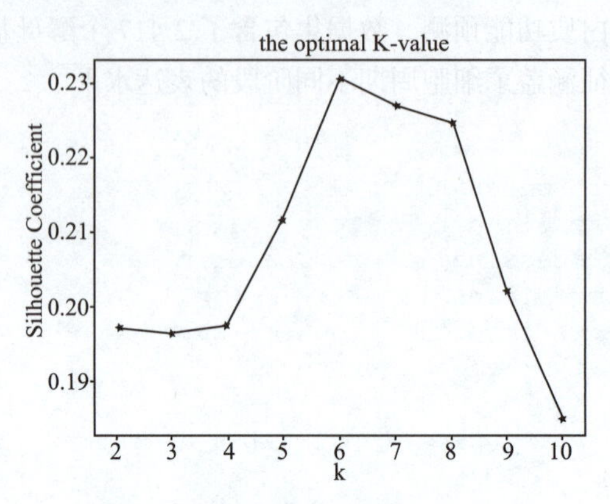

图 8-13 轮廓系数与簇数的关系图

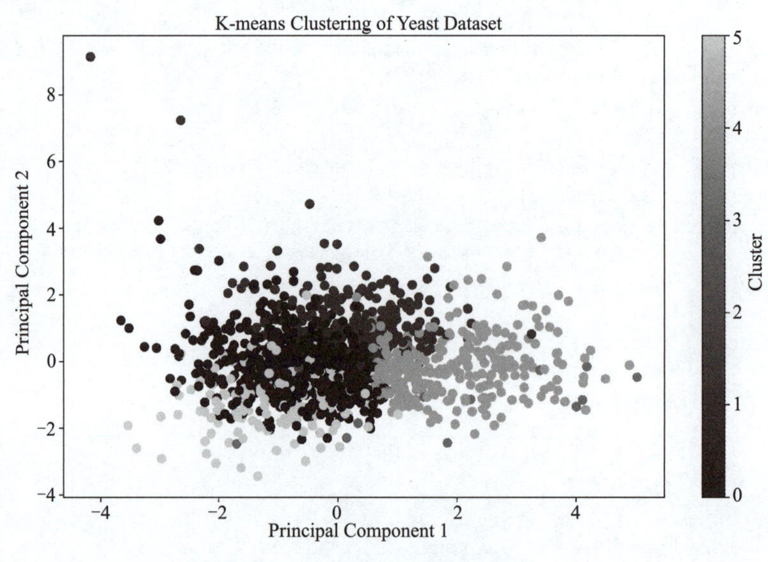

图 8-14 酵母数据集的聚类结果

8.5 强化学习

目前流行的强化学习算法包括 Q-learning、SARSA、DDPG、A2C、PPO、DQN 和 TRPO。这些算法已被用于在游戏、机器人和决策制定等各种应用中，并且这些流行的算法还在不断发展和改进，本节将对 Q-learning 算法做简单的介绍。

8.5.1 原理与实现

Q-learning 是一种无模型、非策略的强化学习算法。它使用 Bellman 方程估计最佳动作值函数，该方程迭代地更新给定状态动作对的估计值。Q-learning 算法的优势是以简单性和处理大型连续状态空间的能力。

例 8-7　使用 Python 实现 Q-learning 的简单示例。

```
import numpy as np
# 定义 Q 表和学习率
Q = np.zeros((state_space_size, action_space_size))
alpha = 0.1
# 定义学习参数
epsilon = 0.1
gamma = 0.99
for episode in range(num_episodes):
current_state = initial_state
while not done:
# 使用贪心策略选择动作
if np.random.uniform(0, 1) < epsilon:
action = np.random.randint(0, action_space_size)
else:
action = np.argmax(Q[current_state])
# 执行动作并返回新的状态和奖励
next_state, reward, done = take_action(current_state, action)
# 使用 Bellman 方法更新 Q 值
Q[current_state, action] = Q[current_state, action] + alpha * (reward +
gamma * np.max(Q[next_state]) - Q[current_state, action])
current_state = next_state
```

上例中，state_space_size 和 action_space_size 分别是环境中的状态数和动作数。num_episodes 是要为运行算法的轮次数。initial_state 是环境的起始状态。take_action(current_state, action) 是一个函数，它将当前状态和一个动作作为输入，并返回下一个状态、奖励和一个指示轮次是否完成的布尔值。

在 while 循环中，使用 epsilon-greedy 策略根据当前状态选择一个动作。使用概率 epsilon 选择一个随机动作，使用概率 1-epsilon 选择对当前状态具有最高 Q 值的动作。

采取行动后，观察下一个状态和奖励，使用 Bellman 方程更新 q。并将当前状态更新为下一个状态。这只是 Q-learning 的一个简单示例，并未考虑 Q-table 的初始化和要解决的问题的具体细节。

8.5.2　应用案例

例 8-8　在广告领域，强化学习可被用来优化广告投放策略，以提高点击率（CTR）和转化率，从而提高投资回报率（ROI）。以下是一个简化的例子，展示如何使用 Python 和强化学习来实现一个简单的广告推荐系统。

```
import gym
import numpy as np
# 定义一个简化的广告环境
class AdEnvironment(gym.Env):
    def __init__(self):
        self.ad_options = ['Ad1', 'Ad2', 'Ad3']
```

```
        self.ad_click_rates = np.array([0.1, 0.2, 0.15]) #假设的点击率
        self.action_space = gym.spaces.Discrete(len(self.ad_options))
        self.observation_space = gym.spaces.Discrete(1)  #简化为没有状态变化

    def reset(self):
        self.state = 0  #简化为固定状态
        return self.state
    def step(self, action):
        #根据选择的广告返回点击率作为奖励
        reward = self.ad_click_rates[action]
        done = True  #每个步骤后结束
        return self.state, reward, done, {}
#初始化环境
env = AdEnvironment()
#初始化Q表
n_states = env.observation_space.n
n_actions = env.action_space.n
Q = np.zeros((n_states, n_actions))
#学习参数
alpha = 0.1  #学习率
gamma = 0.9  #折扣因子
epsilon = 0.1  #探索率
max_episodes = 1000  #最大训练轮数
# Q-learning更新公式
def update_q(state, action, reward, next_state):
    max_future_q = np.max(Q[next_state])
    Q[state, action] = (1 - alpha) * Q[state, action] + alpha * (reward
+ gamma * max_future_q)
#训练过程
for episode in range(max_episodes):
    state = env.reset()
    done = False
    while not done:
        #探索-利用权衡
        if np.random.uniform(0, 1) < epsilon:
            action = env.action_space.sample()  #随机选择一个广告
        else:
            action = np.argmax(Q[state])  #选择当前最优广告
        #执行动作,观察结果
        next_state, reward, done, _ = env.step(action)
        #更新Q表
        update_q(state, action, reward, next_state)
        #转移到下一个状态
        state = next_state
#测试学习到的策略
state = env.reset()
done = False
while not done:
    action = np.argmax(Q[state])  #选择最优广告
    print(f"Selected Ad: {env.ad_options[action]}")
    next_state, reward, done, _ = env.step(action)
```

本案例代码中，“定义一个简化的广告环境”部分的代码定义了一个 AdEnvironment 类，它包含三个广告选项和相应的点击率。“初始化 Q 表”部分的代码初始化一个 Q 表，用于存储每个状态 - 动作对的值。“学习参数”部分的代码设置学习率、折扣因子和探索率。“训练过程”通过多次迭代来训练智能体，使其学习最优策略。“测试学习到的策略”使用学习到的策略来测试智能体的性能。

拓展与练习

1. 心脏病数据集（heart.csv）中数据集包含了很多患者的模拟数据，请观察特征项之间的相关性，建立回归分析模型，并绘制线性回归分析拟合线，评估模型的性能。

数据集主要包含的字段信息见下表：

字段名称	字段类型	字段说明
id	整型	序号
age_days	整型	年龄（天）
age_year	浮点型	年龄（年）
gender	整型	性别（1- 女性，2- 男性）
height	整型	身高 cm
weight	浮点型	重量 kg
ap_hi	整型	收缩压
ap_lo	整型	舒张压
cholesterol	整型	胆固醇（1：正常，2：高于正常，3：远高于正常）
gluc	整型	葡萄糖（1：正常，2：高于正常，3：远高于正常）
smoke	整型	患者是否吸烟（0 = 否，1 = 是）
alco	整型	是否饮酒（0 = 否，1 = 是）
active	整型	体育活动（0 = 消极，1 = 积极）
cardio	整型	是否患有心脏疾病（0 = 否，1 = 是）

2. 基于心脏病数据集（heart.csv），建立决策树分类模型，用于预测一个人是否患有心脏疾病。

3. 从网络上收集二手车的特征数据，以及相应的出手价格，保存在 car.xlsx 中，利用数据集实现聚类分析模型的创建，评估模型的性能。

第9章 大数据技术

数据是人类社会发展的忠实记录者，它的获取、处理与应用在人类社会发展中一直扮演着重要角色。互联网新技术的快速发展带来无处不在的新的应用，海量数据随着这一进程不断产生，大数据已经渗透到当今每一个行业和领域，对人类的社会生产和生活产生重大而深远的影响。

知识结构图

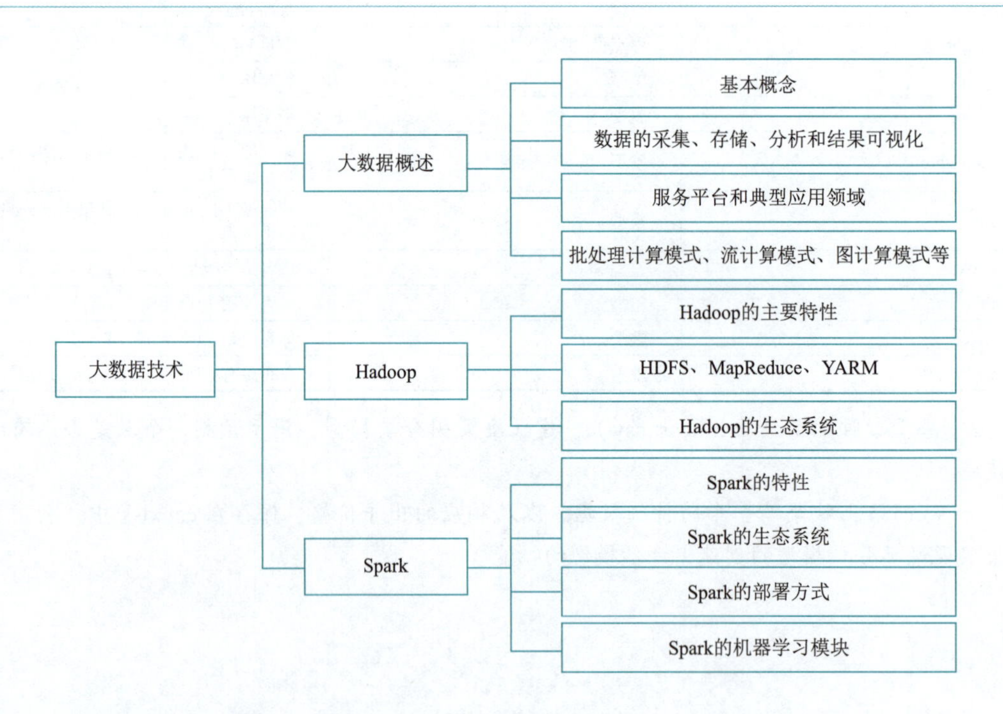

学习目标

◎掌握大数据的基本概念。

◎理解大数据的体系结构，关键技术及应用场景。

◎了解 Spark 的相关概念与生态系统。

◎了解大数据的热点问题、发展与应用行业。

9.1　大数据技术概述

数据量是大数据最显著的特征之一。随着互联网和传感器技术的发展，数据的产生速度和规模不断增长。数据量的增加带来了存储、处理和分析的挑战，但也提供了丰富的信息和洞察。

9.1.1　大数据的概念

现代社会是一个高速发展的社会，科技发达，信息流通快捷，人们之间的交流越来越密切，生活也越来越方便，大数据就是这个时代的产物。大数据（big data），顾名思义，是指数据量非常庞大的数据集，数据的规模巨大到无法通过主流软件工具，在合理时间内达到撷取、管理、处理等目的。

若单从数据量的角度来看，大数据很早就已经存在了。例如，波音的喷气式发动机每 30 分钟就会产生 10 TB 的运行信息数据，当一架喷气式飞机跨大西洋航行时，喷气式飞机上的四台发动机可产生大约 640 TB 的数据，如果再将这种数据乘以每天平均 2 500 次的航班，可知其数据量是何等庞大。根据国际数据公司（IDC）的报告显示，2008 年全球数据量仅为 0.5 ZB，2010 年就达到 1.2 ZB，人类社会正式进入 ZB 时代。根据报告所列举的统计数据可知，2016 年至 2023 年全球数据量保持平均 10% 的增长率。该机构预测，全球 2024 年将生成 159.2 ZB 数据，2028 年将增加一倍以上，达到 384.6 ZB，复合增长率为 24.4%，其中生成式 AI 对于数据量的增长是长期且持续的。2024 年前全球累计的数据量变化预测趋势如图 9-1 所示。

现在的大数据已经不仅产生于传统特定领域中，也产生于人们每天的日常生活中，例如 Facebook、微博、微信等社交媒体上的数据，尽管可能无法得到全部数据，但大部分数据可以通过公开的应用程序编程接口对其进行采集。在 B2C 企业中，就可以利用这些数据，使用文本挖掘和情感分析等技术，分析消费者对于自家产品的评价。

大数据所具有的数据规模巨大、数据类型繁多、数据生成及变化迅速等特点，给传统的数据管理技术也提出了巨大的挑战，如图 9-2 所示。

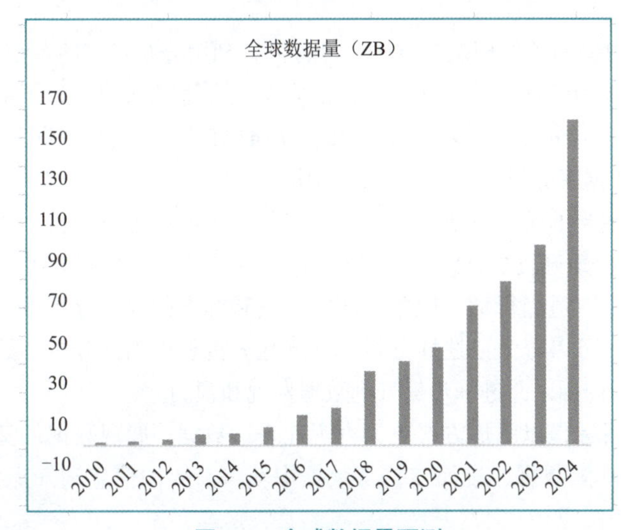

图 9-1　全球数据量预测

图 9-2　大数据的技术挑战

针对这些挑战，人们开发出了许多新的大数据处理、管理等技术。

9.1.2 大数据的相关技术

大数据技术涉及多个领域和学科，包括计算机科学、统计学、数学、经济学等。主要是围绕数据的采集、预处理、存储、管理、处理与分析、可视化与解释等方面的相关技术的集合。大数据相关技术的内容框架如图 9-3 所示。

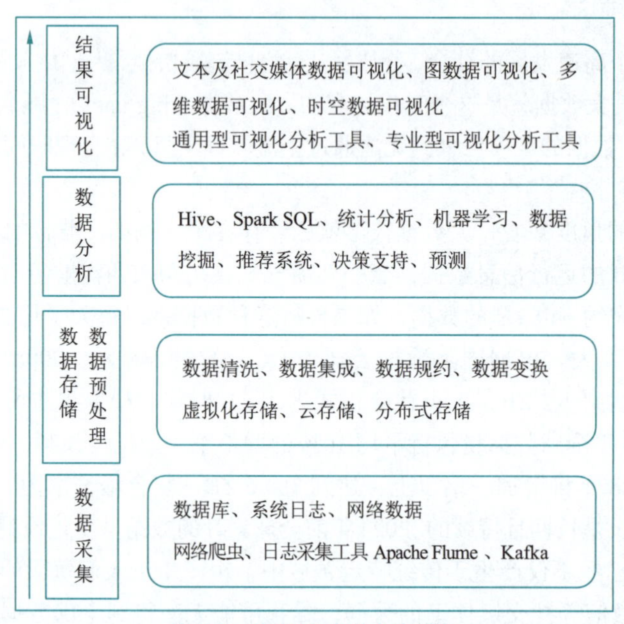

图 9-3 大数据技术内容框架

（1）数据采集。数据采集是指通过各种技术手段，收集和整理大量数据的过程。大数据采集是大数据分析的入口，是大数据分析至关重要的一个环节。采集的数据可以来自不同的数据源，包括结构化数据和非结构化数据，如网站数据、社交媒体数据、电子邮件、日志文件、传感器、企业应用程序等。

（2）数据存储。大数据的存储和数据的预处理是关键的一环，需要利用分布式存储系统、数据库技术等对海量数据进行高效存储和管理，同时保证数据的安全性和隐私保护。为了更好地管理、分析和利用海量数据，新的存储技术也在不断发展和创新，HDFS、NoSQL 数据库、列式数据库、分布式文件系统、内存数据库等得到越来越多的应用。

（3）数据分析。数据分析是指用适当的统计分析方法对收集来的大量数据进行分析，将它们加以汇总和理解并消化，以求最大化地开发数据的功能，发挥数据的作用。在实际应用中，数据分析可帮助人们做出判断，以便采取适当行动。依据不同的方法和标准，数据分析可以分成不同的类型，根据数据分析深度，可以分为描述性分析、预测性分析和规则性分析。数据分析方法正逐步从数据统计转向数据挖掘，并进一步提升到数据发现和预测。

（4）结果可视化。结果可视化的目标是以图形方式更为直观地表达数据，展现数据的基本特征和隐含规律，帮助人们认识和理解数据，进而支持从数据中获得需要的信息和知识，为发现数据的隐含规律提供技术手段。

9.1.3 大数据服务平台

大数据平台是指为了存储、管理和分析海量数据而构建的一种基础设施。它以高性能的数据存储、处理和计算能力为基础，通过采集、整合和处理大量的数据，提供可靠、高效的数据支持和决策依据。大数据平台的核心目标是实现对大规模数据的高效利用和深度挖掘，以发现数据中的规律和价值，为企业和组织提供智能化的决策支持。大数据服务平台架构如图 9-4 所示。

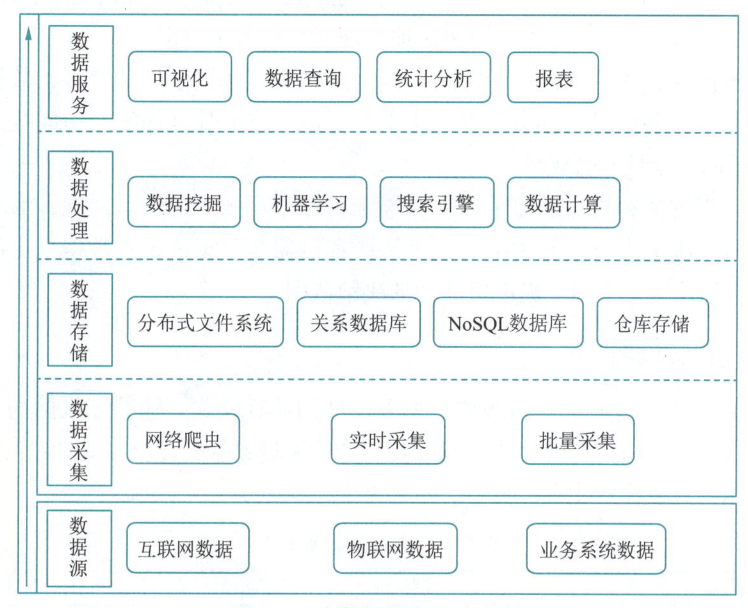

图 9-4　大数据服务平台架构

一个完整的大数据平台通常包含以下几个关键要素：

（1）数据采集和存储：大数据平台通过各种手段，如传感器、网络爬虫等，采集来自不同来源的海量数据，并将其存储在分布式文件系统或云存储中，以确保数据的可靠性和可扩展性。

（2）数据处理和计算：大数据平台利用分布式计算和并行处理技术，对海量数据进行快速高效的处理和计算。这涉及数据的清洗、转换、聚合、分析等操作，以提取有价值的信息和知识。

（3）数据管理和安全：大数据平台需要建立完善的数据管理机制，包括数据的质量控制、元数据管理、数据备份和恢复等。同时，数据的安全性也是一个重要考虑因素，需要采取合适的数据加密、访问控制和权限管理措施。

（4）数据可视化和应用：大数据平台通过数据可视化和应用开发，将分析结果以直观和易懂的方式呈现给用户。这可以是仪表盘、报表、图表等形式，帮助用户理解和利用数据，做出更明智的决策。

大数据平台在各个领域都有广泛的应用，以下是几个典型的应用领域：

（1）商业智能和营销：大数据平台可以帮助企业分析消费者行为、市场趋势和竞争对手情报，以优化产品定位、制定精准的营销策略，提高市场竞争力。

（2）金融风控和欺诈监测：大数据平台可以通过对金融交易数据、用户行为数据等的分析，及时发现潜在的风险和欺诈行为，并采取相应措施保护用户利益和金融安全。

（3）医疗健康和生物科学：大数据平台可以整合和分析医疗影像、基因组数据等，帮助医生进行疾病诊断、个性化治疗，推动医疗科学的发展和创新。

（4）城市管理和智慧城市：大数据平台可以收集和分析城市交通、环境、能源等方面的数据，优化城市资源配置，提升城市服务水平，实现智慧城市的可持续发展。

而在未来，大数据平台的发展趋势将朝着以下几个方向发展：

（1）更高效的数据处理和计算能力：随着计算技术的不断进步，大数据平台将具备更高效、更灵活的数据处理和计算能力，能够更快速地处理和分析海量数据。

（2）强化数据安全和隐私保护：随着数据泄露和隐私侵犯事件的增多，数据安全和隐私保护将成为大数据平台发展的重中之重。将采取更加严格的数据加密、访问控制和隐私保护措施，确保数据的安全性和合规性。

（3）结合人工智能和机器学习：人工智能和机器学习技术的快速发展，为大数据平台提供了更多的分析和决策支持。通过结合人工智能和机器学习算法，大数据平台能够实现更智能化的数据分析和预测，为用户提供更准确的决策依据。

9.1.4 大数据的计算模式

大数据计算模式是指为了处理海量数据而设计的计算模式。随着互联网的快速发展，面临的数据量也在快速增长，需要设计出能够高效处理海量数据的计算模式和系统。

基于大数据的计算模式主要有四种，见表 9-1。

表 9-1 大数据计算模式

大数据计算模式	解决问题	代表产品
批处理计算	针对大规模数据的批量处理	Hadoop/MapReduce、Spark 等
流计算	针对流数据的实时计算处理	Storm、Flume、Streams、Puma、DStream、S4、SuperMario、银河流数据处理平台等
图计算	针对大规模图结构数据的处理	Pregel、GraphX、Hama、Giraph、PowerGraph 等
查询分析计算	大规模数据的存储管理和查询分析	Dremel、Cassandra、Hive、Impala 等

1. 批处理计算模式

在传统的单机计算模式下，为保证计算效率，通常通过提高单机计算能力的方式来应对数据量的增长，但是单机的性能提升总有瓶颈。为进一步提升计算机效率以应对更大规模的数据，通常采用分布式计算的方式，将一个计算问题划分成若干部分，分别分配给多台机器处理，最后把这些计算结果综合起来得到最终的结果。这种方式的计算效率和扩展性都要好很多，而且用户仅需关心计算逻辑的设计和实现，问题划分、资源管理、作业调度、数据加载、容错控制等计算过程的管理由计算系统来完成。批量计算主要面向离线计算场景，计算的数据是静态数据，数据在计算前已经获取并保存，在计算过程中不会发生变化，例如，对整个网站用户访问日志的分析、对历史数据的分析等。由于批处理无法实时返回结果，因此对于要求实时性高的场景来说不太适用。

2. 流计算模式

流计算模式主要面向在线计算场景，用于处理实时数据，计算的数据是动态数据，计算前无法预知数据的到来时刻和到来顺序，也无法预先将数据进行存储。例如，用户行为日志、股票交易数据等。流数据可以实时分析数据并及时产生结果，对于实时性要求高的场景来说非常适用。

3. 图计算模式

图计算模式主要用于处理大规模图结构数据，例如，社交网络、道路网络、电路图、文献网、知识图谱等。图计算可以对图进行遍历、查找、分析和挖掘，对于需要从图结构中提取信息的应用来说非常适用。例如，社区发现就是社交网络分析中的一个典型应用，在社交网络的图数据中，可以用顶点表示人，边表示人际关系，将图分成若干社区，每个社区内部的顶点之间具有相比社区外部更紧密的连接关系。社区发现在金融风控、国家安全、公共卫生等大量场景都有相关的应用。

4. 查询分析计算模式

查询分析计算模式主要用于实时交互式查询和数据分析，例如，对于超大数据仓库的即席查询、报表生成等。查询分析计算要求高并发、低延迟，对于查询复杂度要求比较高。

9.2 Hadoop 及其生态系统

9.2.1 Hadoop 概述

Hadoop 是一个由 Apache 基金会所开发的分布式系统基础架构。它充分利用了集群的威力进行高速运算和存储，以一种可靠、高效、可伸缩的方式进行数据处理，是一个能够对大量数据进行分布式处理的软件框架，主要解决海量数据的存储和分析计算问题。目前的版本是 Hadoop 3，可以在 Hadoop 的官网下载，官网主页面如图 9-5 所示。

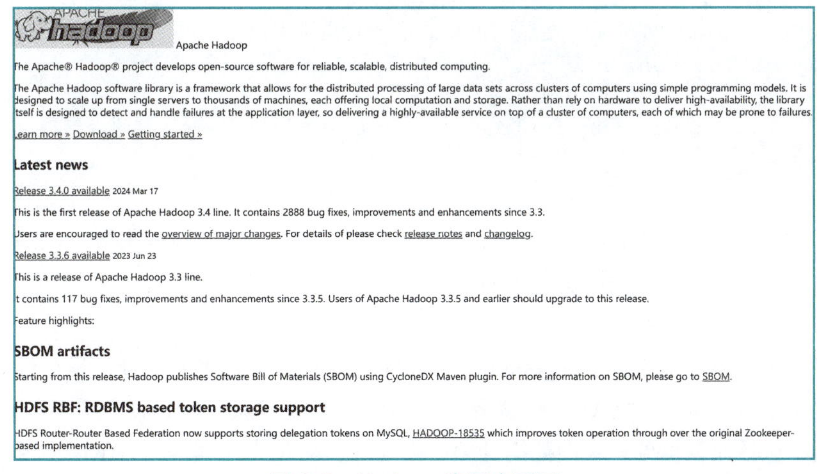

图 9-5　Hadoop 官网主页面

Hadoop3 的主要特性表现在：

（1）高可靠性：因为 Hadoop 假设计算元素和存储会出现故障，它维护多个工作数据副本，在出现故障时可以对失败的节点重新分布处理。

（2）高扩展性：在集群间分配任务数据，可方便扩展数以千计的节点，能够处理 PB 级数据。

（3）高效性：Hadoop 能够在节点之间动态地移动数据，并保证各个节点的动态平衡，因此处理速度非常快。

（4）高容错性：数据默认在多个节点上保存了多个副本，并且通过副本存放策略确保副本分布在不同的机架和节点上，在任务执行过程中，每个任务的执行信息都会被记录下来，以便于出错时进行重试或者调试。

9.2.2 Hadoop 的核心组件

Hadoop 生态系统是指以 Hadoop 为平台的各种应用框架，相互兼容，组成了一个独立的应用体系。

Hadoop 的核心组件包括分布式文件系统（HDFS）、分布式计算框架（MapReduce）和资源管理框架（YARN）。这些组件共同构成了 Hadoop 的存储、计算和调度能力，使得 Hadoop 成为处理海量数据的强大工具。

1. HDFS

HDFS 用于可靠地存储海量数据，同时为用户提供高吞吐量的数据访问能力。HDFS 在最开始是作为 Apache Nutch 搜索引擎项目的基础架构而开发的，是 Apache Hadoop Core 项目的一部分，它具有高容错性的特点，可以用来部署在低廉硬件上，提供高吞吐量来访问应用程序的数据，适合有超大数据集的应用程序。

在 Python 中使用 Hadoop，可以通过 pydoop 库来与 Hadoop 集群交互。以下是一个简单的例子，展示如何使用 pydoop 读取 HDFS 上的文件（如果没有安装 pydoop 库，可以使用 pip 命令进行安装：pip install pydoop）。

例 9-1 使用 pydoop 读取 HDFS 上的文件示例。

```
from pydoop.hdfs.fs import Hdfs
def main():
    hdfs = Hdfs("localhost", 9000)  # 替换为实际的 Hadoop NameNode 地址和端口
    with hdfs.open("file.txt") as hdfs_file:
        for line in hdfs_file:
            print(line.strip())      # 打印每一行，去除尾部的换行符
if __name__ == '__main__':
main()
```

在这个例子中，首先创建了一个 Hdfs 对象，用于连接到 Hadoop 集群，然后使用 open() 方法打开位于 HDFS 上的文件，并逐行读取内容。

2. YARN

YARN (yet another resource negotiator) 是 Hadoop 2.0 的主要组成部分，是在整个软件框架里划分出的资源管理框架。YARN 把资源管理和作业调度模块分开，使得系统可以支持更多的计算模型，包括流数据处理、图数据处理、批处理、交互式处理等。YARN 主要有 Resource Manager、Application Master、Node Manager 和 Container 等几个组件构成。

- Resource Manager：控制整个集群并管理应用程序向基础计算资源的分配。
- Application Master：管理在 YARN 内运行的每个应用程序实例。
- Node Manager：管理 YARN 集群中的每个节点，提供针对集群中的每个节点的服务。
- Container：是 YARN 中的资源抽象，封装了节点上的多维度资源（内存、CPU、磁盘、网络等）。

YARN 具有如下特点：

• 扩展性：Resource Manager 的主要功能是资源的调度工作，它能够轻松地管理更大型的集群系统，适应了数据量增长对数据中心的扩展性提出的挑战。

• 更高的集群使用效率：YARN 管理的是一个资源池，Resource Manager 可以根据资源预留要求、公平性等标准，优化整个集群的资源，使之得到很好的利用。

• 支持更多的负载类型：当数据存储到 HDFS 以后，YARN 支持更多的编程模型，包括图数据的处理、迭代式计算模型、实时流数据处理、交互式查询等。很多的计算器学习算法需要在数据集上经过多次迭代获得最终的计算结果。

• 灵活性：YARN 使得 Hadoop 能够使用更多类型的分布式应用，可以运行不同版本的 MapReduce，使得系统各个部件的演进和配合更加具有灵活性。

3. MapReduce

MapReduce 是一种基于磁盘的分布式并行批处理计算模型，设计的初衷是为了实现 Google 搜索引擎中大规模网页数据的并行检索。Google 需要获取互联网上几乎所有的网页内容，处理这些网页并为搜索引擎建立索引，这是一项极其艰巨的任务，必须借助分布式并行处理技术才有可能完成。MapReduce 这种数据处理模型就可以应用于大规模数据的处理问题，它屏蔽了分布式计算框架细节，将计算抽象成 map 和 reduce 两部分，其中 map 对应数据集上的独立元素进行指定的操作，生成键 - 值对形式的中间结果，通过 map 操作获取海量网页的内容并建立索引，reduce 则对中间结果中具有相同的“键”的所有“值”进行规约，利用 reduce 操作可以根据网页索引处理关键词。MapReduce 这样的功能划分非常适合于在大量计算机组成的分布式并行环境中进行并行数据处理。

9.2.3 Hadoop 生态系统

目前 Hadoop 已经发展成为了一个包含多个子项目的集合，Hive、HBase、Mahout 等子项目提供了互补性的服务或更高层的服务。Hadoop 的生态系统如图 9-6 所示。

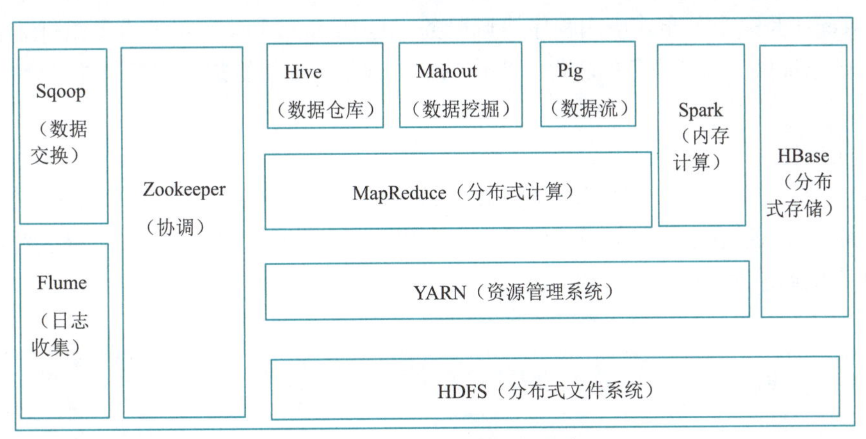

图 9-6　Hadoop 的生态系统

1. Hive

Hive 是一种建立在 Hadoop 文件系统上的数据仓库架构，它提供了一系列工具，对存储在 HDFS 中的数据进行分析和管理，可以将结构化的数据文件映射为一张数据库表，并提供完整的 SQL 查询功能，这是一种可以存储、查询和分析存储在 Hadoop 中的大规模数据的机制。

Hive 客户端通过一系列提供的接口接收用户的 SQL 指令，使用自身的驱动器并结合元数据信息，可以将 SQL 指令转换为 MapReduce，提交到 Hadoop 平台执行，执行后的结果再反馈给用户交互接口。Hive 采用 MapReduce 作为计算引擎，HDFS 作为存储系统，针对超大数据集设计，扩展性强，常用于互联网公司的用户访问日志分析、海量结构化数据的离线分析等应用场景中。

2. HBase

HBase 类似 Google BigTable 的分布式 NoSQL 列数据库，是一个高可靠性、高性能、面向列、可伸缩的分布式存储系统，利用 HBase 技术可以在 PC 集群上搭建起大规模结构化存储集群。HBase 是利用 Hadoop HDFS 作为其文件存储系统，Zookeeper 作为 HBase 集群之间的协同服务，以及 MapReduce 并行计算框架来批量处理 HBase 中的海量数据。

3. Mahout

这是 Apache Software Foundation（ASF）旗下的一个开源项目，提供一些可扩展的机器学习领域算法的实现，目的是帮助开发人员更加方便快捷地创建智能应用程序。Mahout 包含许多算法的实现，包括聚类、分类、推荐过滤、频繁子项挖掘等。还可以通过使用 Apache Hadoop 库，有效地将 Mahout 扩展到云中。

4. Pig

这是一个基于 Hadoop 的大数据分析平台，为用户提供多种接口。它提供的 SQL-LIKE 语言称为 PigLatin，该语言的编译器会把类 SQL 的数据分析请求转换为一系列经过优化处理的 MapReduce 运算。

5. Sqoop

Sqoop 主要用于在 Hadoop（Hive）与传统的数据库（MySQL 等）间进行数据的传递，可以将一个关系型数据库中的数据导入 Hadoop 的 HDFS 中，也可以将 HDFS 的数据导入关系型数据库中。

6. Zookeeper

Zookeeper 是一个分布式应用程序协调服务，是 Hadoop 和 Hbase 的重要组件。它是一个为分布式应用提供一致性服务的软件，提供的功能包括：配置维护、域名服务、分布式同步、组服务等。

7. Flume

这是一个由 Cloudera 提供的高可用、高可靠、分布式的海量日志采集、聚合和传输的系统，Flume 支持在日志系统中定制各类数据发送方，用于收集数据。同时，Flume 提供对数据进行简单处理并写到各种数据接收方的能力。

9.3 Spark 及其生态系统

9.3.1 Spark 概述

Spark 是 UC Berkeley AMPLab（加利福尼亚大学伯克利分校的 AMP 实验室）开源的类 Hadoop MapReduce 的通用并行框架，Spark 拥有 Hadoop MapReduce 所具有的优点，但不同于 MapReduce 的是 Job 中间输出结果可以保存在内存中，从而不再需要读写 HDFS，因此 Spark

能更好地适用于数据挖掘与机器学习等需要迭代的 MapReduce 的算法。

Spark 是一种与 Hadoop 相似的开源集群计算环境，但是两者之间存在一些不同之处，这些不同之处使 Spark 在某些工作负载方面表现得更加优越，换句话说，Spark 启用了内存分布数据集除了能够提供交互式查询外，还可以优化迭代工作负载。Spark 是专为大规模数据处理而设计的快速通用的计算引擎，可用它来完成各种各样的运算，包括 SQL 查询、文本处理、机器学习等。Spark 的官网主页面如图 9-7 所示。

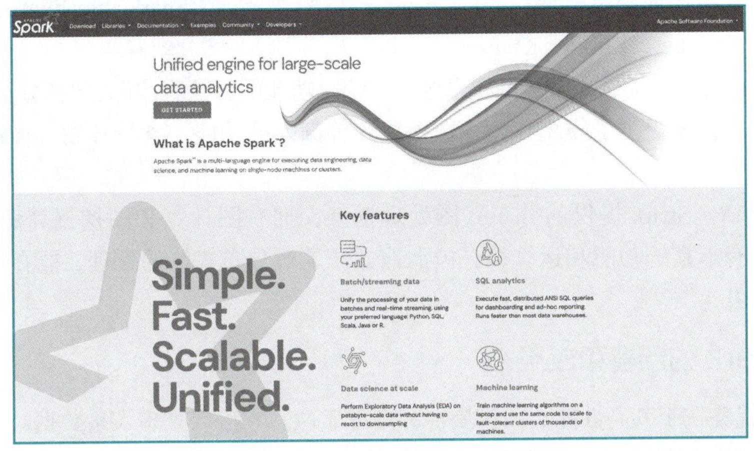

图 9-7　Spark 官网主页面

9.3.2　Spark 生态系统

Spark 具有完善的生态圈，以 Spark 为核心（Spark Core），并提供支持 SQL 语句操作的 Spark SQL 模块、支持流式计算的 Spark Streaming 模块、支持机器学习的 MLlib 模块、支持图计算的 GraphX 模块。在资源调度方面，Spark 支持自身独立集群的资源调度、YARN 及 Mesos 等资源调度框架。Spark 的生态系统如图 9-8 所示。

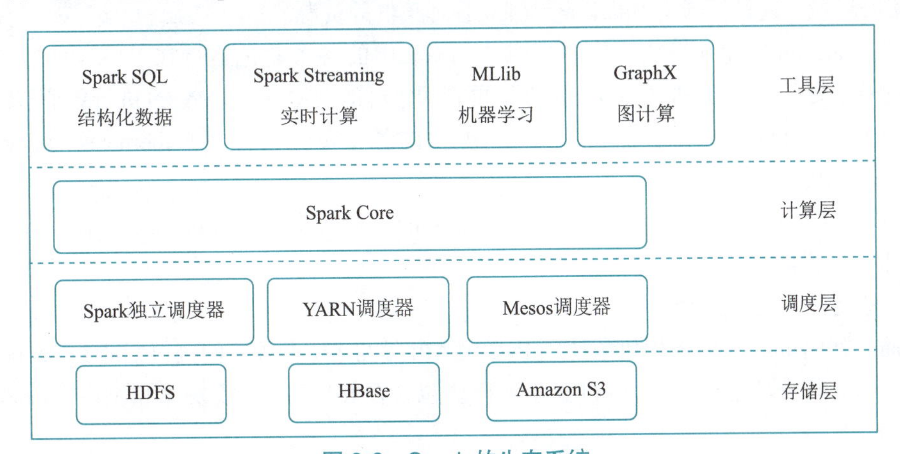

图 9-8　Spark 的生态系统

（1）Spark Core。实现了 Spark 的基本功能，包含任务调度、内存管理、容错机制等，内部采用 RDD 数据抽象，并提供了很多 API 来创建和操作这些 RDD，为其他组件提供底层的服务。

（2）Spark SQL。这是 Spark 用于结构化数据（structured data）处理的 Spark 模块，通过 Spark SQL 可以直接查询 Hive、HBase 等多种外部数据源中的数据。Spark SQL 能够统一处理关系表，在处理结构化数据时，开发人员无须编写 MapReduce 程序，直接使用 SQL 命令就能完成更复杂的数据查询操作。

（3）Spark Streaming。Spark 提供的对实时数据进行流式计算的组件，支持高吞吐量、可容错处理的实时流式数据处理，其核心原理是将流式数据分解成一系列微小的批处理作业，每个微小的批处理作业都可以使用 Spark Core 进行快速处理。Spark Streaming 支持多种数据来源，如文件、Socket、Kafka、Kinesis 等。

（4）MLlib。Spark 提供了常见的机器学习（ML）功能的算法程序库，包括分类、回归、聚类、协同过滤算法等，还提供了模型评估、数据导入等额外的功能，支持开发人员进行机器学习方面的开发。

（5）GraphX。Spark 提供的分布式图处理框架，拥有图计算和图挖掘算法的 API 接口，性能优良，拥有丰富的功能和运算符，极大地方便了对分布式图的处理，能在海量数据上运行复杂的图算法。

9.3.3 Spark 的部署和应用

Spark 的优势在于其高性能、高扩展性和高可靠性。它可以处理大量数据，并且可以在多个节点之间分布式计算，从而实现高性能。此外，Spark 还提供了丰富的数据处理功能，如数据清洗、数据分析、机器学习等，因而已经被广泛应用在金融、电商、医疗、制造业等行业。

1. Spark 的部署方式

Spark 提供了多种部署方式，包括：

（1）本地模式（单机模式）。本地模式就是以一个独立的进程，通过其内部的多个线程来模拟整个 Spark 运行时环境。本地模式不适合用于生产环境，仅用于本地程序开发、代码验证等。

（2）独立集群模式（集群模式）。Spark 中的各个角色以独立进程的形式存在，并组成 Spark 集群环境，这种模式下 Spark 自己独立管理集群的资源。

（3）Spark on YARN 模式（集群模式）。Spark 中的各个角色运行在 YARN 的容器内部，并组成 Spark 集群环境，这种模式下 Spark 不再管理集群的资源，而由 YARN 进行集群资源管理。

（4）Kubernetes 模式（容器集群）。Spark 中的各个角色运行在 Kubernetes 的容器内部，并组成 Spark 集群环境。

（5）云服务模式（运行在云平台上）。Spark 的商业版本 Databricks 就运行在微软、亚马逊等云服务提供商的云平台上。

2. Spark 的机器学习模块

Spark 为 Python 开发者提供了使用 Python API 编写 Spark 程序的接口，即 PySpark，它支持 Spark 的大部分功能，Spark 的机器学习模块包含在 ML（ml）模块库和 MLlib（mllib）模块库中。

1）MLlib 库的机器学习模块

MLlib 库的机器学习模块主要包括：

• 分类模块 pyspark.mllib.classification module，主要包括逻辑回归模型、SVM 模型、朴素贝叶斯模型等。

• 聚类模块 pyspark.mllib.clustering module，主要包括 K-means 模型、LDA 模型、高斯混合模型等。

• 推荐模块 pyspark.mllib.recommendation module，主要包括 MatrixFactorizationModel、ALS 和 Rating。

• 回归模块，主要包括线性模型、零回归模型、保存回归模型等。

• 关联规则模块 pyspark.mllib.fpm module，主要包括 FPGrowth 模型和 PrefixSpan 模型。

• 此外还有特征工程模块、评价模块、统计模块、应用模块等。

例 9-2 分类算法示例。

```
from pyspark import SparkContext
from pyspark.mllib.classification import SVMWithSGD,SVMModel
from pyspark.milib.regression import LabeledPoint
if __name__=="__main__":
    sc=SparkContext(appNme="PythonSSVMWithSGExample")
    # 加载并分析数据
    def parasePoint(line):
        values=[float(x) for x in line.split('')]
        return LabelePoint(values[0],values[1:])
    data = sc.textFile("sample_svm_data.txt")
    parseData=data.map(parsePoint)
    # 构建模型
    model=SVMWithSGD.train(parseData,iterations=100)
    # 基于训练数据的模型评估
    labelsANpreds=parseData.map(lambda p:(p.label,model.predict(p.features)))
    trainErr=labelsAndPreds.filter(lambda lp:lp[0]!=lp[1]).count()/float
(parseData.count())
    print("Tranint Error="+ str(trainErr))
    # 保存和加载模型
    model.save(sc,"target/tmp/pythonSVMWithSGDModel")
    sameModel=SVMModel.load(sc,"target/tmp/pythonSVMWithSGDModel")
```

2）ML 库的机器学习模块

Spark 的 ML 库提供了更为丰富的模块，主要包括：

• 分类模块 pyspark.ml.classification module，主要包括逻辑回归模型、决策树分类模型、朴素贝叶斯模型、多层感知机分类模型、二分类模型等。

• 聚类模块 pyspark.ml.clustering module，主要包括 K-means 模型、LDA 模型、高斯混合模型等。

• 推荐模块 pyspark.ml.recommendation module，仅包括 ALS 模型。

• 回归模块，主要包括决策树回归模型、GBT 回归模型、线性模型、随机森林模型等。

例如，ALS 算法是交替最小二乘法（alternating least squares）的简称，是一种基于协同过滤思想的矩阵分解算法。Spark 中协同过滤的介绍文档在官网中有明确说明，如图 9-9 所示。

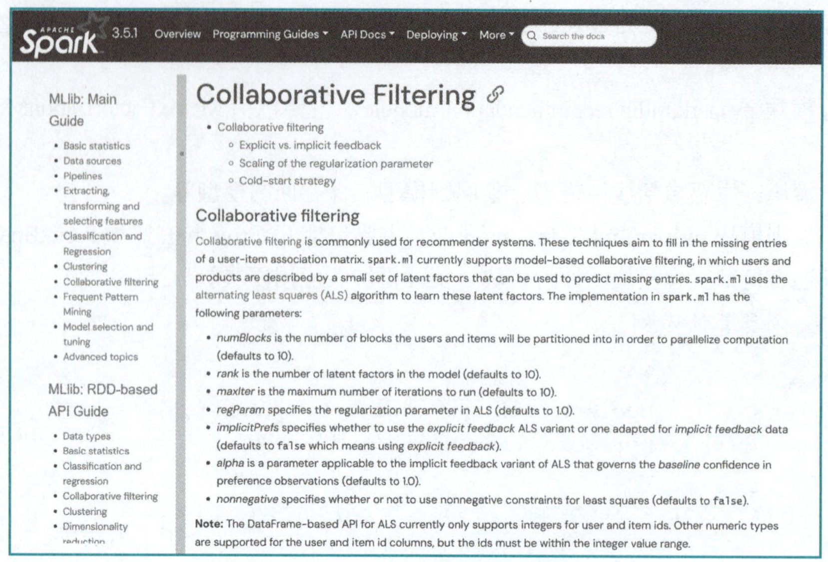

Spark 3.5.1 Overview Programming Guides API Docs Deploying More Search the docs

MLlib: Main Guide

- Basic statistics
- Data sources
- Pipelines
- Extracting, transforming and selecting features
- Classification and Regression
- Clustering
- Collaborative filtering
- Frequent Pattern Mining
- Model selection and tuning
- Advanced topics

MLlib: RDD-based API Guide

- Data types
- Basic statistics
- Classification and regression
- Collaborative filtering
- Clustering
- Dimensionality reduction

Collaborative Filtering

- Collaborative filtering
  - Explicit vs. implicit feedback
  - Scaling of the regularization parameter
  - Cold-start strategy

Collaborative filtering

Collaborative filtering is commonly used for recommender systems. These techniques aim to fill in the missing entries of a user-item association matrix. `spark.ml` currently supports model-based collaborative filtering, in which users and products are described by a small set of latent factors that can be used to predict missing entries. `spark.ml` uses the alternating least squares (ALS) algorithm to learn these latent factors. The implementation in `spark.ml` has the following parameters:

- *numBlocks* is the number of blocks the users and items will be partitioned into in order to parallelize computation (defaults to 10).
- *rank* is the number of latent factors in the model (defaults to 10).
- *maxIter* is the maximum number of iterations to run (defaults to 10).
- *regParam* specifies the regularization parameter in ALS (defaults to 1.0).
- *implicitPrefs* specifies whether to use the *explicit feedback* ALS variant or one adapted for *implicit feedback* data (defaults to `false` which means using *explicit feedback*).
- *alpha* is a parameter applicable to the implicit feedback variant of ALS that governs the *baseline* confidence in preference observations (defaults to 1.0).
- *nonnegative* specifies whether or not to use nonnegative constraints for least squares (defaults to `false`).

Note: The DataFrame-based API for ALS currently only supports integers for user and item ids. Other numeric types are supported for the user and item id columns, but the ids must be within the integer value range.

图 9-9 Spark 中的协同过滤文档

例 9-3 官网文档的 ALT 协同过滤应用示例。

```
    from pyspark.ml.evaluation import RegressionEvaluator
    from pyspark.ml.recommendation import ALS
    from pyspark.sql import Row
    lines = spark.read.text("data/mllib/als/sample_movielens_ratings.txt").rdd
    parts = lines.map(lambda row: row.value.split("::"))
    ratingsRDD = parts.map(lambda p: Row(userId=int(p[0]), movieId=int(p[1]),
                                         rating=float(p[2]), timestamp=int(p[3])))
    ratings = spark.createDataFrame(ratingsRDD)
    (training, test) = ratings.randomSplit([0.8, 0.2])
    # 在训练数据上使用 ALS 构建推荐模型
    # 设置冷启动策略为 'drop'，避免遇到数据不足或数据质量问题而导致的计算结果为 NaN
    als=ALS(maxIter=5,regParam=0.01,userCol="userId", itemCol="movieId",
ratingCol="rating", coldStartStrategy="drop")
    model = als.fit(training)
    # 通过计算测试数据的 RMSE 来评估模型
    predictions = model.transform(test)
    evaluator = RegressionEvaluator(metricName="rmse", labelCol="rating",
                                    predictionCol="prediction")
    rmse = evaluator.evaluate(predictions)
    print("Root-mean-square error = " + str(rmse))
    # 为每个用户推荐的前 10 部电影
    userRecs = model.recommendForAllUsers(10)
    # 每部电影的前 10 个用户推荐
    movieRecs = model.recommendForAllItems(10)
    # 为指定的一组电影生成前 10 名用户推荐
    users = ratings.select(als.getUserCol()).distinct().limit(3)
    userSubsetRecs = model.recommendForUserSubset(users, 10)
    # 为指用户集生成前 10 名电影的推荐
    movies = ratings.select(als.getItemCol()).distinct().limit(3)
    movieSubSetRecs = model.recommendForItemSubset(movies, 10)
```

9.3.4 综合案例

【综合案例】实现数据词频统计的功能。

案例分析：

主要步骤包括 Spark 读取 HDFS 中的数据，然后进行简单的数据处理，并将结果保存回 HDFS。

案例实现：

```
# 初始化和创建 SparkSession
from pyspark.sql import SparkSession
spark = SparkSession.builder .appName("HDFSWordCount") \
    .config("spark.master", "yarn") \
    .config("spark.hadoop.fs.defaultFS", "hdfs://namenode:8020") \
    .getOrCreate()
# namenode 和 8020 需要替换为 Hadoop NameNode 的实际地址和端口
# 从 HDFS 读取数据
input_path = "hdfs://namenode:8020/path/to/input/directory"
text_data = spark.read.text(input_path).rdd
# path/to/input/directory 是 HDFS 中实际存放输入文件的目录
# 数据处理
from pyspark import SparkContext
sc = spark.sparkContext
def count_words(rdd):
    return rdd.flatMap(lambda line: line.split(" ")) .map(lambda word:
(word, 1)) \
                .reduceByKey(lambda a, b: a + b)
word_counts = count_words(text_data)
# 将结果保存回 HDFS
output_path = "hdfs://namenode:8020/path/to/output/directory"
word_counts.saveAsTextFile(output_path)
# /path/to/output/directory 是希望保存结果的 HDFS 目录
# 停止 SparkSession
spark.stop()
```

拓展与练习

1. 查阅了解大数据时代的存储和管理技术有哪些。
2. 简述大数据中的关键技术。
3. 查阅了解 HDFS 和传统分布式文件系统相比有哪些特点。
4. 简述 MapReduce 的基本思想。
5. 上网收集资料，列举说明你生活中涉及的大数据分析的应用案例。